新一代信息通信技术
新兴领域
"十四五"高等教育系列教材

卫星通信技术与应用

杨　凯　　高晓铮　　叶　能
王爱华　　丁旭辉　　李建国　　编著

U0263811

科学出版社

北　京

内 容 简 介

本书主要介绍卫星通信技术与应用,共 9 章。其中,前 6 章为基础篇,主要对卫星通信的基础知识进行介绍,包括卫星通信概述、卫星通信信道、卫星通信调制与解调技术、信道编码技术、多址接入与信道分配、链路技术等;后 3 章为前沿篇,融合了卫星通信的发展趋势,包括天地融合网络性能分析、接入网体制、典型卫星系统等。

本书可作为高等院校通信工程、电子信息工程等相关专业本科生和研究生教材,也可供从事卫星通信相关专业的工程技术人员参考。

图书在版编目(CIP)数据

卫星通信技术与应用 / 杨凯等编著. — 北京:科学出版社,2024. 11.
(新一代信息通信技术新兴领域"十四五"高等教育系列教材). — ISBN 978-7-03-080298-9

Ⅰ. TN927

中国国家版本馆 CIP 数据核字第 2024NU0324 号

责任编辑:潘斯斯 / 责任校对:胡小洁
责任印制:赵 博 / 封面设计:迷底书装

科学出版社 出版
北京东黄城根北街 16 号
邮政编码:100717
http://www.sciencep.com

北京厚诚则铭印刷科技有限公司印刷
科学出版社发行 各地新华书店经销
*
2024 年 11 月第 一 版 开本:787×1092 1/16
2024 年 12 月第二次印刷 印张:15 1/2
字数:365 000
定价:69.00 元
(如有印装质量问题,我社负责调换)

序

习近平总书记强调，"要乘势而上，把握新兴领域发展特点规律，推动新质生产力同新质战斗力高效融合、双向拉动。"以新一代信息技术为主要标志的高新技术的迅猛发展，尤其在军事斗争领域的广泛应用，深刻改变着战斗力要素的内涵和战斗力生成模式。

为适应信息化条件下联合作战的发展趋势，以新一代信息技术领域前沿发展为牵引，本系列教材汇聚军地知名高校、相关企业单位的专家和学者，团队成员包括两院院士、全国优秀教师、国家级一流课程负责人，以及来自北斗导航、天基预警等国之重器的一线建设者和工程师，精心打造了"基础前沿贯通、知识结构合理、表现形式灵活、配套资源丰富"的新一代信息通信技术新兴领域"十四五"高等教育系列教材。

总的来说，本系列教材有以下三个明显特色：

(1)注重基础内容与前沿技术的融会贯通。教材体系按照"基础—应用—前沿"来构建，基础部分即"场—路—信号—信息"课程教材，应用部分涵盖卫星通信、通信网络安全、光通信等，前沿部分包括 5G 通信、IPv6、区块链、物联网等。教材团队在信息与通信工程、电子科学与技术、软件工程等相关领域学科优势明显，确保了教学内容经典性、完备性和先进性的统一，为高水平教材建设奠定了坚实的基础。

(2)强调工程实践。课程知识是否管用，是否跟得上产业的发展，一定要靠工程实践来检验。姚富强院士主编的教材《通信抗干扰工程与实践》，系统总结了他几十年来在通信抗干扰方面的装备研发、工程经验和技术前瞻。国防科技大学北斗团队编著的《新一代全球卫星导航系统原理与技术》，着眼我国新一代北斗全球系统建设，将卫星导航的经典理论与工程实践、前沿技术相结合，突出北斗系统的技术特色和发展方向。

(3)广泛使用数字化教学手段。本系列教材依托教育部电子科学课程群虚拟教研室，打通院校、企业和部队之间的协作交流渠道，构建了新一代信息通信领域核心课程的知识图谱，建设了一系列"云端支撑，扫码交互"的新形态教材和数字教材，提供了丰富的动图动画、MOOC、工程案例、虚拟仿真实验等数字化教学资源。

　　教材是立德树人的基本载体，也是教育教学的基本工具。我们衷心希望以本系列教材建设为契机，全面牵引和带动信息通信领域核心课程和高水平教学团队建设，为加快新质战斗力生成提供有力支撑。

国防科技大学校长

中国科学院院士

新一代信息通信技术新兴领域

"十四五"高等教育系列教材主编

2024 年 6 月

前　言

　　卫星通信具有覆盖范围广、通信质量高、不受地理环境限制等优势，已成为全球通信网络的重要组成部分。近年来，低轨卫星星座、天地一体化网络、5G与卫星通信融合等新场景新技术的不断涌现，进一步推动了卫星通信的发展。党的二十大报告指出："推动战略性新兴产业融合集群发展，构建新一代信息技术、人工智能、生物技术、新能源、新材料、高端装备、绿色环保等一批新的增长引擎。"卫星通信技术作为新一代信息技术的重要组成部分，对于推动战略性新兴产业融合集群发展等方面具有深远的意义。本书旨在全面介绍卫星通信的基本概念、核心理论、关键技术和典型应用，帮助读者深入理解和掌握这一重要领域的知识与技术。

　　全书共9章，分为基础篇与前沿篇。基础篇包含前6章，主要介绍卫星通信相关的基础知识。第1章概述卫星通信的起源、定义、分类等基本概念，介绍卫星通信系统的组成以及发展概况；第2章介绍卫星通信信道，涵盖信道传输机制、信道衰落模型、平坦衰落信道与频率选择性衰落信道等内容；第3章围绕卫星通信调制与解调技术，对常见的数字调制和解调方式的技术原理和性能指标进行详细阐述；第4章围绕信道编码技术，介绍信道编码的基本概念，对线性分组码、循环码、低密度奇偶校验码、卷积码和极化码等常用码字的编码译码原理进行详细说明，同时介绍交织和扰码等技术；第5章介绍多址接入与信道分配的基本概念，分析卫星通信中各种多址接入技术的工作原理、关键技术要素等，并探讨几种信道分配策略及其性能；第6章围绕链路技术，讲解其涉及的噪声建模与仿真方法，介绍噪声模型的基本概念，并引出衡量卫星通信链路传输质量的重要指标和关键影响因素。前沿篇包含第7~9章，面向卫星通信的发展趋势，提供了网络性能分析方法、接入网体制和典型系统的相关介绍。第7章聚焦天地融合网络架构，介绍空间分布和传输信道的建模方法，并分析系统的可视概率和覆盖率等关键指标；第8章针对卫星通信接入网体制，介绍星地融合的物理层信道与典型空口波形技术，并探讨跳波束技术；第9章介绍典型卫星系统的基本概况、应用场景及技术规格，梳理了典型卫星系统的发展历程。

　　在本书编写过程中，编者参考了很多国内外相关著作和文献，在此对这些参考文献的作者表示感谢！

　　由于编者水平有限，书中难免存在不妥之处，敬请读者批评指正。

编　者

2024 年 6 月

基　础　篇

前 沿 篇

基 础 篇

第 1 章

卫星通信概述

微课视频

　　伴随着信息时代的发展和智慧社会的进步，未来通信场景将向"连接全物网、泛在全时空"的方向快速演进，这一嬗变要求无线通信系统具备全球广域泛在互联、全天时全天候通信保障、海量物联设备并发接入等能力。传统地面通信受覆盖范围、应急能力、传播环境等因素限制，难以满足上述需求。相比于地面无线通信系统，卫星通信系统主要将人造地球卫星的载荷设备作为中继站，借助反射或转发无线电信号，实现两个或多个节点间的通信，其节点类型包含手持终端、车载设备、海上平台、飞机等。卫星通信具备立体全覆盖，全天时全天候工作，组网方式灵活，通信容量大，抗毁性、灵活性、可靠性强等特殊优势，可有效弥补新兴场景需求下地面系统的不足之处，是全球通信服务的关键平台和国家重要的战略高地。目前卫星通信已广泛应用于广域通信广播、偏远地区通信、政府应急救援、环境资源监测等方面，在推动经济发展、维护国家安全等方面发挥着重要作用，逐渐成为社会发展和国民生活中不可或缺的一部分。世界各主要强国也积极瞄准这一趋势，开始部署多个卫星通信网络系统，抢占轨位和频率等空间资源，加剧了卫星通信领域的竞争。

　　本章主要概述卫星通信技术，首先介绍卫星通信的起源、定义、分类等基本概念，随后从空间段、地面段和用户段等角度阐述卫星通信系统的组成，最后总结卫星通信的发展概况。

1.1 卫星通信的基本概念

　　卫星通信是指通过将人造卫星作为中继器，利用无线电波在地球表面及大气层外空间传输各类信息的技术。作为一种先进的通信技术，卫星通信源于对地面通信系统的延伸和拓展，但与地面通信在传输架构、网络拓扑、传播环境等方面存在显著区别，其与地面系统相辅相成，共同构建起覆盖范围广泛、通信可靠性高的综合通信网络。本节主要介绍卫星通信的基本概念，首先从通信概念以及地面系统出发，引出卫星通信的起源，进而在地面通信的基础上，给出卫星通信的定义，总结了卫星通信的特点以及相对地面系统的优势，最后从轨道高度和运动属性等角度出发阐述了卫星通信系统的分类。

1.1.1 卫星通信的起源

1. 通信与无线通信

信息，作为一种无处不在的资源，其主要的价值在于传播，而通信就是指传播信息的方式。

古往今来，随着社会的进步，通信的形式也在不断演变。早在周代，我国就有了利用烽火传递敌情的记录，后来古人又有了飞鸽传书、驿站传信等普遍的通信手段。工业革命到来后，新的通信方式如电报、电话、广播电台、电视电台和计算机通信等也相继涌现。这些通信方式的革新为人类社会从农业社会向工业社会再到信息社会的发展与转变奠定了基础，进一步催生了互联网、智能手机等应用的诞生，使得远程教育、远程医疗等服务成为现实，深刻影响并推动着现代社会的发展，引领人类社会的变革。

通信可以定义为发送方和接收方之间通过传输介质进行的信息传递。通信系统则是指用以完成通信过程的所有技术设备的总和。根据传输介质的不同，现代通信可以分为有线通信和无线通信两大类。有线通信将导线、光缆等作为传输介质，如市内电话网络、公共广播系统和有线电视网络等；而无线通信则利用电磁波来传递信息。无线通信因其高度的灵活性、便捷性和广泛的覆盖范围而备受青睐，它使人们可以随时随地进行通信，极大地提高了信息交流的便利性和效率。

地面无线通信是指在地面进行的无线通信。历经 40 余年的发展，地面无线通信系统技术已经较为成熟，地面无线通信系统已成为全球最重要的信息基础设施之一，是全球信息构建的要素。在地面无线通信的众多分支中，移动通信作为其主要形式，经历了第一代到第五代等多个发展阶段。

第一代移动通信技术(1G)的诞生可以追溯到第二次世界大战时期。1941 年，美国军方研发出 SCR-300 无线步话机，引入了模拟信号传输技术，主要用于语音通信，通话距离达 12.9km。基于此技术，1973 年，美国摩托罗拉公司推出了世界上第一部商用移动电话。

1990 年起，第二代移动通信技术(2G)开始引入数字信号传输技术，不仅提升了通信质量，还实现了数码通信和简单的数据传输。进入 21 世纪，第三代移动通信技术(3G)提供了更快的数据传输速率和更广泛的功能，极大地推动了移动互联网进一步的发展。2010 年，第四代移动通信技术(4G)引入了 LTE (long-term evolution)技术，提供了更高的数据传输速率、更低的网络延迟和更稳定的连接，使高清视频、流媒体、在线游戏和实时应用成为可能。

近年来，第五代移动通信技术(5G)开始崭露头角，并成为当前最新的无线通信标准。5G 技术以其高速率、低延迟和大容量连接的特点，支持了大规模设备互联和更多样化的应用场景。5G 的技术亮点还包括更高的频谱效率、更多的设备连接、网络切片和边缘计算等。随着技术的不断进步，人们已经开始展望下一代通信技术——6G。预计 6G 将进一步增强连接的规模和速度，满足未来社会对于更高速率、更广覆盖面和更深层次互联的需求，为卫星通信带来新的发展机遇。

随着每一代移动通信技术的发展，无线通信的性能不断提升，提供了更快速、更稳定和更广泛的覆盖，使得用户能够享受更丰富的通信手段和互联网服务。

2. 从地面无线通信到卫星通信

在传播过程中，地面无线通信面临着一系列的挑战。首先，地球的曲率导致了电磁波在地面传播时无法沿直线传播到更远的地方，这限制了通信的有效距离。其次，地面上的建筑物、自然植被以及其他障碍物会对电磁波产生遮挡和干扰，进一步降低了通信质量。为了解决这些问题，通信行业通常选择建设大量的基站以扩大信号覆盖，但在偏远地区或海洋等特殊地带，基站的建设面临着地理环境、经济条件和技术实施等多方面的困难，难以实现全面覆盖。此外，在自然灾害等突发事件和紧急情况下，已有的通信基础设施可能会遭受严重破坏，导致通信中断或被干扰，影响信息的及时传递和应急响应能力。以上这些因素表明，传统的地面无线通信在某些方面已不能满足现代社会日益增长的通信需求，人类需要新的更可靠的通信手段。

在这一背景下，卫星通信的概念应运而生。1945年，英国科幻小说家亚瑟·查理斯·克拉克（Arthur Charles Clarke）在《无线电世界》（*Wireless World*）杂志上发表"Extra-Terrestrial Relays: Can Rocket Stations Give World-wide Radio Coverage?"一文，首次论述了利用"人造地球卫星"作为中继站来实现远距离微波通信的可行性，提出了著名的基于3颗地球静止轨道（geostationary earth orbit, GEO）卫星实现全球通信覆盖网络的前瞻性设计。克拉克的这一设想成为卫星通信的起源，为卫星通信的发展奠定了基础。

1946年，美国科学家尝试用雷达向月球发射电磁波，并首次成功地接收到从月球反射至地球的回波。这一实验不仅证实了微波具有穿透大气层的能力，而且还能够从地球外的天体反射回地球，从而验证了卫星通信的理论基础，为后续的卫星通信技术的发展提供了重要的科学依据。

卫星通信技术的提出和发展，为解决地面通信的限制提供了一种全新的方案。通过在地球轨道上部署卫星，可以实现跨越大洲、覆盖偏远地区的全球通信网络。这种通信方式不仅能够克服地面障碍物的影响，还能够在自然灾害等紧急情况下提供稳定的通信服务，确保信息的连续性和可靠性。随着技术的不断进步和创新，卫星通信已经成为现代社会不可或缺的通信手段之一，它极大地扩展了人类的通信能力和通信范围，为全球信息的快速流通和交流提供了强有力的支持。

1.1.2 卫星通信的定义

卫星是指围绕一颗行星按闭合轨道周期性运动的天然或人造天体。月球就是地球的天然卫星。而人造卫星是指由人类设计和建造，以火箭、航天飞机等太空飞行载具发射至太空，环绕行星轨道运动的卫星。本书中所说的卫星指的是人造地球卫星。

卫星通信通过将卫星作为中继，实现地球上（包括地面和低层大气中）无线电通信站间的信息传输。在通信系统中，设在地面、海洋或大气层中的通信站通常合称为地球站，而承担中继站作用的卫星则称为通信卫星，整个利用卫星进行信息传递的系统称为卫星通信系统。卫星通信系统具有通信容量大、传输质量稳定、传输距离远、覆盖区域广等特点，它不受地形地貌的限制，能够有效地跨越海洋和偏远地区，提供连续的通信服务，目前主要用来传输电话、电视信号和数据信息等。

离地面高度为 h_E 的卫星中继站，看到地面的两个极端点是 A 点和 B 点，$\overparen{AB}$ 的长度将是以卫星为中继站所能达到的最大通信距离：

$$\overparen{AB} = R_E \left(2\arccos\frac{R_E}{R_E + h_E} \right) \tag{1-1}$$

式中，R_E 为地球半径，$R_E = 6378\text{km}$。式（1-1）说明，卫星高度 h_E 越高，地面设备通信的最大距离越远。实际上，当卫星高度足够时，单次中继站足以支持超长距通信，最远通信距离可以超过 18000km。

与地面无线通信不同，卫星通信的成本与通信距离无关。只要位于卫星天线波束覆盖区域内，就可以实现通信连接，进行通信。

卫星通信的过程如图 1-1 所示。图 1-1 中的若干地球站均在该通信卫星的覆盖范围内。假设发送方地球站 A 先向该通信卫星发射无线电信号，卫星接收信号，并通过内置的转发器对其进行放大和处理后，将信号转发到接收方地球站 C，实现 A 和 C 之间的通信。在此过程中，由地球站向通信卫星发送信号经过的路径称为上行链路，由通信卫星向地球站转发信号经过的路径则称为下行链路。

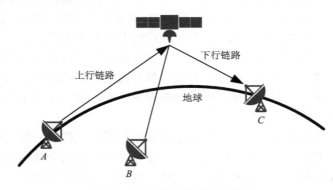

图 1-1　卫星通信的过程示意图

当卫星运行轨道较高时，卫星通信通常采用直通式转发的方式。直通式转发是指卫星接收到上行链路的信号后，立即将信号转发到下行链路中的目标接收点，无须进行任何形式的存储或中转处理。通常来说，一颗卫星覆盖范围内的任意两个地球站之间的通信都能够采用直通式转发实现。然而，单颗卫星的覆盖能力是有限的，当两个有通信需求的地球站不在同一颗卫星的覆盖范围内时，如果不考虑通信的实时性，可以采用延迟转发的方式通信。延迟转发的策略是卫星先接收并存储来自发送站的信号，待卫星信号覆盖到接收站或被特定指令、事件触发后，再进行信号转发。对于需要实时通信的场景，通常需要通过多颗卫星的协同工作来实现。

当卫星运行轨道较低时，星与星之间的距离相对较小。如图 1-2 所示，地球站 *A* 位于卫星 S1 的覆盖范围 C1 内，地球站 *B* 位于卫星 S2 的覆盖范围 C2 内。为实现 *A* 和 *B* 之间的通信，在 S1 和 S2 之间建立额外的通信链路。如果 S1 和 S2 是同轨道卫星，则该链路称为星间链路(inter satellite link，ISL)；如果 S1 和 S2 位于不同轨道，则该链路称为星际链路(inter orbit link，IOL)。这种通过在低轨道卫星之间建立链路来实现通信的系统，称为低轨道移动卫星通信系统。

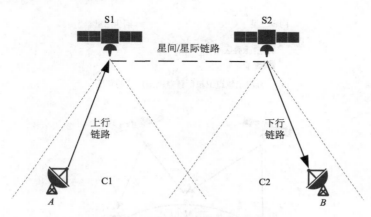

图 1-2 卫星转发实现通信示意图

基于以上技术，卫星通信的发展让全球实时通信成为可能。接下来探讨一种具体的卫星通信系统——静止轨道卫星通信系统。当卫星运行方向与地球自转方向一致，且运行轨道在赤道平面内时，设置该卫星高度为某一特定值，使得卫星公转周期与地球自转周期同步，这样能与地球保持相对静止的卫星称为静止轨道卫星。经计算，一颗静止轨道卫星所覆盖范围对应的角度如图 1-3(a) 所示，通过适当的安排，每两颗相邻卫星都能有一定的重叠覆盖区，然而南、北两极地区仍是卫星无法覆盖的盲区。若采用全球波束，理论上，三颗等距分布的静止轨道卫星，就能实现除地球两极附近地区以外的全球信号覆盖，一颗静止轨道卫星覆盖范围可达全球表面积的 42%。在该系统中，部分地球站位于两颗卫星覆盖范围的重叠区，可以实现跨区通信；两个位于不同卫星覆盖区域的地球站，也能以相应重叠区的地球站作为中继点，通过多次中继，"多跳"来实现通信。

静止轨道卫星通信系统"双跳"通信的具体过程如图 1-3(b) 所示。地球站 *A* 先将信号发送到卫星 S1，卫星 S1 转发信号到重叠区地球站 *M*，*M* 再将信号转发至卫星 S2，S2 最后转发信号到目标地球站 *B*。通过这一机制，全球范围内的实时通信得以实现，卫星通信成为远距离越洋通信和电视转播的主要手段。

目前，静止轨道卫星通信系统是国际卫星通信和绝大多数国家的国内通信采用的通信系统形式。现有的国际通信卫星网络正是基于这一原理构建的，它的通信卫星位于大西洋、印度洋和太平洋上空的轨道上。其中，印度洋上的卫星信号能覆盖我国的全部领土，太平洋上的卫星信号则覆盖了我国的东部地区，即我国东部地区处在印度洋卫星和太平洋卫星的重叠覆盖区中。

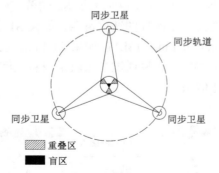

(a) 一颗静止轨道卫星所覆盖范围对应的角度

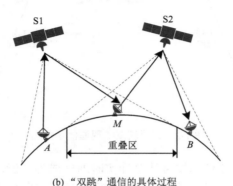

(b) "双跳"通信的具体过程

图 1-3　静止轨道卫星通信系统示意图

1.1.3　卫星通信系统的分类

　　卫星通信系统涵盖不同运行轨道的卫星,这些轨道差异导致系统在网络结构、通信方式和服务范围等方面有所不同。因此,有必要先对卫星轨道进行分类。以下是一些常见的分类方法。

　　(1)根据轨道的高度,可以将卫星轨道分为低地球轨道(low earth orbit, LEO)、中地球轨道(medium earth orbit, MEO)和地球同步轨道(geosynchronous orbit, GSO),其中 GEO 是 GSO 中特殊的一类[①]。

　　(2)根据轨道的形状,可以将卫星轨道分为圆轨道和椭圆轨道。

　　(3)根据轨道的倾角,可以将卫星轨道分为赤道轨道、倾斜轨道和极轨道。

　　从不同的角度出发,对卫星通信系统分类的方式多种多样,如图 1-4 所示。

---

　　① LEO 高度为 500~1500km, MEO 高度为 10000~20000km。运行周期为一个恒星日(23 小时 56 分 4 秒)的卫星称为同步卫星, GSO 高度为 35786km。当 GSO 与赤道平面相重合时,即为 GEO。

```
                          ┌ 同步卫星通信系统
              按卫星运动状态分 ┤
                          └ 非同步卫星通信系统

                          ┌ 全球卫星通信系统
                          │ 国际卫星通信系统
              按覆盖范围分 ┤
                          │ 国内卫星通信系统
                          └ 区域卫星通信系统

                          ┌ 有源卫星通信系统
              按卫星的结构分 ┤
                          └ 无源卫星通信系统

                          ┌ 频分多址卫星通信系统
                          │ 时分多址卫星通信系统
              按多址接入方式分 ┤ 码分多址卫星通信系统
                          │ 空分多址卫星通信系统
                          └ 混合多址卫星通信系统

                          ┌ 模拟卫星通信系统
              按基带信号体制分 ┤
                          └ 数字卫星通信系统

                          ┌ 特高频（ultrahigh frequency, UHF）卫星通信系统
卫星通信系统 ┤             │ 超高频（super high frequency, SHF）卫星通信系统
              按使用的频段分 ┤ 极高频（extremely high frequency, EHF）卫星通信系统
                          └ 激光卫星通信系统

                          ┌ 公用卫星通信系统
              按用户性质分 ┤ 专用卫星通信系统
                          └ 军用卫星通信系统

                          ┌ 固定业务卫星通信系统
                          │ 移动业务卫星通信系统
              按用途分 ┤ 广播业务卫星通信系统
                          │ 科学实验卫星通信系统
                          └ 导航、气象、军事等卫星通信系统

                          ┌ 无星上处理能力卫星通信系统
              按处理机制分 ┤
                          └ 有星上处理能力卫星通信系统

                          ┌ 星座卫星通信系统
              按系统构形分 ┤
                          └ 星群卫星通信系统
```

图 1-4　卫星通信系统分类

1.2　卫星通信系统的组成

卫星通信系统主要由空间段、地面段和用户段三个部分构成，如图 1-5 所示。在空间段，通信卫星作为核心组件，负责在空间中接收、放大和转发通信信号。地面段包括地面站和地面控制中心，地面站用于与通信卫星进行通信连接，而地面控制中心则监控和管理卫星通信系统的运行状态。用户段则涵盖各种用户终端设备，如卫星电话、卫星电视接收器等，它们通过地面站转发或直接与卫星进行通信，实现用户和卫星之间的通信连接。这三个组成部分相互协作，共同构建了全球范围内稳定、高效的卫星通信网络，为人类的通信需求提供了重要支持。本节从以上三个部分详细介绍卫星通信系统的组成。

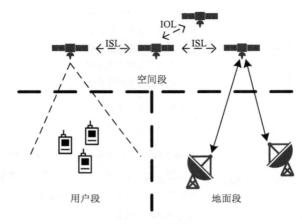

图 1-5　卫星通信系统的组成

1.2.1　空间段

在卫星通信系统中，空间段指的是包括系统中所有的通信卫星以及卫星之间的通信链路在内的组成部分，其作用是在空中对来自地面或其他卫星的信号进行中继、放大和转发。每一颗通信卫星均包括机械结构、收发天线、通信转发器、控制系统、电源系统、跟踪遥测与控制系统(tracking，telemetry and command，TT&C)等关键组成部分。

空间段的资源可以被多个通信网络所共享。例如，在非静止轨道卫星系统中，空间段能为同一地区的多个网络提供时间共享服务，也能为不同地区的不同网络提供空间共享服务。在设计空间段时，可以采用多种不同的策略和方法。通常来说，空间段设计越复杂，系统对地面网络的依赖性就越小。图 1-6 展示了欧洲通信标准化协会(European Telecommunications Standards Institute, ETSI)给出的四种卫星个人通信网络的结构，这些结构主要关注非静止轨道卫星的使用，有时也采用 GEO 卫星进行中继。

在图 1-6(a)所示的网络结构中，卫星不具备建立星间链路的功能，空间段采用透明转发器，系统依赖地面网络［如公用电话交换网（public switched telephone network, PSTN）］连接各个地球站。在这种结构中，移动用户之间的呼叫传输时延至少等于非静止轨道卫星两跳（每跳为终端–卫星–地面站）的传输时延加上地面网络的传输时延。

图 1-6（b）所示的网络结构采用 GEO 卫星进行中继转发。静止轨道卫星的使用减少了系统对地面网络的依赖，但会引入较长的数据传输时延。在此结构中，移动用户之间的呼叫传输时延至少等于非静止轨道卫星两跳的传输时延加上静止轨道卫星一跳（地面站–卫星–地面站）的传输时延。

图 1-6（c）所示的网络结构通过星间链路实现了同轨道卫星之间的通信互联，减少了系统对地球站的依赖。在这种情况下，该系统移动用户之间的呼叫传输时延是变化的，具体取决于空间段网络的路由选择。

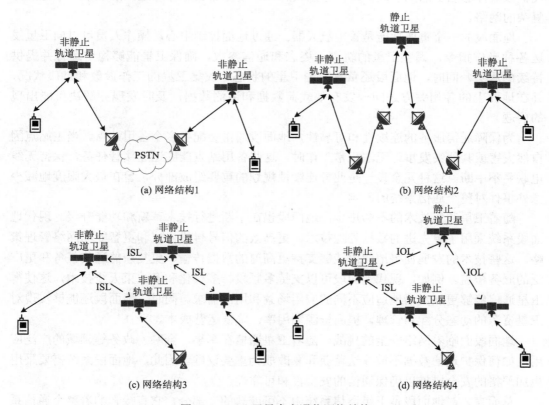

(a) 网络结构1　　　(b) 网络结构2

(c) 网络结构3　　　(d) 网络结构4

图 1-6　ETSI 卫星个人通信网络结构

在图 1-6（d）所示的网络结构中，非静止轨道卫星之间由星间链路连接，非静止轨道卫星和静止轨道卫星之间由星际链路连接。在此系统中，移动用户之间的呼叫传输时延等于两个非静止轨道卫星半跳（终端–卫星）的传输时延加上卫星间一跳（非静止轨道卫星–静止轨道）的传输时延。

卫星通信网络的设计是一个多目标优化问题，在实际设计网络时，需要综合考虑信号传输时延、网络管理的复杂性和系统成本等多方面因素，以便选择最适合的网络结构。

通过综合考虑这些因素，才可以设计出既高效又经济、既稳定又灵活的卫星通信网络，以满足不断发展的通信需求。

1.2.2 地面段

地面段包括地球站和相关的通信设施和设备，用于实现控制卫星、接收和发射信号、数据处理和存储等功能。地面段的主要任务是向空间段发送控制命令和获取卫星的状态信息，为用户段提供信号覆盖和连接服务。地面段在卫星通信系统中扮演着核心角色，它不仅作为连接空间段和用户段的桥梁，还承担着对卫星进行控制和管理的重要职责。

地球站是地面段的主体，它们可以是设置在地面上的卫星通信站，也可以是设置在飞机或海洋船舶上的卫星通信站，这些设施和设备分布在全球各地，形成了一个庞大而复杂的网络。

地面段的一个重要功能是管理航天器。通过地面控制中心，操作人员可以向卫星发送各种操作指令，调整卫星的轨道、姿态和通信参数，确保卫星能够稳定运行并提供持续的服务。同时，地面段还负责监测卫星的状态，收集卫星的工作参数和健康状况，并在地面上的各相关方之间分发有效载荷数据和遥测数据，及时发现并解决可能出现的问题。

为保障通信服务的连续性和可靠性，地面段通常会配备多个备用站点。当主站点因自然灾害或其他突发事件无法正常工作时，这些备用站点能够迅速接管任务，保持无线电联系不中断。这种冗余设计是业务连续性规划的重要组成部分，旨在最大限度地减少意外事件对整个通信系统的影响。

随着卫星通信技术的不断进步，地面段也在不断进行技术革新和功能升级。现代地面段系统采用了更先进的数据处理技术、更高效的信号传输协议和更智能的网络管理策略。这些技术的发展使得地面段能够支持更高速的数据传输、更复杂的通信任务和更广泛的服务覆盖。例如，现代地面段可以支持多频段、多极化和多波束天线技术，这使得卫星通信能够更加灵活地适应不同的应用场景和用户需求。同时，地面段还能够实现对卫星资源的动态分配和管理，提高资源利用率，降低运营成本。

地面段面临着网络安全的挑战。随着卫星通信在军事、金融、政务等领域的广泛应用，如何保护通信数据不被非法截获和篡改成为重要议题。因此，地面段系统需要采用更加严格的安全措施以确保通信的安全性和可靠性。

总而言之，地面段是卫星通信系统中不可或缺的一部分，它直接影响着整个通信系统的性能。随着卫星通信技术的不断发展，地面段系统也在不断演进，以适应更多样化、更复杂的通信需求。

1.2.3 用户段

用户段在卫星通信系统的架构中占据了极其重要的位置，它是卫星通信系统中最末端的部分，也是整个系统与最终用户之间的直接接口。用户段由各种类型的用户终端设备组成，这些设备使得用户能够通过空间段与地球上的其他用户或地球站进行通信。用户段的设备种类繁多，包括但不限于卫星电话、卫星电视接收器、卫星调制解调器、卫星天线、移动平台通信系统以及其他定制化方案等。

1) 卫星电话

卫星电话是用户段中最常见的终端设备之一，它允许用户在没有传统通信基础设施覆盖的地区进行语音和数据通信。这种便携式的通信方式对于远离城区或经常需要在户外工作的人士来说尤为重要。卫星电话的设计通常考虑到了耐用性和适应性，能够在各种恶劣环境下提供稳定的通信服务。

2) 卫星电视接收器

卫星电视接收器使用户能够接收来自卫星传输的高清电视节目和现场直播。这类接收器通常配备有高性能的天线和调谐器，能够接收、解码来自卫星的数字信号，并将其转换为高质量的视频和音频信号，供用户在电视或计算机上观看。

3) 卫星调制解调器

卫星调制解调器是用户段中不可或缺的设备，它负责将数字信号转换为适合卫星传输的射频信号，并将接收到的射频信号还原为数字信号。这类设备被广泛应用于宽带互联网接入、企业网络连接以及其他需要高速数据传输的场合。

4) 卫星天线

卫星天线是实现卫星通信的基础设备，这些天线设计精密，能够精确地指向特定的卫星，确保信号的稳定传输。根据用户的不同需求，卫星天线可以是固定式的，也可以是便携式的，甚至是具备自动跟踪卫星功能的。

5) 移动平台通信系统

移动平台通信系统包括车载、船载、机载等形式，目标是使车辆、船舶或飞机等移动平台能够保持连续的通信连接。这些系统通常由紧凑的天线、调制解调器和其他必要的通信组件构成，易于安装在各种移动平台上，为用户提供稳定的通信服务。

6) 定制化方案

用户段还提供针对特定行业或应用需求的定制化通信解决方案。例如，海洋船舶、航空器、军事单位以及紧急救援服务都有其独特的通信需求，用户段可以针对这些需求进行专门的设备设计和优化。

用户段的设备不仅提供基础的通信服务，还集成了定位、导航等增值服务。例如，一些卫星通信设备能够提供全球定位系统(global positioning system, GPS)服务，帮助用户确定位置、规划路线，甚至在紧急情况下传输救援信号。北斗卫星导航系统(简称北斗)就是国内自主建设、独立运行的卫星通信系统，旨在满足国家安全和经济社会发展的需求。北斗不仅提供定位导航服务，还具备短消息通信等功能，广泛应用于交通运输、海洋渔业、气象预报、公共安全等多个领域，为国家的经济社会发展和人民生活提供了重要支持。

随着技术的发展，用户段的设备也在不断迭代。现代的用户终端设备变得更加轻便、智能，并且支持更高的数据传输速度。这些设备也通常兼容多种通信模式，能够无缝切换于不同的通信网络和频段。同时，用户段的设备也越来越注重用户体验，提供简单直观的界面和多样化的功能。

1.3   卫星通信的发展概况

自 20 世纪中期苏联发射第一颗人造地球卫星、美国发射第一颗通信卫星以来,卫星通信已有 60 余年的发展历程。随着人类对通信覆盖范围的需求不断增长,卫星通信得到了广泛关注和应用,使用范围从最初的军事和政府应用扩展到商用、民用领域,组网架构从简单的卫星通信网向天地融合网、卫星互联网发展,业务类型也从单一的长途通话和电视广播迈向互联网接入、数据传输、环境监测等方面。本节主要从卫星通信网、天地融合网、卫星互联网三个角度分别概述卫星通信的发展历程。

1.3.1   卫星通信网的发展历程

卫星通信网的发展历程可以大致分为以下几个阶段。

1) 早期实验阶段

1957 年 10 月 4 日,世界上第一颗人造地球卫星"斯普特尼克 1 号"(Sputnik-1)由苏联成功发射,这一壮举标志着人类进入太空时代。

1958 年 12 月,美国国家航空航天局(National Aeronautics and Space Administration, NASA)发射"斯科尔"(SCORE)广播实验卫星。

1963 年 2 月~1964 年 8 月,NASA 先后发射 3 颗"辛康"(SYNCOM)卫星。"辛康 1 号"(SYNCOM-Ⅰ)未能进入预定轨道;"辛康 2 号"(SYNCOM-Ⅱ)送入同步倾斜轨道,进行了通信实验;"辛康 3 号"(SYNCOM-Ⅲ)送入静止同步轨道,成为世界上第一颗实验成功的静止轨道卫星,利用它实现了第 18 届东京奥运会电视信号全球转播。

在这个阶段,卫星通信技术处于起步期,技术探索和实验是其主要的活动内容,卫星通信从业者主要进行的是一些基础的卫星通信实验。早期实验阶段的卫星通信系统多为无源卫星,功能较为简单,覆盖范围有限,数据传输速率较低。尽管如此,这些初步的尝试为后续的技术进步和系统完善奠定了重要的基础。

2) 模拟卫星通信阶段

1965 年 4 月,由美国牵头建立的国际通信卫星组织(International Telecommunications Satellite, INTELSAT)将第一代"国际通信卫星"(Intelsat-Ⅰ,原名晨鸟)送入大西洋上空的静止同步轨道,自此,第一代模拟卫星通信开始大规模应用。

1970 年 4 月 24 日,中国发射第一颗卫星"东方红一号"(DFH-1)。这是中国航天史上的重要里程碑。

在这个阶段,卫星通信主要用于电话和电视广播传输,通信质量相对较好,但仍受制于模拟信号易受干扰的特性和有限的通信容量。

3) 数字卫星通信阶段

1980 年,数字传输技术大规模应用,甚小口径终端(very small aperture terminal, VSAT)出现。1989 年,Intelsat-Ⅵ系列卫星采用数字调制技术和 Ku 频段可控点波束,并首次采用星载交换时分多址技术。

数字卫星通信阶段标志着卫星通信系统逐渐向数字化转型。利用数字信号处理技术,数据传输速率得到了显著提升,通信质量和稳定性有了明显改善。此外,这项技术还为未来的宽带应用奠定了坚实的基础。

4) 窄带星座组网阶段

1990 年,美国 Motorola 公司宣布实施铱星计划。1998 年,GlobalStar(全球星)星座开始发射;2000 年,铱星破产。

在窄带星座组网阶段,卫星通信系统开始通过部署多颗卫星组网形成星座网络的形式来提供通信服务。这种方式可以实现更广泛的覆盖范围和更可靠的通信连接,适用于更多种类应用场景和需求。

5) 高通量卫星通信阶段

2004 年,世界首颗高通量卫星 Thaicom4 发射入轨;2011 年,ViaSat-1 卫星发射,它是全球首颗容量超过 100Gbit/s 的 Ka 宽带通信卫星;2014 年,O3b 初始星座完成发射组网,进入"宽带星座组网"阶段;2015 年,欧洲启动"量子"通信卫星计划;同年,美国太空探索技术(SpaceX)公司提出星链计划(Starlink);2016 年,Telesat 提出低轨宽带卫星计划;2017 年 1 月,铱星 Next 卫星发射组网;2017 年 2 月,ViaSat-2 卫星发射,单星容量提升至 300Gbit/s;2017 年 6 月,提出 OneWeb 星座计划;2017 年 11 月,O3b 公司申请新增 30 颗 MEO 卫星;2020 年,OneWeb 公司破产重组;截至 2021 年,OneWeb 已有 358 颗在轨卫星;2023 年,ViaSat-3 首发星发射成功,单星容量提升至 1Tbit/s。

2016 年 8 月 6 日,我国从西昌卫星发射中心将天通一号 01 星发射升空,这是中国卫星移动通信系统的首发星,也被称为"中国版的海事卫星",它的成功发射标志着我国迈入卫星移动通信的"手机时代"。2017 年 4 月 12 日,我国在西昌发射实践十三号卫星,该卫星完成在轨实验后被命名为中星 16 号。作为我国首颗高通量通信卫星,其通信总容量超过 20Gbit/s,它的发射标志着我国真正意义上实现了自主通信卫星的宽带应用。

据《中国航天科技活动蓝皮书(2022 年)》介绍,截至 2022 年底,全球在轨航天器数量已达到 7218 个,其中美国 4731 个,占全球总数的 65.5%;欧洲 1002 个,居世界第二;中国 704 个,在轨航天器数量首次超过 700;俄罗斯 219 个,日本 108 个,印度 76 个,其他国家和组织 378 个。据估计,2025 年前,我国卫星移动通信系统的终端用户将超过 300 万。

高通量卫星通信阶段的特点是利用新一代高通量卫星技术,增加卫星通信系统的容量和频谱效率,实现更高速率、更大带宽的卫星通信。高通量卫星通信系统支持更多用户接入,提供更快速的数据传输速度和更多样化的通信服务。

1.3.2　天地融合网的发展历程

卫星通信网络的发展史是人类科技进步和创新精神的缩影。从最初的尝试利用卫星技术全面替代地面通信系统,到逐渐认识到天地融合网络的重要性,人类对于卫星通信的理解和应用不断深化和拓展。在这个过程中,"天地融合网"模式逐渐成为主流,它通过整合天基和地面通信资源,形成与地面通信互补融合的通信网络。天地融合网的发展历程如下。

1）美军转型通信体系的构想

21 世纪初，美军提出了转型通信体系（transformational communications architecture，TCA），旨在建立一个受保护的、类似互联网的安全通信系统。TCA 计划通过整合空中、地面、海洋和太空的通信网络，实现全方位的通信覆盖。在该体系中，空间段主要是由五颗地球静止轨道卫星组成的转型通信卫星（transformational satellite, TSAT）。然而，由于技术和资金等方面的问题，该计划在 2009 年被迫暂停。

2）欧洲 ISI 的 ISICOM 构想

2007 年底至 2008 年初，欧洲的 ISI（Integral Satcom Initiative）技术组织提出了 ISICOM 构想。ISICOM 的目标是实现与未来全球通信网络的完全融合，并在此基础上提供增值服务。ISICOM 的空间段以三颗地球静止轨道或地球同步轨道（GEO/GSO）卫星为核心，同时结合中轨道/低轨道（MEO/LEO）卫星、高空平台（high altitude platform, HAP）、无人机（unmanned aerial vehicle, UAV）等多种通信节点，形成一个多层次、多维度的通信网络。

3）SaT5G 组织的成立

2017 年 6 月，由欧洲的 16 家企业和研究机构联合成立了 SaT5G（Satellite and Terrestrial Network for 5G）组织，其主要任务是研究和推进卫星与地面 5G 技术的融合。SaT5G 致力于探索如何将卫星通信技术与地面 5G 网络相结合，以实现更广泛的覆盖范围、更高的数据传输速率和更好的服务质量。该组织还积极参与相关的国际标准化工作，推动卫星通信技术的国际合作与发展。

4）3GPP 组织对卫星与 5G 融合的研究

由中国通信标准化协会（China Communications Standards Association, CCSA）、美国电信行业解决方案联盟（Alliance for Telecommunications Industry Solutions，ATIS）、欧洲电信标准化协会（European Telecommunications Standards Institute，ETSI）等成员的第三代合作伙伴计划（3rd Generation Partnership Project, 3GPP）组织从 R14 阶段（2016~2017 年）开始研究卫星与 5G 融合的问题。该研究的目的是更好地实现卫星通信和地面网络的优势互补和无缝兼容，以满足用户对于更高质量通信服务的需求。通过这种融合，卫星通信可以为地面 5G 网络提供必要的通信支持，特别是为偏远地区和海洋等地面网络覆盖不到的地方提供网络延伸服务。

目前现有的移动通信网络仅覆盖全球陆地的 20%，地球的 6%，因此，只有规模庞大的卫星移动通信系统建立之后，利用卫星通信可覆盖全球的特点，才能真正实现全球个人通信的无缝连接。

1.3.3　卫星互联网的发展趋势

随着 5G 移动互联网技术的不断成熟和广泛应用，全球通信行业已经开始着眼于下一代通信技术——6G 卫星互联网的研发。英国电信首席网络架构师尼尔·麦克雷（Neil McRae）预言，6G 不仅仅是 5G 技术的延伸，它将是一个全新的概念，将地面通信网络与卫星网络紧密结合，实现天地一体化的通信网络体系。6G 卫星互联网包括以下特征。

1）沉浸式通信体验

卫星互联网将支持更加沉浸式的通信体验，包括提供高互动性的视频内容和与机器的交互。通过增强型移动宽带(enhanced mobile broadband, eMBB)技术，卫星网络将能够覆盖更广泛的地理区域，无论是城市中心还是边远乡村，都能享受到一致的沉浸式体验。这一技术突破将进一步激发人们对高数据速率和低延迟网络的需求，同时也将推动多设备同步和多感官交互的研究与发展。

2)超可靠低延迟通信

卫星互联网将扩展其能力，以满足对可靠性和延迟有严格要求的应用领域，如工业自动化、紧急救援和远程医疗等。这将要求卫星网络提供超可靠低延迟通信(ultra-reliable and low latency communications, URLLC)，确保关键任务操作的实时性和精确性。为了实现这一目标，卫星网络需对其架构和通信协议进行优化，减少数据传输的时延。

3)海量设备连接

随着物联网(internet of things, IoT)设备的普及，卫星互联网将需要支持海量设备的连接，这涉及智能城市管理、交通运输、物流、健康监护、能源管理和环境监测等多个方面。卫星网络必须能够处理高密度连接需求，同时支持不同数据速率、低功耗和广覆盖，以适应各种应用场景。

4)全方位网络覆盖

卫星互联网的发展将致力于弥合数字鸿沟，特别是在农村和偏远地区，通过与其他系统的互通与协同，卫星互联网将提供更全面的网络覆盖，确保这些地区能够接入数字服务，从而提高当地居民生活质量和促进社会经济发展。

5)人工智能集成

卫星互联网将与人工智能(artificial intelligence, AI)技术深度融合，支持分布式计算和智能应用。这关系到自动驾驶、医疗辅助、大数据运算的布局，以及数字孪生的创新和前景。AI 的集成将提高卫星网络的智能化水平，优化资源分配，提升用户体验。

6)集成传感与通信

卫星互联网将提供广域多维传感能力，支持导航、活动检测、环境监测等应用。这要求卫星网络具备高精度定位和传感功能，如距离、速度和角度估计，以及物体和存在检测等。集成传感与通信将为人工智能、扩展现实(extended reality, XR)等新兴技术提供关键的数据支持。

6G 时代的到来将推动通信技术进入一个新的发展阶段。通过实现天地一体化的网络结构，6G 卫星互联网将为全球用户提供更加全面、高效和安全的通信服务，为未来社会的发展提供强有力的支撑。随着对天地一体化通信技术持续深入的研究与探索，人类将迈向一个更加智能、强大且可靠的未来通信网络，这不仅将推动卫星通信技术的革新，还将为全球信息交流与合作开辟新的道路，为人类社会的进步与繁荣贡献重要力量。

习　　题

1. 简述卫星通信的概念。
2. 简述静止轨道卫星系统是如何实现全球通信的。
3. 卫星通信系统由哪几部分组成？概括各部分功能。
4. 简述卫星互联网发展趋势。
5. 查阅相关资料，介绍一种未来可能出现的通信方式及相关技术。

第 2 章

卫星通信信道

微课视频

在设计和评估卫星通信系统时，了解卫星通信信道的特性至关重要。在卫星通信中，通信信号的传播与工作频率、当地气候、卫星仰角等有关。一般来说，工作频率越高，仰角越低，通信信道对信号传播的影响越明显。

大气层对空间传输的损耗与所使用的电磁波频率密切相关，不同频率电磁波会在特定海拔产生明显衰减，如图 2-1 所示。当电磁波频率低于 3GHz 时，电离层是卫星通信传输损耗的主要来源；当电磁波频率高于 3GHz 时，对流层是卫星通信传输损耗的主要来源。当电磁波频率低于 30MHz 时，载波频率小于电离层穿透频率，信号会在距离地面 15~400km 的电离区域（即电离层）被吸收或反射。随着电磁波频率的增加，电离层对信号的反射特性降低。当频率高于 30MHz 时，信号可以通过电离层传输，并由于频率和地理位置等因素有不同程度的衰减，此时以直接传播为主导。当频率高于 3GHz 时，电离层对于信号几乎是透明的，此时对信号起主要影响作用的是对流层。

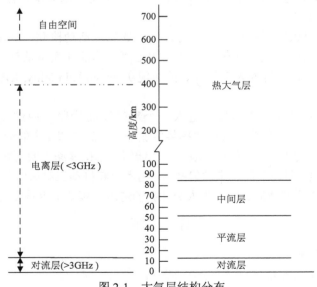

图 2-1　大气层结构分布

本章首先介绍信道传输机制，主要包括传输术语的标准定义以及信道的线性和非线性失真等。然后，介绍信道衰落模型，主要包括自由空间基本传输损耗、大气吸收损耗、波束扩散损耗、电离层/对流层闪烁、绕射/波导损耗、雨衰以及云和雾衰减等。最后，介绍平坦衰落信道和频率选择性衰落信道。

2.1　信道传输机制

2.1.1　传播术语标准定义

在讨论信道衰减之前，首先对描述无线电传输机制的术语进行介绍。下面介绍来自电气电子工程师学会(Institute of Electrical and Electronics Engineers，IEEE)的无线电波传播术语的标准定义。

(1)吸收：在传播路径中从无线电波到物质的不可逆转化，导致无线电波振幅减小的现象。

(2)散射：无线电波与传播媒介的各向异性交互作用，导致无线电波的能量向某个方向扩散的现象。

(3)折射：介质折射率的空间变化导致无线电波传播方向变化的现象。

(4)衍射：障碍物或其他对象导致的无线电波传播方向变化的现象。

(5)多径：通过两条或多条传播路径使发射的无线电波到达接收天线的传播条件。

(6)闪烁：传播路径中的小尺度不规则现象，导致无线电波的振幅和相位随时间快速波动的现象。

(7)衰落：传播路径的变化导致的无线电波振幅随时间变化的现象。衰落一般描述时间尺度较长的影响，而闪烁一般描述时间尺度较小的影响。

(8)频散：色散介质引起的无线电波在频率和相位上变化的现象。

2.1.2　信道的线性和非线性失真

由于各种因素的影响，信号在信道传输过程中会发生扭曲和变化，这种现象称为信道失真。信道失真按是否使信号产生新的频率分量分为线性失真和非线性失真两类。

当信道的幅频特性不理想时，信号波形产生畸变，在传输数字信号时会产生码间串扰。当信道的相频特性不理想时，信号产生相位失真，由于人耳对声音相位识别不敏感，因此模拟语音话路受影响较小，但对于数字信号，相位失真会使相邻码元之间产生重叠，造成码间串扰，导致误码率增大。线性失真不会使信号产生新的频率分量，可对信道的幅频或相频特性进行补偿，使信号频带内振幅-频率曲线为一水平直线，相位-频率特性为一过原点的直线，以减少线性失真的影响。

当信道输出和输入的振幅关系呈非线性时，会使信号产生新的谐波分量，此时的失真称为非线性失真。非线性失真的影响因素和表现形式多样，需结合具体情况进行分析。卫星通信中信道的非线性失真主要产生于功率放大器部分，幅度非线性失真会使发射信号产生新的旁瓣；相位非线性失真会使接收信号中的星座图产生汇聚点发散和旋转。目前对非线性失真可采取的补偿措施有非线性补偿、功率放大器输入/输出电平回退等。非线性补偿是目前应用相对广泛的方法，可在模拟电路或数字基带中根据已知的功率放大器特性进行预补偿。对于未知功率放大器可使用自适应补偿,这种补偿适应性强、效果好,但是由于在补偿环节需采用自适应补偿电路,设备复杂程度有所提升。

2.2 信道衰落模型

信道衰落对卫星通信性能具有很大的影响,深入理解信道衰落现象及其成因具有重要的理论意义和实际应用价值。在建模信道衰落对卫星通信性能的影响时,信道衰落模型具有至关重要的作用。本节将介绍造成信道衰落的各种损耗,包括自由空间基本传输损耗、大气吸收损耗、波束扩散损耗、电离层/对流层闪烁、绕射/波导损耗、雨衰以及云和雾衰减等。通过建模信道衰落中的各种损耗,为卫星通信系统的设计和优化提供理论依据和实践指导,以提高通信链路的稳定性和传输效率。

2.2.1 自由空间基本传输损耗

自由空间基本传输损耗描述了电磁波信号在自由空间中传播时的功率衰减情况。在这种情况下,假设信号的传播路径完全处于真空环境中,且没有任何障碍物或干扰因素,自由空间基本传输损耗 L_{bfs} 可以表示为

$$L_{\text{bfs}} = 92.45 + 20\log\left(f \cdot d\right) \quad (\text{dB}) \tag{2-1}$$

式中,d 表示路径长度(单位为 km);f 表示信号的频率(单位为 GHz)。

下面给出计算星地链路长度、地面站自由空间仰角以及表观仰角的方法。在没有任何大气存在情况下的仰角称为自由空间仰角,用 θ_0 表示。考虑大气折射计算的仰角称为表观仰角,用 θ 表示。考虑地球的几何形状为球形,并忽略大气折射的影响。设 φ_s 为星下点纬度,φ_t 为地面站的纬度,δ 为卫星星下点与地面站之间的经度差,规定当空间站位于地面站以东方向时为正。

首先,设 R_e 为平均地球半径,则卫星和地面站到地球中心的距离可以分别表示为

$$R_s = R_e + h_s \tag{2-2}$$
$$R_t = R_e + h_t \tag{2-3}$$

式中,h_s 为卫星高度;h_t 为地面站高度。

然后,计算卫星的坐标,规定地球中心为坐标原点,Z 轴指向正北方向,X 轴位于地面站所在经线上,则卫星的坐标可以表示为

$$X_1 = R_s \cos\varphi_s \cos\delta \tag{2-4}$$
$$Y_1 = R_s \cos\varphi_s \sin\delta \tag{2-5}$$
$$Z_1 = R_s \sin\varphi_s \tag{2-6}$$

将直角坐标系绕 Y 轴旋转,使得原本指向北方的 Z 轴转到与地面站所在的方向一致,并在不进行任何旋转的情况下,将坐标系的原点从地球中心移动到地面站的位置,则卫星的坐标可以进一步表示为

$$X_2 = X_1 \sin\varphi_t - Z_1 \cos\varphi_t \tag{2-7}$$

$$Y_2 = Y_1 \tag{2-8}$$

$$Z_2 = Z_1 \sin \varphi_\mathrm{t} + X_1 \cos \varphi_\mathrm{t} - R_\mathrm{t} \tag{2-9}$$

因此，星地直线距离可以表示为

$$D_\mathrm{ts} = \sqrt{X_2^2 + Y_2^2 + Z_2^2} \tag{2-10}$$

相应地，D_ts 在 X-Y 平面上的投影长度可以表示为

$$G_\mathrm{ts} = \sqrt{X_2^2 + Y_2^2} \tag{2-11}$$

因此，地面站到卫星的直线仰角，即自由空间仰角，可以表示为

$$\theta_0 = \arctan\left(\frac{G_\mathrm{ts}}{Z_2}\right) \tag{2-12}$$

相应地，从地面站到卫星的直线相对于正南的方位角可以表示为

$$\psi = \arctan\left(\frac{X_2}{Y_2}\right) \tag{2-13}$$

通过用 180° 减去当前计算的方位角，可以实现将方位角转换为从正北向东测量的角度。如果仰角表示垂直路径，则方位是不确定的。可以通过式 (2-12) 得到的自由空间仰角 θ_0 估计表观仰角 θ。

在计算星地路径上的损耗时，L_bfs 会始终包含在内，该损耗在任何频率和任何星地路径长度下都是有效的。在实际的卫星通信系统中，虽然完全的自由空间传输环境并不存在，但自由空间基本传输损耗模型为理解和分析电磁波的传播提供了重要的理论基础。通过这一模型，可以初步估算电磁波在传输过程中的损耗，从而为进一步考虑其他复杂的传输损耗机制奠定基础。

2.2.2 大气吸收损耗

大气吸收损耗描述了电磁波在通过地球大气层时因大气中的气体分子吸收而引起的功率衰减，其主要由氧气分子和水蒸气分子引起，这些分子对特定频率范围内的电磁波具有较强的吸收作用。根据国际电信联盟无线电通信部门发布的 ITU-R P.676-12 建议书，大气吸收损耗是一个随频率变化的复杂函数。

当传输路径的仰角减小时，信号在大气中传播的路径更长，这会导致衰减增加；当地面站高度增加时，信号在大气中传播的路径更短，并且考虑到高海拔地区的大气密度较低，衰减降低。在很多频段，水蒸气密度是衰减的主要因素。

下面给出大气吸收损耗的计算方法。当频率低于 1 GHz 时，大气吸收损耗可忽略。当频率范围在 1~1000 GHz 时，考虑到地球站和卫星高度，将射线仰角扩展至可正可负。根据 ITU-R P.676-12 建议书中给出的公式推导，首先写出高度为 h_t（单位为 km）的地球站与高度为 h_s（单位为 km）的卫星之间大气吸收损耗的积分，即

$$A_\mathrm{g} = \int_{h_\mathrm{t}}^{h_\mathrm{s}} \frac{\gamma(h)}{\sqrt{1 - \cos^2 \varphi}} \mathrm{d}h \quad (\mathrm{dB}) \tag{2-14}$$

式中，$\gamma(h)$ 是高度 h 处的比衰减（单位为 dB/km）；φ 是高度 h 处的仰角，其可以通过斯涅尔定律（Snell's Law）计算，即

$$\cos\varphi = \frac{(R_e + h_t)\omega(h_t)}{(R_e + h)\omega(h)}\cos\varphi_e \tag{2-15}$$

式中，φ_e 是地球站主波束的仰角；$\omega(h)$ 是高度 h 处的大气折射率，其可以通过 ITU-R P.453-14 建议书求得。

将大气分成 N 个球形层，式(2-14)定义的大气吸收损耗 A_g 可以通过求和进行估计，即

$$A_g = \sum_{n=1}^{N} \ell_n \gamma_n \quad \text{(dB)} \tag{2-16}$$

式中

$$\ell_n = \sqrt{(r_{n+1})^2 - \left[(\omega_t/\omega_n)R_t\cos\varphi_e\right]^2} - \sqrt{(r_n)^2 - \left[(\omega_t/\omega_n)R_t\cos\varphi_e\right]^2} \tag{2-17}$$

式中，γ_n 是在第 n 层的比衰减；ω_t 是地球站高度的大气折射率；ω_n 是第 n 层的大气折射率；R_t 是从地球中心到地球站的半径高度。此外，r_n 和 r_{n+1} 分别表示从地球中心到第 $n(n=1,2,\cdots,N)$ 层的下部和上部边缘的距离，并且有 $r_{n+1} = r_n + \delta_n$，其中 δ_n 是第 n 层的厚度。

2.2.3　波束扩散损耗

波束扩散损耗描述了电磁波在传播过程中由波束扩散而导致的功率衰减。波束扩散是指信号传播时波前的扩展，这种现象在自由空间传播以及通过大气层传播时都会发生，特别是大气中的折射效应对波束扩散的影响尤为显著。

大气中的折射效应会导致电磁波传播路径发生弯曲，从而影响信号传播。大气密度随高度变化，导致电磁波的传播路径发生弯曲，即产生折射效应。折射效应会导致地面站的表观仰角高于星地直线的自由空间仰角，这种情况在低仰角时尤为明显。

在对流层折射中，与频率无关的变化由压力 P（单位为 hPa）、水蒸气压力 e（单位为 hPa）以及温度 T（单位为 K）等参数引起，可以表示为

$$u = 1 + 10^{-6}U = 1 + 10^{-6} \times \left[\frac{77.6}{T}\left(P + e + 4810\frac{e}{T}\right)\right] \tag{2-18}$$

式中，U 是折射率。

与频率有关的变化主要由氧气和水蒸气等大气气体的吸收谱线引起。吸收谱线对折射率的影响可参考 ITU-R P.676-12 建议书，当频率低于 10GHz 时，吸收谱线对折射率的影响可以忽略不计。

为便于分析，采用直线表示对流层折射光线，然后通过有效地球半径 R_e 进行补偿。定义有效地球半径因子为有效地球半径 R_e 和真实地球半径 a 的比值，即

$$k = \frac{R_e}{a} = 1 + a\frac{\mathrm{d}u}{\mathrm{d}l} = \frac{1}{1 + \dfrac{\dfrac{\mathrm{d}U}{\mathrm{d}l}}{157}} \tag{2-19}$$

式中，$\dfrac{\mathrm{d}u}{\mathrm{d}l}$ 表示在大气高度为 l 时的折射率梯度。

根据 k 因子的值，对流层折射可分为正常折射、亚折射、超折射和大气波导。当 $k=4/3$ 时，发生正常折射，射频信号沿着地球表面进行传播；当 $0<k<4/3$ 时，发生亚折射，射频信号从地球表面传播出去；当 $k>4/3$ 时，发生超折射，射频信号射向地球表面；当 $k<0$ 时，射频信号向下弯曲的曲率大于地球的曲率，发生捕获。

下面给出一种计算由大气折射率引起的分散或聚焦的衰减或增强的方法。通过整个大气层传播的电磁波，波束色散损耗可以表示为

$$A_{\mathrm{bs}}=\pm10\log(B)\quad(\mathrm{dB})\tag{2-20}$$

式中

$$B=1-\frac{0.5411+0.07446\theta_1+h_{\mathrm{t}}(0.06272+0.0276\theta_1)+0.008288h_{\mathrm{t}}^2}{\psi}\tag{2-21}$$

$$\psi=1.728+0.5411\theta_1+0.03723\theta_1^2+h_{\mathrm{t}}(0.1815+0.06272\theta_1+0.0138\theta_1^2)+h_{\mathrm{t}}^2(0.01727+0.008288\theta_1)^2$$

式中，θ_1 为星地连线的仰角[单位为 (°)，$\theta_1<10°$]；h_{t} 为地面站的海拔（单位为 km，$h_{\mathrm{t}}\leqslant 5\,\mathrm{km}$）。

2.2.4　闪烁

闪烁现象是卫星通信中信号电平波动的一种复杂现象，特别是在星地链路上，这种波动会在短距离内随时间迅速变化。闪烁主要包含电离层闪烁和对流层闪烁，这两种闪烁在相互独立的频率范围内发挥作用，因此在特定情况下通常只需考虑其中一种闪烁。两种闪烁均随时间变化，且闪烁衰减的分贝值有正有负，中位数取零。当许多不需要的信号聚集在接收端时，闪烁可以相互抵消，在这种情况下，闪烁可以忽略。

1. 电离层闪烁

电离层闪烁是指当电磁波经过电离层时，电离层结构不均匀造成信号振幅和相位快速变化。电离层闪烁效应可在 30MHz~7GHz 的链路上观察到，其主要机制是正向散射和衍射。

电离层闪烁的定量分析通常用闪烁指数来表示，最常用的闪烁指数 S_4 定义为

$$S_4=\sqrt{\frac{E[I^2]-E^2[I]}{E^2[I]}}\tag{2-22}$$

式中，I 为信号强度；$E[\bullet]$ 表示变量的均值。

闪烁指数与信号强度的峰间波动有关，采用 Nakagami 分布可较好地描述各种 S_4 的值。当 S_4 趋于 1.0 时，分布趋于瑞利分布。在有些条件下，S_4 可能大于 1，甚至高达 1.5。闪烁指数可由链路上观测到的峰间波动 $P_{\mathrm{p\text{-}p}}$ 估算，其近似关系可以表示为

$$S_4\approx0.07197P_{\mathrm{p\text{-}p}}^{0.794}\tag{2-23}$$

式中，$P_{\text{p-p}}$ 为峰间波动，单位为 dB。

2. 对流层闪烁

对流层闪烁与由大气湍流引起的折射率变化有关，其在较高频率的通信中较为显著。闪烁的强度与大气折射率的湿度项以及水蒸气密度有关。当以 dB 为单位表示对流层闪烁引起的信号强度变化时，其统计分布不对称，即给定一个百分比，超过该百分比时间的衰减多于超过该百分比时间的增强，统计分布不对称性在分布图的尾部尤为明显。当频率低于 4GHz 时，对流层闪烁效应可忽略不计。

参考 ITU-R P.618-13 建议书计算闪烁强度 σ_{st}，进而使用超过给定百分比时间的增强和衰减表示短时间内信号的变化。超过 p %时间的增强因子（$p \leqslant 50$）可以表示为

$$a_{\text{ste}}(p) = 2.672 - 1.258\log(p) - 0.0835\left[\log(p)\right]^2 - 0.0597\left[\log(p)\right]^3 \tag{2-24}$$

超过 q %时间的衰减因子 $q = 100 - p$，$q > 50$ 可以表示为

$$a_{\text{stf}}(q) = 3.0 - 1.71\log(q) + 0.072\left[\log(q)\right]^2 - 0.061\left[\log(q)\right]^3 \tag{2-25}$$

因此，不超过 p %时间的对流层闪烁衰落可以表示为

$$A_{\text{st}}(p) = \begin{cases} -\sigma_{\text{st}}\,a_{\text{ste}}(p), & p \leqslant 50 \\ \sigma_{\text{st}}\,a_{\text{stf}}(100 - p), & \text{其他} \end{cases} \quad (\text{dB}) \tag{2-26}$$

2.2.5　绕射/波导损耗

当收发双方之间的电磁波传播路径被明显不规则的物体遮挡时，就会发生绕射，需要考虑绕射损耗。当障碍物进入电磁波射线的第一菲涅耳区域时，绕射损耗变得明显。ITU-R P.526-15 建议书中给出了适用于各种场景的衍射模型。对于星地链路而言，绕射参数 v 和第一菲涅耳区半径可以分别表示为

$$v \approx h_{\text{obs}}\sqrt{\frac{2}{\lambda d_{\text{s}}}} \tag{2-27}$$

$$R_1 \approx \sqrt{\lambda d_{\text{s}}} \tag{2-28}$$

式中，h_{obs} 是相对于射线的障碍物高度；λ 是波长；d_{s} 是从地面站到障碍物的距离。式（2-27）和式（2-28）还可以分别写为

$$v \approx 0.08168 h_{\text{obs}}\sqrt{\frac{f}{d_{\text{s}}}} \tag{2-29}$$

$$R_1 \approx 17.314\sqrt{\frac{d_{\text{s}}}{f}} \quad (\text{m}) \tag{2-30}$$

在式（2-29）和式（2-30）中，障碍物高度 h_{obs} 以米（m）为单位，频率 f 以 GHz 为单位，距离 d_{s} 以千米（km）为单位。

对于地形障碍，可以采用 ITU-R P.526-15 建议书中的刃峰 (knife edge) 绕射模型进行建模。对于建筑物障碍，可以采用 ITU-R P.526-15 建议书中的有限宽度模型进行建模。两个模型均可根据频率进行缩放。

除考虑绕射损耗外，还需要考虑波导损耗。时间概率不超过 μ % 的绕射/波导损耗可以表示为

$$L_{\mathrm{dtb}}(\mu) = \begin{cases} \max\left[L_{\mathrm{d}} + A(\mu) + A_{\mathrm{ds}}, 0\right], & \mu < \beta \\ L_{\mathrm{d}}, & \text{其他} \end{cases} \quad \text{(dB)} \tag{2-31}$$

式中

$$A(\mu) = \begin{cases} \left(1.2 + 3.7 \times 10^{-3} d_{\mathrm{s}}\right) \log\left(\dfrac{\mu}{\beta}\right) + 12\left[\left(\dfrac{\mu}{\beta}\right)^{\Gamma} - 1\right], & \mu < \beta \\ 0, & \text{其他} \end{cases} \quad \text{(dB)} \tag{2-32}$$

$$\Gamma = \frac{1.076}{\left[2.0058 - \log(\beta)\right]^{1.012}} \exp\left\{-\left[9.51 - 4.8\log\beta + 0.198\left(\log\beta\right)^2\right]\right\} \tag{2-33}$$

$$\beta = \begin{cases} 10^{-0.015|\varphi_1| + 1.67}, & |\varphi_1| \leqslant 70 \\ 4.17, & \text{其他} \end{cases} \quad \text{(\%)} \tag{2-34}$$

$$A_{\mathrm{ds}} = \begin{cases} 20\log\left[1 + 0.361\theta''\left(f \cdot d_{\mathrm{hoz}}\right)^2\right] + 0.264\theta'' f^{1/3}, & \theta'' > 0 \\ 0, & \text{其他} \end{cases} \quad \text{(dB)} \tag{2-35}$$

$$\theta'' = \theta_{\mathrm{hoz}} - 0.1 d_{\mathrm{hoz}} \quad \text{(mrad)} \tag{2-36}$$

式中，L_{d} 为绕射损耗（单位为 dB），其可以根据 ITU-R P.526-15 建议书中的刃峰绕射模型或有限宽度模型计算；φ_1 为纬度 [单位为 (°)]；θ_{hoz} 是地面站水平面以上的仰角（单位为 mrad）；d_{hoz} 为地面站的地平线距离（单位为 km）。

2.2.6 雨衰

星地通信链路中，电磁波经过降雨区域时，雨滴会吸收和散射电磁波能量，从而使信号的振幅减小，造成雨衰。对于 10GHz 以上的频段，雨衰尤为严重。特别是在 Ku、Ka 及以上的频段，随着频率的增加，衰减值急剧增大。雨衰是对流层影响卫星通信的主要气象因素，研究雨衰模型，对系统设计与性能评估具有重要意义。

雨衰的典型描述方式一般以三个假设为前提，具体包括：①电磁波通过降雨区域时，其能量呈指数衰减；②雨滴为球形，能够对电磁波能量同时进行散射和吸收；③每一滴雨滴的影响都是独立的、相加的，与其他雨滴无关。

假设电磁波发送功率为 p_{t}，其传播过程中经过大量均匀分布的雨滴区域，雨滴半径为 r，经过降雨区域路径为 L，如图 2-2 所示。

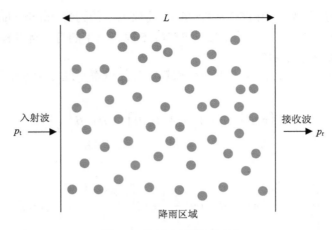

图 2-2　信号穿过降雨区域

在电磁波穿过降雨区域时，能量呈指数衰减，衰减后的信号功率 p_r 可以表示为

$$p_r = p_t \exp(-k_r L) \tag{2-37}$$

式中，k_r 为降雨区域衰减系数（单位为 $\mathrm{m^{-1}}$）。

用分贝表示电磁波的衰减系数，可得

$$A_{\mathrm{rain}} = 10\lg\left(\frac{p_t}{p_r}\right) \quad (\mathrm{dB}) \tag{2-38}$$

将衰减系数 A_{rain} 转换为以自然对数为底的对数表示，由式（2-37）和式（2-38）可得

$$A_{\mathrm{rain}} = 4.343 k_r L \quad (\mathrm{dB}) \tag{2-39}$$

式中，衰减系数 k_r 可以表示为单位体积内雨滴数量 η 和雨滴衰减截面 Q_t 的乘积。具体而言，雨滴衰减截面 Q_t 可以表示为散射截面 Q_s 和吸收截面 Q_a 之和。同时雨滴衰减截面是雨滴半径 r、电磁波波长 λ 以及雨滴复折射率 m 的函数。因此，衰减截面 Q_t 可以表示为

$$Q_t = Q_s + Q_a = Q_t(r, \lambda, m) \tag{2-40}$$

由于雨滴半径在多数时间下并不相同，因此衰减系数 k_r 需用积分形式进行表示，即

$$k_r = \int Q_t(r, \lambda, m)\xi(r)\mathrm{d}r \tag{2-41}$$

式中，$\xi(r)$ 为雨滴半径分布。由式（2-39）和式（2-41）可得，单位距离的衰减 α 可以表示为

$$\alpha = 4.343\int Q_t(r, \lambda, m)\xi(r)\mathrm{d}r \quad (\mathrm{dB/km}) \tag{2-42}$$

由此可见，单位距离的雨衰与雨滴尺寸、雨滴分布、降雨速率以及衰减截面有关。雨滴尺寸和其对电磁波能量的吸收存在一定关联。当信号波长大于雨滴直径时，散射衰减在雨衰影响中起决定作用；反之，当波长小于雨滴直径时，吸收损耗起到主要作用。当信号波长与雨滴直径相近时，雨衰最明显。早期使用的电磁波波长远大于雨滴直径，随着通信对传输速率以及频谱资源要求的不断提升，目前使用的电磁波波长越来越接近雨滴

直径，因此，对雨衰进行合理的量化预估在星地链路预算中具有极为重要的意义。

ITU-R 雨衰模型是国际公认的预测降雨对通信系统影响的方法。下面基于 ITU-R P.618-13 建议书中的雨衰模型进行介绍。所使用的系统模型如图 2-3 所示。其中，h_t 表示地面站海拔（单位为 km）；h_R 表示降雨高度（单位为 km）；卫星仰角为 θ [单位为 (°)]；L_S 表示倾斜路径长度（单位为 km）；L_G 表示倾斜路径在水平方向的投影（单位为 km）。

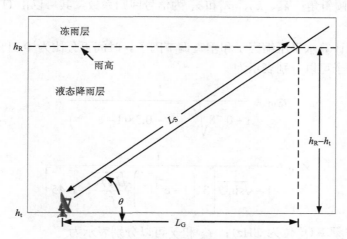

图 2-3　计算雨衰时所使用的系统模型

首先，根据 ITU-R P.839-4 建议书，计算地面站的降雨高度 h_R，即

$$h_R = h_o + 0.36 \quad \text{(km)} \tag{2-43}$$

式中，h_o 为年平均 0℃等温线高度（单位为 km），即处于雨和冰过渡状态的上层大气高度。

其次，计算倾斜路径长度 L_S，即

$$L_S = \begin{cases} \dfrac{h_R - h_t}{\sin\theta}, & \theta \geqslant 5° \\[4mm] \dfrac{2(h_R - h_t)}{\left[\sin^2\theta + \dfrac{2(h_R - h_t)}{R_e}\right]^{\frac{1}{2}} + \sin\theta}, & \theta < 5° \end{cases} \quad \text{(km)} \tag{2-44}$$

式中，R_e 为有效地球半径。如果 $h_R \leqslant h_t$，雨衰为 0。相应地，计算倾斜路径在水平方向的投影 L_G，即

$$L_G = L_S \cos\theta \quad \text{(km)} \tag{2-45}$$

再次，根据 ITU-R P.838-3 建议书计算特定衰减 γ_R，即

$$\gamma_R = k_T R_{0.01}^{\alpha_T} \quad \text{(dB/km)} \tag{2-46}$$

式中，$R_{0.01}$ 为该位置年平均降雨量超过 0.01%（积分时间为 1min）的降雨率。k_T 和 α_T 可以分别由式（2-47）和式（2-48）计算得出：

$$k_{\mathrm{T}} = \frac{k_{\mathrm{H}} + k_{\mathrm{V}} + (k_{\mathrm{H}} - k_{\mathrm{V}})\cos^2\theta\cos(2\tau)}{2} \tag{2-47}$$

$$\alpha_{\mathrm{T}} = \frac{k_{\mathrm{H}}\alpha_{\mathrm{H}} + k_{\mathrm{V}}\alpha_{\mathrm{V}} + (k_{\mathrm{H}}\alpha_{\mathrm{H}} - k_{\mathrm{V}}\alpha_{\mathrm{V}})\cos^2\theta\cos(2\tau)}{2k_{\mathrm{T}}} \tag{2-48}$$

式中，τ 为极化倾斜角；k_{H}、k_{V}、α_{H} 和 α_{V} 为信号回归系数，其可以由 ITU-R P.838-3 建议书得到。

然后，分别计算水平压缩因子和垂直调节因子。时间百分比为 0.01%的水平压缩因子和垂直调节因子可以分别表示为

$$r_{0.01} = \frac{1}{1 + 0.78\sqrt{\dfrac{L_{\mathrm{G}}\gamma_{\mathrm{R}}}{f}} - 0.38\left(1 - \mathrm{e}^{-2L_{\mathrm{G}}}\right)} \tag{2-49}$$

$$v_{0.01} = \frac{1}{1 + \sqrt{\sin\theta}\left[31\left(1 - \mathrm{e}^{-\frac{\theta}{1+\chi}}\right)\dfrac{\sqrt{L_{\mathrm{R}}\gamma_{\mathrm{R}}}}{f^2} - 0.45\right]} \tag{2-50}$$

式中，f 为工作频率（单位为 GHz）；L_{R} 和 χ 可以分别表示为

$$L_{\mathrm{R}} = \begin{cases} \dfrac{L_{\mathrm{G}}r_{0.01}}{\cos\theta}, & \zeta > \theta \\[2mm] \dfrac{h_{\mathrm{R}} - h_{\mathrm{t}}}{\sin\theta}, & \zeta \leqslant \theta \end{cases} \quad (\mathrm{km}) \tag{2-51}$$

$$\chi = \begin{cases} 36 - |\varphi|, & |\varphi| < 36° \\ 0, & |\varphi| \geqslant 36° \end{cases} \quad (°) \tag{2-52}$$

式中，φ 为地面站的纬度；ζ 可以表示为

$$\zeta = \arctan\left(\frac{h_{\mathrm{R}} - h_{\mathrm{t}}}{L_{\mathrm{G}}r_{0.01}}\right) \quad (°) \tag{2-53}$$

相应地，有效路径长度 L_{E} 可以表示为

$$L_{\mathrm{E}} = L_{\mathrm{R}}v_{0.01} \quad (\mathrm{km}) \tag{2-54}$$

因此，超过年平均 0.01%的预测衰减可以表示为

$$A_{0.01} = \gamma_{\mathrm{R}}L_{\mathrm{E}} \quad (\mathrm{dB}) \tag{2-55}$$

相应地，超过年平均百分比 ς（0.001% $\leqslant \varsigma \leqslant$ 5%）的衰减可表示为

$$A_{\varsigma} = A_{0.01}\left(\frac{\varsigma}{0.01}\right)^{-[0.655 + 0.033\ln\varsigma - 0.045\ln A_{0.01} - \kappa(1-\varsigma)\sin\theta]} \quad (\mathrm{dB}) \tag{2-56}$$

式中

$$\kappa = \begin{cases} 0, & \varsigma \geqslant 1\% \text{或} |\varphi| \geqslant 36° \\ -0.005(|\varphi| - 36), & \varsigma < 1\% \text{且} |\varphi| < 36° \text{且} \theta \geqslant 25° \\ -0.005(|\varphi| - 36) + 1.8 - 4.25\sin\theta, & \text{其他} \end{cases} \quad (2\text{-}57)$$

2.2.7 云和雾衰减

在计算卫星链路衰落时，除了雨衰和大气衰减外，云和雾作为常见的气象因素也应考虑在内。

根据 ITU-R P.840-9 建议书，为了计算云和雾造成的衰减，首先需要计算水的复介电常数。当电磁波工作频率为 f（单位为 GHz）时，水的复介电常数的实部和虚部可以分别表示为

$$\varepsilon'' = \frac{f(\varepsilon_0 - \varepsilon_1)}{f_p\left[1 + \left(\dfrac{f}{f_p}\right)^2\right]} + \frac{f(\varepsilon_1 - \varepsilon_2)}{f_s\left[1 + \left(\dfrac{f}{f_s}\right)^2\right]} \quad (2\text{-}58)$$

$$\varepsilon' = \frac{\varepsilon_0 - \varepsilon_1}{1 + \left(\dfrac{f}{f_p}\right)^2} + \frac{\varepsilon_1 - \varepsilon_2}{1 + \left(\dfrac{f}{f_s}\right)^2} + \varepsilon_2 \quad (2\text{-}59)$$

式中，$\varepsilon_0 = 77.66 + 103.3(\iota - 1)$；$\varepsilon_1 = 0.0671\varepsilon_0$；$\varepsilon_2 = 3.52$；$\iota = 300/T$；$T$ 表示温度（单位为 K）。f_p 和 f_s 分别表示主要松弛频率和次要松弛频率，其分别可以表示为

$$f_p = 20.20 - 146(\iota - 1) + 316(\iota - 1)^2 \quad (\text{GHz}) \quad (2\text{-}60)$$

$$f_s = 39.8 f_p \quad (\text{GHz}) \quad (2\text{-}61)$$

然后，根据水的复介电常数，特定衰减系数可以表示为

$$K_1 = \frac{0.819 f}{\varepsilon''(1 + \eta^2)} \quad (\text{dB/km})/(\text{g/m}^3) \quad (2\text{-}62)$$

式中，η 可以表示为

$$\eta = \frac{2 + \varepsilon'}{\varepsilon''} \quad (2\text{-}63)$$

最后，云和雾衰减可以表示为

$$A_c = \frac{K_1 L_{\text{red}}}{\sin\theta} \quad (\text{dB}) \quad (2\text{-}64)$$

式中，$10° \leqslant \theta \leqslant 90°$；$L_{\text{red}}$ 为柱状液态水含量（单位为 kg/m^2），其值可以根据 ITU-R P.840-9 建议书进行估计。

2.3 平坦衰落信道与频率选择性衰落信道

根据频域特性，信道可以分为平坦衰落信道和频率选择性衰落信道。在平坦衰落信

道中，信道的频率响应是平坦的，即对于所有频率，信道增益近似为常数。有些信道由于存在多径效应，信道增益与频率有关，不同频率具有不同的信道增益，这种信道称为频率选择性衰落信道。

下面以经过两条不同路径后到达接收机的信号为例，来解释频率选择性衰落现象。

设两条传输路径 1、2 具有相同的衰减，但时延不同，发射信号为 $s(t)$，经过两条传输路径后变为 $As(t-\tau_0)$ 和 $As(t-\tau_0-\tau)$。其中，A 是衰减后的幅度；τ_0 表示路径 1 的传输时延；τ 表示两传输路径的时延差。令 $s(t)$ 的傅里叶变换为 $S(\omega)$，即

$$s(t) \Leftrightarrow S(\omega) \tag{2-65}$$

则接收机接收的信号 $s_r(t) = As(t-\tau_0) + As(t-\tau_0-\tau)$，其傅里叶变换为 $AS(\omega)\mathrm{e}^{-\mathrm{j}\omega\tau_0}\left(1+\mathrm{e}^{-\mathrm{j}\omega\tau}\right)$，即

$$As(t-\tau_0) + As(t-\tau_0-\tau) \Leftrightarrow AS(\omega)\mathrm{e}^{-\mathrm{j}\omega\tau_0}\left(1+\mathrm{e}^{-\mathrm{j}\omega\tau}\right) \tag{2-66}$$

则该多径信道的传输函数为

$$H(\omega) = \frac{AS(\omega)\mathrm{e}^{-\mathrm{j}\omega\tau_0}\left(1+\mathrm{e}^{-\mathrm{j}\omega\tau}\right)}{S(\omega)} = A\mathrm{e}^{-\mathrm{j}\omega\tau_0}\left(1+\mathrm{e}^{-\mathrm{j}\omega\tau}\right) \tag{2-67}$$

式中，$A\mathrm{e}^{-\mathrm{j}\omega\tau_0}$ 为常数。由此可见，信道特性主要由 $1+\mathrm{e}^{-\mathrm{j}\omega\tau}$ 决定，其模为

$$\left|1+\mathrm{e}^{-\mathrm{j}\omega\tau}\right| = \left|1+\cos\omega\tau - \mathrm{j}\sin\omega\tau\right| = \left|\sqrt{\left(1+\cos\omega\tau\right)^2 + \sin^2\omega\tau}\right| = 2\left|\cos\frac{\omega\tau}{2}\right| \tag{2-68}$$

$1+\mathrm{e}^{-\mathrm{j}\omega\tau}$ 的模与角频率 ω 的函数图像如图 2-4 所示。

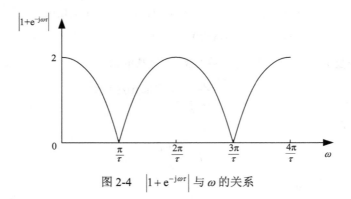

图 2-4　$\left|1+\mathrm{e}^{-\mathrm{j}\omega\tau}\right|$ 与 ω 的关系

由图 2-4 可知，多径传输的信道衰落与时延差 τ 有关，在角频率为 $2k\pi/\tau$, $k=0,1,2,\cdots$ 时，信道的幅频响应达到最大；当角频率为 $(2k+1)\pi/\tau$ 时，信道的幅频响应为 0。由于该衰落与频率有关，故将这种衰落称为频率选择性衰落。当信号带宽大于 $1/\tau$ 时，不同频率在信道中的衰落会有强烈的差异，故将 $1/\tau$ 称为相关带宽（单位为 Hz）。

实际环境中，多径效应的传输路径不止有两条，每条路径的衰减也很可能不同，因此衰减特性不会像图 2-4 一样规则，但不同频率之间仍会有较大差异。一般情况下，将多条路径中最大的时延差 $\tau_{\max}$ 对应的频域带宽 $1/\tau_{\max}$ 作为相关带宽，当信号带宽小于

$1/\tau_{\max}$ 时，可认为信号受频率选择性衰落影响较小。

在卫星通信中，由于信道中的多径效应较弱，信号带宽通常不会超过信道的相关带宽，即卫星信道一般不是频率选择性信道，更倾向于表现为平坦衰落信道。此外，卫星通信中还存在下列能够缓解频率选择性衰落对信号影响的技术，具体包括以下几种。

(1) 分集接收。分集接收是卫星通信中常用的抗衰落技术之一。通过在接收端设置多个接收天线或接收路径，可以接收到来自不同方向或不同极化方式的信号。这些信号在传输过程中可能经历了不同的衰落，但在接收端通过合并处理，可以显著提高信号的接收质量和可靠性。

(2) 自适应调制编码。自适应调制编码可以根据信道条件的变化动态调整信号的调制方式和编码速率。在卫星通信中，当信道条件较差时，可以采用较低的调制阶数和编码速率，降低信号的带宽和传输速率，从而减小频率选择性衰落的影响。相反，当信道条件较好时，则可以采用较高的调制阶数和编码速率来提高传输速率和频谱效率。

(3) 方向性天线。通过优化天线的方向图、极化方式等参数，可以减少信号在传输过程中的衰减和失真。此外，采用高增益、低旁瓣的天线还可以提高信号的接收灵敏度和抗干扰能力。

(4) 正交频分复用 (orthogonal frequency division multiplexing，OFDM)。OFDM 是一种将高速数据流划分为多个并行的低速数据流，并在每个子载波上进行调制的技术。由于 OFDM 将信号分散到多个子载波上，因此每个子载波上的信号带宽较窄，从而降低了频率选择性衰落的影响。此外，OFDM 还采用了循环前缀等技术来进一步抵抗多径效应和频率选择性衰落。

习　题

1. 如何区分线性失真与非线性失真？
2. 引起卫星信道衰落的因素主要有哪些？
3. 什么是频率选择性衰落信道？
4. 缓解频率选择性衰落的技术有哪些？
5. 当工作频率为 3GHz，星地距离为 2000km 时，星地链路的自由空间基本传输损耗为多少？

微课视频

第 *3* 章

卫星通信调制与解调技术

带通数字调制技术因其在频率分配、天线匹配、设备兼容性以及增强隐私性和安全性等方面的显著优势，成为卫星通信领域的核心技术。它通过将信号调制到不同的频率来应对拥挤的无线电通信频谱，实现多信号在同一介质中的正交传输，从而高效利用有限的频谱资源。随着频率的提升，可以使用尺寸更小的天线，为移动设备带来便利。此外，带通调制确保了不同频率需求的通信系统能够实现设备兼容。同时，复杂的调制技术也增加了信号的安全性，未调制的基带信号易于被截获与解析，但调制后的信号大大增加了未授权接收者的解码难度，增强了信息传输的隐私性和安全性。

在数字带通调制领域，幅移键控(amplitude shift keying，ASK)通过变化载波的振幅来表示数字信号，是一种简单直观的调制方式；频移键控(frequency shift keying，FSK)则通过在一组离散的频率之间切换来编码数据，因其良好的抗噪声特性而广泛用于无线通信；相移键控(phase shift keying，PSK)利用载波信号相位的变化来传达信息，并且可以简单地拓展到多进制，以提升传输效率；幅度相移键控(amplitude and phase shift keying，APSK)是一种混合调制方式，它结合了幅移键控和相移键控的优点，能够在保持信号能量一致的情况下提供更多的符号选择；正交幅度调制(quadrature amplitude modulation，QAM)在二维信号空间内同时使用相位和幅度的变化来实现更高数据速率；而连续相位调制(continuous phase modulation，CPM)通过确保载波相位变化的连续性，提高频谱使用效率。这些数字调制技术为卫星通信网络提供了不同的调制选择，平衡了数据速率、抗干扰性能和频谱效率的需求。本章将对上述数字调制方式进行详细介绍。

3.1 基础知识

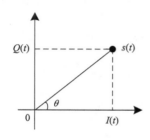

图 3-1 复平面与复信号

3.1.1 信号的正交表示与变频

1. 信号的复表示

为了更清晰地表示上下变频过程中对信号同相分量 $I(t)$ 和正交分量 $Q(t)$ 的处理过程，定义基带复信号为 $s(t) = I(t) + jQ(t)$，其实部 $I(t)$ 和虚部 $Q(t)$ 分别对应复平面的横坐标和纵坐标，在复平面上唯一确定一个信号点，如图 3-1 所示。信号幅值为 $\sqrt{I^2(t)+Q^2(t)}$，相位为 $\arctan\left[Q(t)/I(t)\right]$。

考虑将基带复信号搬移到载频 f_c 处，并在物理可实现的平台通过天线发射出去。复信号的频谱搬移表现为在频域上与 $\delta(f-f_c)$ 函数作卷积 $[\delta(\cdot)$ 代表狄拉克函数]，此过程同时表现为在时域上与 $e^{j2\pi f_c t}$ 相乘，即上变频操作：

$$s_c(t)=s(t)e^{j2\pi f_c t} \Leftrightarrow S_c(f)=S(f)*\delta(f-f_c)=S(f-f_c) \tag{3-1}$$

式中，$*$ 表示卷积运算，此时复信号 $s_c(t)$ 的复包络为 $s(t)$。当 $s(t)$ 为恒包络，即假设 $s(t)=1$ 时，$s_c(t)$ 为随时间变化的螺旋线，它在横轴和纵轴上的投影分别是 $\cos(2\pi f_c t)$ 和 $\sin(2\pi f_c t)$。

在接收端，可以通过将接收信号与 $e^{-j2\pi f_c t}$ 相乘使频谱搬移至基带，即下变频操作：

$$s(t)=s_c(t)e^{-j2\pi f_c t} \Leftrightarrow S_c(f)*\delta(f+f_c)=S(f) \tag{3-2}$$

2. 正交上下变频和推导

物理可实现的系统无法同时传输 $s_c(t)$ 的实部和虚部，假设只传输了实部，即

$$
\begin{aligned}
s_{c\_real}(t) &= \operatorname{Re}\left\{s(t)e^{j2\pi f_c t}\right\} \\
&= \operatorname{Re}\left\{[I(t)+jQ(t)][\cos(2\pi f_c t)+j\sin(2\pi f_c t)]\right\} \\
&= \operatorname{Re}\left\{[I(t)\cos(2\pi f_c t)-Q(t)\sin(2\pi f_c t)]+j[I(t)\sin(2\pi f_c t)+Q(t)\cos(2\pi f_c t)]\right\} \\
&= I(t)\cos(2\pi f_c t)-Q(t)\sin(2\pi f_c t)
\end{aligned} \tag{3-3}
$$

式中，$\operatorname{Re}\{\cdot\}$ 表示对复信号取实部。

在接收端，将接收信号与 $e^{-j2\pi f_c t}$ 相乘，对信号频带进行搬移并使用低通滤波器将高频分量滤除，得到原始信号的同相分量和正交分量。此处本地载波使用 $e^{j2\pi f_c t}$ 和 $e^{-j2\pi f_c t}$ 均可以达到将信号从频带搬移至基带的目的，但为了得到信号虚部的正分量，一般使用后者：

$$
\begin{aligned}
s(t) &= \operatorname{LPF}\left\{s_{c\_real}(t)e^{-j2\pi f_c t}\right\} \\
&= \operatorname{LPF}\left\{[I(t)\cos(2\pi f_c t)-Q(t)\sin(2\pi f_c t)][\cos(2\pi f_c t)-j\sin(2\pi f_c t)]\right\} \\
&= \operatorname{LPF}\left\{
\begin{bmatrix} \dfrac{1}{2}I(t)+\dfrac{1}{2}I(t)\cos(4\pi f_c t)-\dfrac{1}{2}Q(t)\sin(4\pi f_c t) \end{bmatrix} \\
-j\begin{bmatrix} \dfrac{1}{2}I(t)\sin(4\pi f_c t)-\dfrac{1}{2}Q(t)+\dfrac{1}{2}Q(t)\cos(4\pi f_c t) \end{bmatrix}
\right\} \\
&= \dfrac{1}{2}I(t)+j\dfrac{1}{2}Q(t)
\end{aligned} \tag{3-4}
$$

式中，$\operatorname{LPF}\{\cdot\}$ 表示低通滤波操作。

综上所述，通过正交上下变频，通信系统只需要传输复信号的实部即可恢复出原始信号的同相分量和正交分量，为实现高阶通信系统提供了理论基础。

3.1.2　信噪比和误比特率

1. 可靠性指标

模拟通信系统的可靠性通常用接收端输出信号的信噪比（signal noise ratio，SNR）来度量，它反映了信号经传输后的"保真"程度和抗噪声能力。数字通信系统的可靠性则用误比特率（bit error rate，BER）来衡量，它是指比特在传输过程中被传错的概率。在高阶数字通信系统中，多个比特被调制为一个符号。因此，数字通信系统也可以以符号为基本单位来衡量系统可靠性，即符号在传输过程中被传错的概率，称为误码率或误符号率（symbol error rate，SER）。前者较后者一般为更通用的概念，为便于分析，本章在对一般数字通信系统的可靠性讨论中均采用误比特率作为最终衡量标准。

在数字通信系统中，误比特率和信噪比之间存在着负相关关系，即信噪比越高，误比特率越低，信噪比越低，误比特率越高。但是，由于数字通信系统处理的信号往往是时间有限的能量信号，并且其平均功率的均值往往为零，从而功率参数不能有效描述信号的特性。因此，相比于信噪比即信号与噪声的功率比值 S/N（SNR），其归一化参数即比特能量与噪声功率谱密度之比 E_b/N_0，在数字通信系统中是更为有效的度量概念，各种数字调制方式的误比特率都与该参数有关。

2. 噪声建模

为了将模拟与数字通信系统的可靠性指标联系起来，需要推导出 S/N 与 E_b/N_0 的关系。比特能量 E_b 与信号功率 S 的关系和具体的调制方式有关，难以直接进行分析。根据符号的定义可知，符号能量 E_s 与信号功率 S 的关系与调制方式无关，所以不妨先推导 E_b/N_0 与 E_s/N_0 的关系，将调制方式的影响排除在外。E_b/N_0 与 E_s/N_0 的关系可以表示为

$$\frac{E_s}{N_0} = \frac{E_b}{N_0} + 10\lg k \quad (\mathrm{dB}) \tag{3-5}$$

式中，k 是每个符号携带的信息比特数，与具体的调制阶数有关。

进一步，可以推导出 E_s/N_0 与 S/N 的关系。由于符号能量 E_s 等于信号功率 S 与符号周期 T_s 的乘积，噪声功率谱密度 N_0 等于噪声功率 N 与噪声带宽 B_n 之比，所以，E_s/N_0 和 S/N 的关系可表示为

$$\frac{E_s}{N_0} = \frac{10\lg(S \cdot T_s)}{\left(\dfrac{N}{B_n}\right)}$$
$$= 10\lg(T_s \cdot B_n) + \frac{S}{N} \quad (\mathrm{dB}) \tag{3-6}$$

对应的 E_b/N_0 与 S/N 的关系式为

$$\frac{E_{b}}{N_{0}}=10\lg\left(T_{s}\cdot B_{n}\right)-10\lg k+\frac{S}{N}\quad(\mathrm{dB})\tag{3-7}$$

根据式(3-6)可以实现对模拟环境的噪声建模,从而验证各种数字传输系统的传输性能。

至此,通过对数字传输系统的噪声建模,可以将 S/N 与 E_{b}/N_{0} 联系起来,为分析数字通信系统的可靠性提供了理论基础。

3.2　数字带通调制原理

根据信息载体的不同,数字带通调制分为幅移键控、频移键控、相移键控、幅度相位调制(amplitude and phase modulation,APM)和连续相位调制等方式。本节介绍不同调制方式的基本原理、调制方法和频谱特性。通过分析各种调制信号的功率谱密度,可以进一步把握其占用的信道带宽,从而实现对数字传输系统有效性的分析。

3.2.1　幅移键控

1. 2ASK 原理与调制方法

二进制幅移键控(binary amplitude shift keying,2ASK)是一种通过载波幅度传递二进制数字序列的技术。由于 2ASK 常采用传输信号波形的有与无来表示"1"和"0",因此其也称为通断键控(on-off keying,OOK)。

由于 ASK 信号的抗噪声性能较差,因此在数据传输中很少直接采用此调制方式。然而,因为 ASK 具有简单易实现的特性,所以在一些具体的应用场景中,如光纤通信,应用非常广泛。

设 T_{s} 为符号周期,T_{b} 为比特周期,在 2ASK 调制系统中,符号周期等于比特周期。设 a_{k} 为输入调制器的二进制比特流,$g_{T}(t)$ 是幅度为 1、持续时间为 T_{s} 的矩形不归零脉冲,则 2ASK 在一个符号持续时间内的输出信号可表示为

$$s(t)=\begin{cases}g_{T}(t)\cos\left(2\pi f_{c}t\right),&a_{k}=1\\0,&a_{k}=0\end{cases}\tag{3-8}$$

其等价形式为

$$s(t)=\sum_{k}a_{k}g_{T}\left(t-kT_{s}\right)\cos\left(2\pi f_{c}t\right)\tag{3-9}$$

设信号 $b(t)$ 满足:

$$b(t)=\sum_{k}a_{k}g_{T}\left(t-kT_{s}\right)\tag{3-10}$$

则 $s(t)$ 可以表示为

$$s(t)=b(t)\cos\left(2\pi f_{c}t\right)\tag{3-11}$$

即 2ASK 信号可以表示为单极性矩形脉冲信号与载波的乘积。

因此,2ASK 信号的调制方法可分为两种:基于乘法器的模拟调制法,对应式(3-11);

基于门控的键控法，对应式(3-8)。调制结构如图 3-2 所示。

调制完成之后的 2ASK 信号的时域波形如图 3-3 所示。

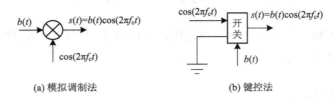

(a) 模拟调制法   (b) 键控法

图 3-2   2ASK 信号产生

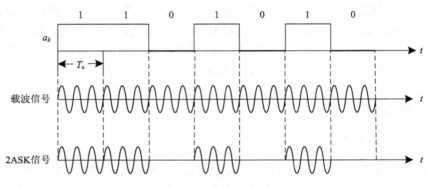

图 3-3   2ASK 信号的时域波形

2. MASK 原理与调制方法

多进制幅移键控(multiple amplitude shift keying，MASK)，又称多电平调制，是对 2ASK 调制方式的推广。设 m_k 为输入到调制器的 M 元符号序列，取值集合为 $\{0,1,2,\cdots,M-1\}$，$g_T(t)$ 是幅度为 1、持续时间为 T_s 的矩形不归零脉冲，则 MASK 信号可表示为

$$s(t) = \sum_k m_k g_T\left(t - kT_s\right)\cos\left(2\pi f_c t\right) \tag{3-12}$$

图 3-4 为 4ASK 信号的时域波形图，每个符号携带的信息为 2bit，总共有四种符号："00""01""10""11"，分别对应 $m_k = 0,1,2,3$。这些符号映射到载波的幅值上，对应四种不同的幅度值。

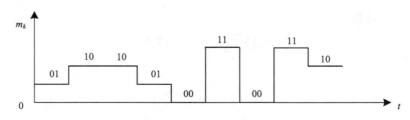

(a) 基带多电平单极性不归零符号序列

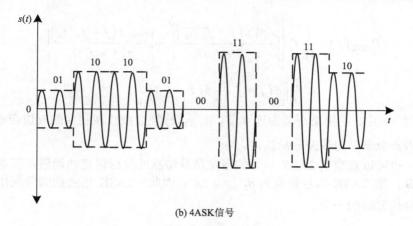

(b) 4ASK信号

图 3-4　4ASK 信号的时域波形

3. 2ASK 信号功率谱

根据频域卷积定理，由式 (3-11) 可知 2ASK 信号的频谱为

$$s(t) = b(t)\cos(2\pi f_c t) \Leftrightarrow S(f) = \frac{1}{2}\big[B(f+f_c) + B(f-f_c)\big] \tag{3-13}$$

式中，$B(f+f_c)$ 和 $B(f-f_c)$ 是 $b(t)$ 的频谱 $B(f)$ 搬移 $\pm f_c$ 的结果。假定它们在频率轴上没有重叠，则可把式 (3-13) 改写成

$$P_s(f) = \frac{1}{4}\big[P_b(f+f_c) + P_b(f-f_c)\big] \tag{3-14}$$

式中，$P_s(f)$ 和 $P_b(f)$ 分别是 $s(t)$ 和 $b(t)$ 的功率谱。

由于 $b(t)$ 是单极性的随机矩形脉冲信号，因此可得其双边功率谱为

$$P_b(f) = R_s p(1-p)|G(f)|^2 + R_s^2 (1-p)^2 \sum_{m=-\infty}^{\infty} |G(mR_s)|^2 \delta(f-mR_s) \tag{3-15}$$

式中，$R_s = 1/T_s$；p 为 $a_k = 0$ 的概率；$G(f)$ 是矩形不归零脉冲 $g_T(t)$ 的傅里叶变换，有

$$G(f) = T_s \frac{\sin(\pi f T_s)}{\pi f T_s} = T_s \mathrm{Sa}(\pi f T_s) \tag{3-16}$$

由式 (3-16) 可知，当整数 $m \neq 0$ 时，$G(mR_s) = 0$。将式 (3-15) 化简并代入式 (3-14) 可得

$$\begin{aligned}
P_{2\mathrm{ASK}}(f) &= \frac{1}{4} R_s p(1-p)\Big[|G(f+f_c)|^2 + |G(f-f_c)|^2\Big] \\
&\quad + \frac{1}{4} R_s^2 (1-p)^2 |G(0)|^2 \big[\delta(f+f_c) + \delta(f-f_c)\big]
\end{aligned} \tag{3-17}$$

在缺少先验概率信息的情况下，通常认为各符号等概率出现，因此 $p = 0.5$。将等概率条件和式 (3-16) 代入式 (3-17) 可得

$$P_{2\text{ASK}}(f) = \frac{1}{16} T_s \left\{ \left| \frac{\sin\left[\pi(f+f_c)T_s\right]}{\pi(f+f_c)T_s} \right|^2 + \left| \frac{\sin\left[\pi(f-f_c)T_s\right]}{\pi(f-f_c)T_s} \right|^2 \right\}$$
$$+ \frac{1}{16}\left[\delta(f+f_c) + \delta(f-f_c)\right] \tag{3-18}$$

在式(3-18)中，右侧第一项为连续谱，由 $g_T(t)$ 经过线性调制后的双边带谱决定；右侧第二项为离散谱，由载波分量决定。

此外，也可以观察到 2ASK 信号的带宽是基带脉冲波形带宽的两倍。若基带脉冲波形带宽为 B，则 2ASK 信号带宽为 $B_{2\text{ASK}} = 2B$。因此，2ASK 信号的频带利用率仅为直接传输基带信号时的一半。

3.2.2　频移键控

1. 2FSK 原理与调制方法

二进制频移键控(binary frequency shift keying，2FSK)是一种通过载波频率传递二进制数字序列的技术。设 a_k 为输入到调制器的二进制比特流，$g_T(t)$ 是幅度为 1、持续时间为 T_s 的矩形不归零脉冲，则 2FSK 在一个符号持续时间内的输出信号可表示为

$$s(t) = \begin{cases} g_T(t)\cos(2\pi f_1 t), & a_k = 1 \\ g_T(t)\cos(2\pi f_2 t), & a_k = 0 \end{cases} \tag{3-19}$$

即当输入比特 a_k 为 1 时，输出频率为 f_1 的正弦波；当输入比特 a_k 为 0 时，输出频率为 f_2 的正弦波。其等价形式为

$$s(t) = \sum_k a_k g_T(t - kT_s)\cos(2\pi f_1 t) + \sum_k \bar{a}_k g_T(t - kT_s)\cos(2\pi f_2 t) \tag{3-20}$$

式中，$\bar{a}_k$ 表示对 a_k 取反。可以看出，2FSK 信号可以看作两路互补的 2ASK 信号的叠加。

2FSK 信号一般有两种产生方法：一种是基于门控的频率选择法，对应式(3-19)；另一种是基于模拟调制器(压控振荡器)的载波调频法。前者产生的 2FSK 信号可能具有离散的相位变化；后者产生的则一定是相位连续的 2FSK 信号，调制结构如图 3-5 所示。

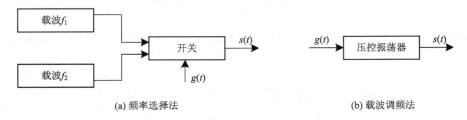

(a) 频率选择法　　　　　　　　　　　　(b) 载波调频法

图 3-5　2FSK 信号产生

调制完成后的 2FSK 信号的时域波形如图 3-6 所示。

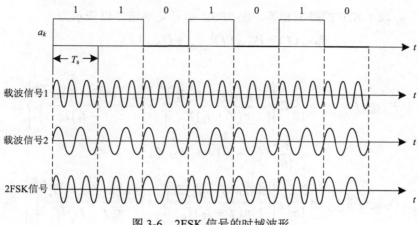

图 3-6　2FSK 信号的时域波形

2. MFSK 原理与调制方法

多进制频移键控(multiple frequency shift keying，MFSK)是 2FSK 调制方式的推广。设 m_k 为输入到调制器的 M 元符号序列，取值集合为 $\{0,1,2,\cdots,M-1\}$，$g_T(t)$ 是幅度为 1、持续时间为 T_s 的矩形不归零脉冲，则 MFSK 信号可表示为

$$s(t) = \sum_k g_T(t)\cos(2\pi f_k t) \tag{3-21}$$

式中，f_k 是第 k 时隙上的载波频率，与 m_k 的取值对应。

图 3-7 为 4FSK 信号的时域波形。与 4ASK 类似，4FSK 的每个符号同样包含 2bit 信息，总共有"00""01""10""11"四种符号，分别对应 $m_k = 0,1,2,3$。这些符号映射到载波频率上，对应着四种不同的频率值 f_1、f_2、f_3、f_4。

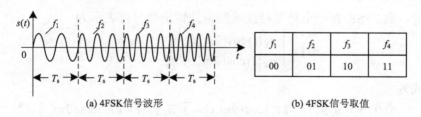

f_1	f_2	f_3	f_4
00	01	10	11

(a) 4FSK信号波形　　　　　　(b) 4FSK信号取值

图 3-7　4FSK 信号的时域波形

3. 2FSK 信号功率谱

由于 2FSK 信号可以看作两路互补的、载频不同的 2ASK 信号的叠加，所以 2FSK 信号的功率谱是两个 2ASK 信号的功率谱的组合。

设矩形不归零脉冲 $g_T(t)$ 的频谱为 $G(f)$，有

$$G(f) = T_s \frac{\sin(\pi f T_s)}{\pi f T_s} = T_s \mathrm{Sa}(\pi f T_s) \tag{3-22}$$

同时，a_k 取 1 和 0 的概率相等，则 2FSK 信号功率谱可以表示为

$$P_{2\text{FSK}}(f) = P_{2\text{ASK}}(f)\big|_{f_c=f_1} + P_{2\text{ASK}}(f)\big|_{f_c=f_2} \tag{3-23}$$

式中

$$P_{2\text{ASK}}(f)\big|_{f_c=f_1} = \frac{1}{16}T_s\left\{\left|\frac{\sin\left[\pi(f+f_1)T_s\right]}{\pi(f+f_1)T_s}\right|^2 + \left|\frac{\sin\left[\pi(f-f_1)T_s\right]}{\pi(f-f_1)T_s}\right|^2\right\}$$
$$+ \frac{1}{16}\left[\delta(f+f_1)+\delta(f-f_1)\right] \tag{3-24}$$

$$P_{2\text{ASK}}(f)\big|_{f_c=f_2} = \frac{1}{16}T_s\left\{\left|\frac{\sin\left[\pi(f+f_2)T_s\right]}{\pi(f+f_2)T_s}\right|^2 + \left|\frac{\sin\left[\pi(f-f_2)T_s\right]}{\pi(f-f_2)T_s}\right|^2\right\}$$
$$+ \frac{1}{16}\left[\delta(f+f_2)+\delta(f-f_2)\right] \tag{3-25}$$

式 (3-23) 中，等号右侧第一项可以理解为将 $g_T(t)$ 的功率谱从 0 搬移到 f_1，并在 f_1 处叠加载频分量而成；等号右侧第二项可以理解为将 $g_T(t)$ 的功率谱从 0 搬移到 f_2，并在 f_2 处叠加载频分量得到。此外，可以观察到，若基带信号带宽为 B，则 2FSK 信号带宽为 $B_{2\text{FSK}} = |f_2 - f_1| + 2B$。

3.2.3 相移键控

1. 2PSK 原理与调制方法

二进制相移键控（binary phase shift keying, 2PSK）是一种通过载波相位传递二进制数字序列的技术。设 a_k 为输入到调制器的二进制比特流，$g_T(t)$ 是幅度为 1、持续时间为 T_s 的矩形脉冲，则 2PSK 在一个符号持续时间内的输出信号可表示为

$$s(t) = \begin{cases} g_T(t)\cos(2\pi f_c t), & a_k = 1 \\ g_T(t)\cos(2\pi f_c t + \pi), & a_k = 0 \end{cases} \tag{3-26}$$

其等价形式为

$$s(t) = \sum_k a_k g_T(t-kT_s)\cos(2\pi f_c t) - \sum_k \overline{a}_k g_T(t-kT_s)\cos(2\pi f_c t) \tag{3-27}$$

设信号 $b(t)$ 满足：

$$b(t) = \sum_k a_k g_T(t-kT_s) - \sum_k \overline{a}_k g_T(t-kT_s) \tag{3-28}$$

则 $s(t)$ 可表示为

$$s(t) = b(t)\cos(2\pi f_c t) \tag{3-29}$$

即 2PSK 信号可以表示为双极性矩形脉冲信号与载波的乘积。

因此，2PSK 信号的产生方法与 2ASK 类似，可以分为两种：一种是基于乘法器的模拟调制法，对应式 (3-29)；另一种是基于门控的键控法，对应式 (3-26)。图 3-8 为采用

模拟调制法的 2PSK 调制框图。

图 3-8 2PSK 信号产生

调制完成后的 2PSK 信号的时域波形如图 3-9 所示。

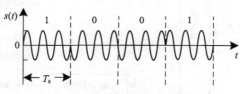

图 3-9 2PSK 信号的时域波形

2. MPSK 原理与调制方法

多进制相移键控(multiple phase shift keying, MPSK)是 2PSK 调制方式的推广。设 m_k 为输入到调制器的 M 元符号序列,$g_\mathrm{T}(t)$ 是幅度为 1、持续时间为 T_s 的矩形脉冲,则 MPSK 信号可表示为

$$s(t) = \sum_k g_\mathrm{T}(t - kT_\mathrm{s}) \cos(2\pi f_\mathrm{c} t + \varphi_k) \tag{3-30}$$

式中,φ_k 是第 k 个符号的载波相位,与 m_k 的取值对应。通常规定载波相位满足:

$$\varphi_k = \frac{2\pi m_k}{M}, \quad m_k = 0,1,\cdots,M-1 \tag{3-31}$$

进一步利用三角恒等式,得到

$$s(t) = \sum_k g_\mathrm{T}(t - kT_\mathrm{s}) \left[\cos\varphi_k \cos(2\pi f_\mathrm{c} t) - \sin\varphi_k \sin(2\pi f_\mathrm{c} t) \right] \tag{3-32}$$

设信号 $I(t)$ 和 $Q(t)$ 满足:

$$I(t) = \sum_k g_\mathrm{T}(t - kT_\mathrm{s}) \cos\varphi_k$$
$$Q(t) = \sum_k g_\mathrm{T}(t - kT_\mathrm{s}) \sin\varphi_k \tag{3-33}$$

则 $s(t)$ 可表示为

$$s(t) = I(t)\cos(2\pi f_\mathrm{c} t) - Q(t)\sin(2\pi f_\mathrm{c} t) \tag{3-34}$$

即 MPSK 信号可以表示为两路载波相位正交的调制信号的叠加。

特别地,令 $M=4$,并且规定载波相位满足:

$$\varphi_k = \frac{\pi m_k}{2} + \frac{\pi}{4}, \quad m_k = 0,1,\cdots,3 \tag{3-35}$$

此时，产生的 $I(t)$ 和 $Q(t)$ 为双极性矩形脉冲信号。因此，4PSK 系统可以看作两路载波相位正交的 2PSK 系统并行工作。由于工程上通常采用正交上下变频的方式实现两路信号的并行传输，因此 4PSK 也称为正交相移键控（quadrature phase shift keying, QPSK）。

图 3-10 为 QPSK 调制框图，图中 a_k 为 M 元符号序列对应的二进制比特流，$b(t)$ 为双极性矩形脉冲信号。

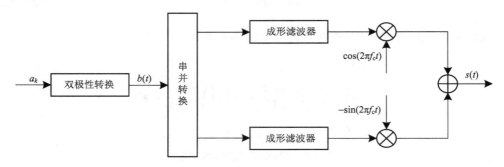

图 3-10　QPSK 信号产生

此外，由式（3-34）可以看出，MPSK 信号可以分解为两个正交信号 $I(t)$ 和 $Q(t)$，这两个正交信号分别以 $\cos(2\pi f_c t)$ 和 $\sin(2\pi f_c t)$ 作为正交基函数。因此，可以将 $I(t)$ 和 $Q(t)$ 作为同一直角坐标系中的横坐标和纵坐标，据此绘制出信号矢量图，也就是常提到的星座图。图 3-11 分别展示了 QPSK 和 8PSK 的星座图。

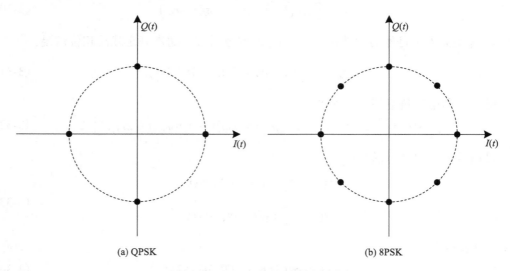

(a) QPSK　　　　　　　　(b) 8PSK

图 3-11　QPSK 与 8PSK 星座图

3. 改进型 PSK 原理与调制方法

1）DBPSK 与 DQPSK

在 PSK 调制中，符号信息由载波相位反映，但是一方面从接收端信号中提取的本地载波通常无法区分相位 0 和 π，因此恢复的符号信息可能完全相反；另一方面接收端存在因传播时延和载波频偏产生的载波相位偏差，进一步导致信号质量下降。为应对上述问题，可以利用相邻载波的相位变化反映符号信息，从而避免区分相位 0 和 π。这种方案称为差分相移键控（differential phase shift keying，DPSK），可通过结合差分编码与 PSK 调制系统产生，同时该方案也可以抵抗一定的载波频偏。

在差分二进制相移键控（differential binary phase shift keying，DBPSK）中，差分编码输出与输入的关系为 $b_k = a_k \oplus b_{k-1}$，其中，a_k 为差分编码的输入序列，b_k 为差分编码输出序列，对应的编码规则如表 3-1 所示。在该表中，$\overline{b}_{k-1}$ 表示对 b_{k-1} 取反。

表 3-1　DBPSK 差分编码规则

输入符号 a_k	0	1
输出符号 b_k	b_{k-1}	$\overline{b}_{k-1}$
载波相位变化 $\Delta\theta$	0°	180°

当输入符号为 0 时，当前输出符号保持与上一输出符号相同，载波相位变化为 0°；当输入符号为 1 时，当前输出符号与上一输出符号反相，载波相位变化为 180°。

差分正交相移键控（differential quadrature phase shift keying，DQPSK）的差分编码原理与 DBPSK 类似，区别在于它的输入符号有四种可能，对应四种载波相位变化以及四种输出符号，而且 DQPSK 的编码规则并不唯一，表 3-2 列举的只是其中一种编码规则，在该表中，$X(k)$ 和 $Y(k)$ 是输入的符号，$I(k)$ 和 $Q(k)$ 是输出的符号，$\Delta\theta$ 是载波相位的变化量，$\overline{I}(k-1)$ 和 $\overline{Q}(k-1)$ 表示对 $I(k-1)$ 和 $Q(k-1)$ 取反。

表 3-2　DQPSK 差分编码规则

$X(k)$	$Y(k)$	$I(k)$	$Q(k)$	$\Delta\theta$
0	0	$\overline{I}(k-1)$	$\overline{Q}(k-1)$	π
0	1	$\overline{Q}(k-1)$	$I(k-1)$	$\pi/2$
1	0	$Q(k-1)$	$\overline{I}(k-1)$	$-\pi/2$
1	1	$I(k-1)$	$Q(k-1)$	0

2）π/2-DBPSK 与 π/4-DQPSK

在 PSK 调制中，符号信息决定载波相位，但是当符号信息变化导致载波产生 180° 相位突变时，载波幅度也会发生突变，这种突变使得信号在经过非线性放大器或滤波器时，可能会在输出端产生严重失真。一种避免载波相位突变的有效方法是让相邻符号的载波相位从两个具有固定相差的 PSK 星座图中交替选择，从而保证载波相位按某种固定相差变化。这种基于 DBPSK 调制方式的差分映射称为 π/2 差分二相移键控（π/2 differential binary phase shift keying，π/2-DBPSK），基于 DQPSK 调制方式的差分映射称为 π/4 差分正交相移键控（π/4 differential quadrature phase shift keying，π/4-DQPSK）。

在 π/2-DBPSK 中，信息比特会先进行差分编码，然后每隔一个符号间隔，将 BPSK

星座图旋转 π/2 相位。这种旋转使得载波相位在前后符号变化时，尽可能远离180°变化，从而减小了符号传输时载波的幅度波动，增加了信号对非线性失真的抗性。

在 π/4-DQPSK 中，信息比特会先进行差分编码，然后每隔一个符号间隔，将 QPSK 星座图旋转 π/4 或 3π/4 相位。相比于 π/2-DBPSK 可以将相位变化限制在 90°内，π/4-DQPSK 只能将相位变化限制在135°内，因而它对非线性失真的抗性不如 π/2-DBPSK，但是优于 DQPSK 和 QPSK。图 3-12 为 π/2-DBPSK 和 π/4-DQPSK 的星座图，虚线表示相邻载波相位变化的可能路径。

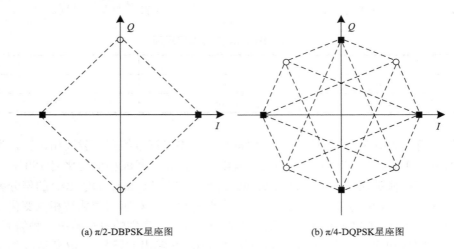

(a) π/2-DBPSK星座图　　　　　　　　　(b) π/4-DQPSK星座图

图 3-12　π/2-DBPSK 与 π/4-DQPSK 星座图

3) OQPSK

在 QPSK 调制体系中，π/4-DQPSK 可以将相位变化限制在 135°内，除了该方案，还有一种正交偏移的方案，可以实现更小的载波相位变化。该方案称为偏移正交相移键控（offset quadrature phase shift keying，OQPSK），其原理是通过让正交分量偏移半个符号时间，使同相分路和正交分路的相位改变不会同时发生，从而将每个时刻的相位改变量限制在90°内。

相比于 QPSK，OQPSK 信号的幅度变化更小，在抗噪性能一致的情况下允许非线性放大的方案，进一步改善了信号质量。

4. 2PSK 信号功率谱密度

比较 2ASK 信号与 2PSK 信号的表达式可知，它们的表达形式一致。区别在于 $b(t)$ 的不同，2ASK 信号的 $b(t)$ 为单极性矩形脉冲信号，2PSK 的 $b(t)$ 为双极性矩形脉冲信号。由此可知，2PSK 的信号功率谱可表示为

$$P_{2PSK}(f) = \frac{1}{4}\left[P_b\left(f+f_c\right)+P_b\left(f-f_c\right)\right] \tag{3-36}$$

式中，$P_b(f)$ 是双极性矩形脉冲信号的功率谱。

设 $g_T(t)$ 是幅度为 1，持续时间为 T_s 的不归零矩形脉冲，其频谱为 $G(f)$，有

$$G(f) = T_s \frac{\sin(\pi f T_s)}{\pi f T_s} = T_s \mathrm{Sa}(\pi f T_s) \tag{3-37}$$

a_k 取 1 和 0 的概率相等，$R_s = 1/T_s$。则在双极性波形下，$P_b(f)$ 可以表示为

$$P_b(f) = 4R_s p(1-p)|G(f)|^2 + R_s^2 (2p-1)^2 \sum_{m=-\infty}^{\infty} |G(mR_s)|^2 \delta(f - mR_s) \tag{3-38}$$

$$= R_s |G(f)|^2$$

将式 (3-37) 代入式 (3-38)，再将式 (3-38) 代入式 (3-36) 可推出 2PSK 信号的功率谱密度为

$$P_{2PSK}(f) = \frac{1}{4} T_s \left\{ \left| \frac{\sin[\pi(f+f_c)T_s]}{\pi(f+f_c)T_s} \right|^2 + \left| \frac{\sin[\pi(f-f_c)T_s]}{\pi(f-f_c)T_s} \right|^2 \right\} \tag{3-39}$$

根据式 (3-39) 可知，2PSK 信号的功率谱为连续谱，由基带脉冲波形经过线性调制后的双边带谱决定。若基带脉冲波形的带宽为 B，则 2PSK 信号的带宽为 $B_{2PSK} = 2B$。2PSK 功率谱密度曲线如图 3-13 所示。

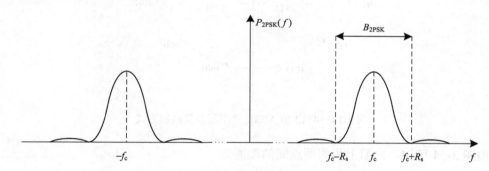

图 3-13　2PSK 信号的功率谱密度

3.2.4　幅度相位调制

幅度相位调制按不同的映射规则可具体分为幅度相移键控和正交幅度调制。

1. APSK 原理与调制方法

幅度相移键控是一种幅度和相位联合调制的调制方式，它的星座图由多个同心圆组成，类似于 PSK 信号，其信号可以表示为

$$X = R_k \times e^{\mathrm{j}\left(\frac{2\pi}{n_k} i_k + \theta_k\right)} \tag{3-40}$$

式中，k 为同心圆的个数；R_k 为各同心圆的半径；n_k 为每个同心圆上分布的点数；θ_k 为每个星座点的相位；$i_k = 0,1,2,\cdots,n_k-1$。为了能充分利用星座图的空间，应使 $n_k < n_{k+1}$，即外圆的点数应大于内圆的点数。

以 16APSK 为例，按照内圆与外圆点数的不同组合有 4+12 型 APSK 和 6+10 型 APSK

两种经典的分布方式。这两种方式在最小欧氏距离最大化、平均互信息最大化和非线性信道传输三个角度具有各自的优势。具体来说,在线性信道中 6+10 型 APSK 稍优于 4+12 型 APSK,但是在非线性信道中,4+12 型 APSK 外圆的点数更多,提高了功率放大器的直流转化效率,使非线性转发器工作在邻近饱和点,提高载噪比,以达到高速低误码率的目的。

4+12 型 APSK 星座图及其映射方式如图 3-14 所示。

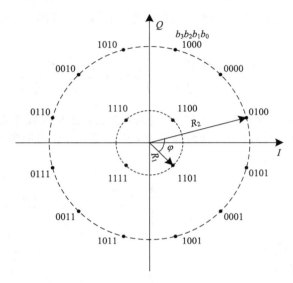

图 3-14   4+12 型 APSK 星座图及其映射方式

由图 3-14 可知,内圈上相邻两点间的距离为

$$d_{\text{in-in}} = 2R_1 \sin\frac{\pi}{4} \tag{3-41}$$

外圈上相邻两点间的距离为

$$d_{\text{out-out}} = 2R_2 \sin\frac{\pi}{12} \tag{3-42}$$

内外圈上两点间的距离为

$$d_{\text{in-out}} = \sqrt{R_1^2 + R_2^2 - 2R_1R_2 \cos\varphi} \tag{3-43}$$

式中,φ 表示内外圈上两点与原点连线的夹角,取值集合为 $\left\{0, \dfrac{\pi}{6}, \dfrac{\pi}{3}, \cdots, \pi\right\}$。由图 3-14 可知,内外圈两点间最小距离为

$$d_{\text{in-out\_min}} = \sqrt{R_1^2 + R_2^2 - 2R_1R_2} = R_2 - R_1 \tag{3-44}$$

为了便于分析最小欧氏距离,对星座图进行能量归一化。一般假定星座图中的各个信号点等概率出现,此时各信号点到原点的距离,其平方和等于总点数。从而得到 R_1 和 R_2 的关系:

$$4R_1^2 + 12R_2^2 = 16 \tag{3-45}$$

设 γ 为外圈半径和内圈半径之比，即 $R_2 = \gamma R_1$，将其代入式(3-45)中，得到

$$R_1 = \sqrt{\frac{4}{1+3\gamma^2}}$$

$$R_2 = \sqrt{\frac{4\gamma^2}{1+3\gamma^2}} \tag{3-46}$$

那么最小欧氏距离 $d_{\min} = \min\{d_{\text{in-in}}, d_{\text{out-out}}, d_{\text{in-out\_min}}\}$，可以通过 γ 表征，其中 $\min\{\bullet\}$ 表示取最小。

$d_{\min}$ 随着 γ 的变化曲线如图 3-15 所示。

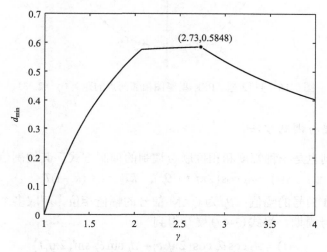

图 3-15　$d_{\min}$ 随着 γ 变化的曲线

由图 3-15 可看出，当 $\gamma = 2.73$ 时，最小欧氏距离最大。此时 $R_1 = 0.4138$，$R_2 = 1.1297$，星座图上外圈相邻点距离最近。根据上述分析，星座图可按表 3-3 所示方式映射，表中前两个比特 b_0b_1 用于象限的确定，后两个比特 b_2b_3 用于同一个象限内四个点位置的确定。

表 3-3　4+12 型 APSK 映射方式

b_0b_1	象限	b_2b_3	相位
00	第一象限	00	$\pi/4$（外圈）
01	第二象限	01	$5\pi/12$
11	第三象限	11	$\pi/4$（内圈）
10	第四象限	10	$\pi/12$

图 3-16 为 $\gamma = 2.73$ 时，4+12 型 APSK 星座图相邻两点的距离。

由图 3-16 可知，同圈相邻点比跨圈相邻点的欧氏距离小，所以圈内优先保证相邻两

点间只有一位不同，但是这会导致跨圈两点间至少有两位不同。这种无法完全保证所有相邻两点间只有一位不同的星座图映射方式称为准格雷码映射。

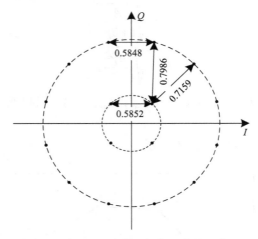

图 3-16 4+12 型 APSK 星座图相邻两点的距离（γ =2.73）

2. QAM 原理与调制方法

正交幅度调制也是一种幅度和相位联合调制的调制方式，其调制信号可以表示为

$$s(t) = A_k \cos\left(2\pi f_c t + \theta_k\right), \quad kT_s < t \leqslant (k+1)T_s \tag{3-47}$$

式中，A_k 为 QAM 信号的幅值；θ_k 为 QAM 信号的幅值相位，可取多个离散值；f_c 为载波频率；T_s 为符号周期。将式(3-47)展开得到

$$s(t) = A_k \cos\theta_k \cos\left(2\pi f_c t\right) - A_k \sin\theta_k \sin\left(2\pi f_c t\right) \tag{3-48}$$

令 $I_k = A_k \cos\theta_k$，$Q_k = A_k \sin\theta_k$，那么

$$s(k) = I_k \cos\left(2\pi f_c t\right) - Q_k \sin\left(2\pi f_c t\right) \tag{3-49}$$

由式(3-49)可知，传输信号可通过信号点 (I_k, Q_k) 唯一确定，将 (I_k, Q_k) 绘制在直角坐标系中，可形成 QAM 星座图。其中，16QAM 的星座图及其映射方式如图 3-17 所示。

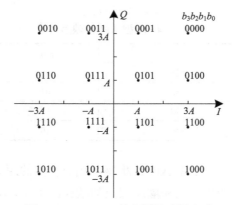

图 3-17 16QAM 星座图及映射方式

由图 3-17 可知，相比于 APSK，QAM 的星座图呈矩形分布。对该星座图进行能量归一化，计算得到 I_k 和 Q_k 的单位幅值 $A = 1/\sqrt{10}$ ，对应 I_k 和 Q_k 取值集合为 $\{\pm 1/\sqrt{10}, \pm 3/\sqrt{10}\}$ 。

此外还可以观察到，16QAM 星座图采用格雷码映射，即相邻两点只有一位不同。具体映射方式如表 3-4 所示，$b_0 b_1$ 对应同相分量幅值，$b_2 b_3$ 对应正交分量幅值。

表 3-4　16QAM 映射方式

序号	$b_0 b_1 / b_2 b_3$	同相分量/正交分量幅值
1	00	$3A$
2	10	A
3	11	$-A$
4	01	$-3A$

3.2.5　连续相位调制

1. CPM 原理与调制方法

连续相位调制不同于一般的 PSK、FSK 等经典调制方式，它的相位变化是连续的，且无任何包络起伏，因此频谱特性相对较好。

CPM 信号的数学表达式如式 (3-50) 所示：

$$s(t,m) = a\cos\left[2\pi f_c t + \phi(t,m)\right] \tag{3-50}$$

式中，a 表示调制符号的幅度；f_c 表示调制载波的频率；$\phi(t,m)$ 表示包含符号信息的相位项，m 为待调制的符号序列。

图 3-18 展示了基于正交调制的 CPM 框图。

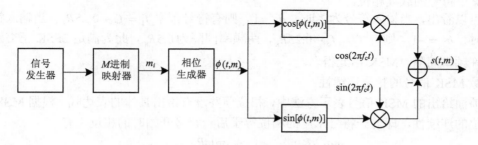

图 3-18　CPM 信号产生

式 (3-50) 表明，相位项 $\phi(t,m)$ 蕴含了符号的全部信息。对于第 k 个符号，相位项 $\phi(t,m)$ 可进一步表示为

$$\phi(t,m) = 2\pi \sum_{i=-\infty}^{k} h_i m_i q(t - iT_s), \quad kT_s \leqslant t \leqslant (k+1)T_s \tag{3-51}$$

式中，h_i 为第 i 个符号 m_i 的调制指数；$q(t)$ 为相位成形脉冲函数 $g(t)$ 的积分函数，即

$$q(t) = \int_{-\infty}^{t} g(t)\mathrm{d}t \tag{3-52}$$

由积分函数的连续性可知，CPM 信号的连续特性由积分函数 $q(t)$ 决定，同时被积函数的定义域决定了 CPM 信号的记忆特性。

不妨假设相位成形脉冲函数 $g(t)$ 的定义域为 $[0, LT_s]$，其中 L 为整数，表示 CPM 信号的记忆长度，也称为符号的相关长度。当 $L=1$ 时，对于任意的 $t>T_s$，均有 $g(t)=0$，只能通过当前时刻的传输波形恢复当前时刻的符号信息，该类系统称为全响应系统；当 $L>1$ 时，对于任意的 $t>T_s$，有 $g(t)\neq 0$，则可以通过前后多个时刻的传输波形恢复当前时刻的符号，该类系统称为部分响应系统。

综上所述，相位项 $\phi(t,m)$ 通常由调制指数 h、调制符号相关长度 L 以及频率脉冲函数共同决定。通过选用不同的频率脉冲函数（包括矩形脉冲函数、升余弦脉冲函数以及高斯最小相移键控脉冲函数），并与调制指数和调制符号相关长度进行组合，即可实现不同的 CPM 功率谱密度。

2. MSK 信号

1）MSK 信号的基本表达式

最小频移键控（minimum shift keying，MSK）是一类最常用的 CPM 信号，同时也是对 2FSK 调制方式的改进。相比 2FSK，MSK 是一种包络恒定、相位连续、带宽最小且严格正交的信号，其因上述优点，得到了较为广泛的应用。

MSK 的第 k 个符号可以表示为

$$s_k(t) = \cos\left(2\pi f_c t + \frac{\pi a_k R_s}{2} t + \varphi_k\right), \quad kT_s \leqslant t \leqslant (k+1)T_s \tag{3-53}$$

式中，f_c 为载波频率；$a_k = \pm 1$（分别对应输入符号为"1"或"0"）；R_s 为符号速率；φ_k 为第 k 个符号的载波相位。

可以看出，当输入符号为 1 时，$a_k = 1$，则有符号频率 $f_1 = f_c + 0.25 R_s$；当输入符号为 0 时，$a_k = -1$，则有 $f_0 = f_c - 0.25 R_s$，两频率间隔为 $0.5 R_s$，此为满足 2FSK 正交的最小容许频率间隔，MSK 由此得名。

2）MSK 信号的相位连续性

前面给出的 MSK 信号表示方法中，相位项并没有给出具体的表达式，根据 MSK 信号相位的连续性，即前一符号末尾的相位等于后一符号开始时的相位，有

$$\frac{\pi a_{k-1} R_s}{2} kT_s + \varphi_{k-1} = \frac{\pi a_k R_s}{2} kT_s + \varphi_k \tag{3-54}$$

进一步，可以推导出如下递归条件：

$$\varphi_k = \varphi_{k-1} + \frac{k\pi}{2}(a_{k-1} - a_k) = \begin{cases} \varphi_{k-1}, & a_k = a_{k-1} \\ \varphi_{k-1} \pm k\pi, & a_k \neq a_{k-1} \end{cases} \tag{3-55}$$

可以看出，MSK 信号当前符号的初始相位不仅与当前的 a_k 有关，还与前一个符号

的初始相位有关，即 MSK 前后符号之间存在相关性。在用相干法接收时，可以假设 φ_{k-1} 的初始参考值为 0，则有

$$\varphi_k = 0 或 \pi \quad (\mathrm{mod}\, 2\pi) \tag{3-56}$$

由此可以将式(3-53)改写为

$$s_k(t) = \cos\left[2\pi f_c t + \phi_k(t)\right], \quad kT_s \leqslant t \leqslant (k+1)T_s$$
$$\phi_k(t) = \frac{\pi a_k R_s}{2}t + \varphi_k \tag{3-57}$$

式中，$\phi_k(t)$ 称作第 k 个符号的附加相位，在一个符号持续时间内是 t 的直线方程，且每一个符号周期内变化 $a_k \pi / 2$，若 $a_k = 1$，则第 k 个符号附加相位增加 $\pi / 2$；若 $a_k = -1$，则第 k 个符号附加相位减少 $\pi / 2$。设初始的附加相位为 $\phi_0 = 0$，当 k 为奇数时，$\phi_k(kT_s)(\mathrm{mod}\, 2\pi)$ 为 $\pi / 2$ 或 $3\pi / 2$；当 k 为偶数时，$\phi_k(kT_s)(\mathrm{mod}\, 2\pi)$ 为 0 或 π。

3）MSK 信号的正交表示法

下面将证明 MSK 信号可以用频率为 f_c 的两个正交分量表示。将式(3-53)用三角公式展开：

$$
\begin{aligned}
s_k(t) &= \cos\left(2\pi f_c t + \frac{\pi a_k R_s}{2}t + \varphi_k\right) \\
&= \cos\left(\frac{\pi a_k R_s}{2}t + \varphi_k\right)\cos(2\pi f_c t) - \sin\left(\frac{\pi a_k R_s}{2}t + \varphi_k\right)\sin(2\pi f_c t) \\
&= \left[\cos\left(\frac{\pi a_k R_s}{2}t\right)\cos\varphi_k - \sin\left(\frac{\pi a_k R_s}{2}t\right)\sin\varphi_k\right]\cos(2\pi f_c t) \\
&\quad - \left[\sin\left(\frac{\pi a_k R_s}{2}t\right)\cos\varphi_k + \cos\left(\frac{\pi a_k R_s}{2}t\right)\sin\varphi_k\right]\sin(2\pi f_c t)
\end{aligned}
\tag{3-58}
$$

根据 $\varphi_k(\mathrm{mod}\, 2\pi) = 0或\pi$、$\cos\varphi_k = \pm 1$、$\sin\varphi_k = 0$ 以及 $\cos\left(\frac{\pi a_k R_s}{2}t\right) = \cos\left(\frac{\pi R_s}{2}t\right)$ 与 $\sin\left(\frac{\pi a_k R_s}{2}t\right) = a_k \sin\left(\frac{\pi R_s}{2}t\right)$，可以推出：

$$
\begin{aligned}
s_k(t) &= \cos\varphi_k \cos\left(\frac{\pi R_s}{2}t\right)\cos(2\pi f_c t) - a_k \cos\varphi_k \sin\left(\frac{\pi R_s}{2}t\right)\sin(2\pi f_c t) \\
&= p_k \cos\left(\frac{\pi R_s}{2}t\right)\cos(2\pi f_c t) - q_k \sin\left(\frac{\pi R_s}{2}t\right)\sin(2\pi f_c t), \quad kT_s \leqslant t \leqslant (k+1)T_s
\end{aligned}
\tag{3-59}
$$

式中，$p_k = \cos\varphi_k$；$q_k = a_k \cos\varphi_k$。

可以看出，同相分量和正交分量中包含正余弦函数，这两项可以称作 MSK 信号的正弦形加权函数。因此 MSK 信号相当于一种特殊的 OQPSK 信号，特殊之处主要在于其包络不是矩形，而是正弦形。需要注意的是，p_k 和 q_k 不会同时改变。仅当 $a_k \neq a_{k-1}$ 且当 k 为奇数时，p_k 才会改变；仅当 $a_k \neq a_{k-1}$ 且当 k 为偶数时，q_k 才会改变。

根据前面所述的 MSK 信号正交表示法可以推出 MSK 信号调制过程，如图 3-19 所示。

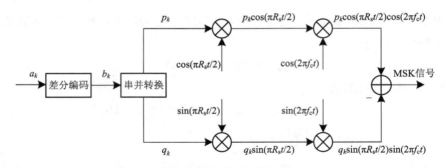

图 3-19　MSK 信号产生

对输入序列 a_k 做差分编码得到序列 b_k。序列 b_k 经过串并转换，交替分成 p_k 支路和 q_k 支路，此处 p_k 和 q_k 的符号长度为 b_k 的两倍。将 p_k 和 q_k 做两次上变频后合路即可得到 MSK 信号。

3.3　数字带通解调原理

数字带通解调是从携带信息的载体中恢复所需信息的技术。不同的调制方式，对应的解调方法也不相同，可以分为幅移键控解调、频移键控解调、相移键控解调、幅度相位解调和连续相位解调等。本节介绍不同解调方式的基本结构、解调原理和抗噪声性能。通过分析各种解调方式的误码率和误比特率结果，可以进一步把握各种解调方式的抗噪声性能，从而实现对数字传输系统可靠性的分析。

3.3.1　幅移键控解调

ASK 解调的主要任务是从接收信号中检测出携带信息的幅度，它的主要方法有两种：相干解调法和包络检波法。下面分别介绍这两种方法及其抗噪声性能。

1. 相干解调法及其抗噪声性能

2ASK 相干解调系统的结构主要包括带通滤波器、乘法器、低通滤波器和抽样判决器四个基本单元，如图 3-20 所示。

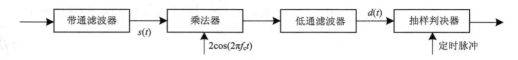

图 3-20　2ASK 相干解调法系统结构

下面根据该结构分析相干解调各个阶段信号的变化过程。

设二进制符号序列为 a_k、幅度为 1、持续时间为 T_s 的矩形脉冲为 $g_T(t)$，根据 2ASK 调制原理可知，在一个符号的持续时间内，发送端信号可表示为

$$s_T(t) = \begin{cases} g_T(t)\cos(2\pi f_c t), & a_k = 1 \\ 0, & a_k = 0 \end{cases} \tag{3-60}$$

则经过双边功率谱值为 $N_0/2$ 的加性高斯白噪声（additive white Gaussian noise, AWGN）信道和带宽为 B 的理想带通滤波器后，接收端信号为

$$s(t) = \begin{cases} a\cos(2\pi f_c t) + n(t), & a_k = 1 \\ n(t), & a_k = 0 \end{cases} \tag{3-61}$$

式中，a 为接收端信号的幅度；$n(t)$ 为经过带通滤波器后的窄带高斯噪声，均值为 0，方差为 $\sigma_n^2 = N_0 B$，并且可以正交表示为

$$n(t) = n_c(t)\cos(2\pi f_c t) - n_s(t)\sin(2\pi f_c t) \tag{3-62}$$

式中，$n_c(t)$ 和 $n_s(t)$ 为窄带高斯噪声 $n(t)$ 的同相分量和正交分量，它们是彼此独立的低通高斯白噪声，功率谱相同，带宽为 $B/2$，双边功率谱值为 N_0。

为了便于公式推导，相干载波采用 $2\cos(2\pi f_c t)$ 形式，则接收端信号经过乘法器与相干载波相乘，并通过低通滤波器滤除倍频分量，可以得到解调信号：

$$d(t) = \begin{cases} a + n_c(t), & a_k = 1 \\ n_c(t), & a_k = 0 \end{cases} \tag{3-63}$$

接着对该信号进行抽样，设第 m 抽样符号时刻为 mT_s，则抽样值 $x(m)$ 为

$$x(m) = d(mT_s) = \begin{cases} a + n_c(mT_s), & a_k = 1 \\ n_c(mT_s), & a_k = 0 \end{cases} \tag{3-64}$$

为了便于表述，后续推导将 $x(m)$ 简记为 x。由于 x 是一个高斯随机过程，可推知发送 "1" 和 "0" 时 x 的概率密度函数分别为

$$\begin{aligned} f_1(x) &= \frac{1}{\sqrt{2\pi}\sigma_n}\exp\left\{-\frac{(x-a)^2}{2\sigma_n^2}\right\} \\ f_0(x) &= \frac{1}{\sqrt{2\pi}\sigma_n}\exp\left\{-\frac{x^2}{2\sigma_n^2}\right\} \end{aligned} \tag{3-65}$$

两个函数的曲线关系如图 3-21 所示。

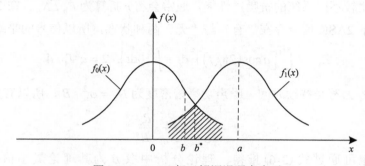

图 3-21　2ASK 相干解调误码率表示

假设判决门限为 b，并规定：

$$x > b \text{ 时，判为 "1"}$$
$$x \leqslant b \text{ 时，判为 "0"}$$

由此可知，发送 "1"，但是错误接收判决为 "0" 的概率为

$$P(0 \mid 1) = \int_{-\infty}^{b} f_1(x)\mathrm{d}x = 1 - \frac{1}{2}\mathrm{erfc}\left(\frac{b-a}{\sqrt{2}\sigma_\mathrm{n}}\right) \tag{3-66}$$

式中，互补误差函数 $\mathrm{erfc}(x) = \dfrac{2}{\sqrt{\pi}}\displaystyle\int_x^\infty \mathrm{e}^{-u^2}\mathrm{d}u$。

同理，发送 "0"，但是错误接收判决为 "1" 的概率为

$$P(1 \mid 0) = \int_{b}^{\infty} f_0(x)\mathrm{d}x = \frac{1}{2}\mathrm{erfc}\left(\frac{b}{\sqrt{2}\sigma_\mathrm{n}}\right) \tag{3-67}$$

设发送 "1" 的概率为 $P(1)$，发送 "0" 的概率为 $P(0)$，则总误码率为

$$P_\mathrm{e} = P(1)P(0 \mid 1) + P(0)P(1 \mid 0) \tag{3-68}$$

如果发送 "0" 和 "1" 的概率相等，由图 3-21 可知，当判决门限取 $f_1(x)$ 的曲线与 $f_0(x)$ 的曲线交于点 b^* 时，总误码率为图中阴影面积的一半。进一步观察可知，当移动判决门限时，总会导致阴影面积即总误码率增加，所以 b^* 为该系统的最佳判决门限。求解曲线交点得到

$$b^* = \frac{a}{2} \tag{3-69}$$

此时，2ASK 相干解调系统的总误码率为

$$P_\mathrm{e} = \frac{1}{2}\mathrm{erfc}\left(\frac{a}{2\sqrt{2}\sigma_\mathrm{n}}\right) = \frac{1}{2}\mathrm{erfc}\left(\sqrt{\frac{r}{2}}\right) \tag{3-70}$$

式中，$r = \dfrac{a^2}{4\sigma_\mathrm{n}^2}$（发送 "1" 的概率等于发送 "0" 的概率），为解调输入端的信噪比。具体来说，对信号有效值取平方，再按等概率条件乘以 $1/2$ 即可得到信号功率为 $a^2/4$；根据白噪声的定义可得噪声功率为 $\sigma_\mathrm{n}^2 = N_0 B$。

为了方便比较不同系统的抗噪声性能，通常会将 r 折算为 E_b/N_0。在 2ASK 相干解调系统中，由于 2ASK 信号存在 "有" 与 "无" 两种状态，所以信号的平均符号能量为

$$E_\mathrm{s} = \left\{\int_0^{T_\mathrm{s}}\left[a\cos(2\pi f_\mathrm{c}t)\right]^2 \mathrm{d}t + \int_0^{T_\mathrm{s}} 0\mathrm{d}t\right\}/2 = a^2 T_\mathrm{s}/4 \tag{3-71}$$

式中，$T_\mathrm{s} = 1/R_\mathrm{s}$ 为符号持续时间。噪声功率谱密度为 $N_0 = \sigma_\mathrm{n}^2/B$，所以有关系式：

$$r = \frac{a^2}{4\sigma_\mathrm{n}^2} = \frac{E_\mathrm{s}}{N_0} \cdot \frac{R_\mathrm{s}}{B} \tag{3-72}$$

式 (3-72) 也可通过式 (3-6) 推得。理论分析中取 B 为其理论最小值 R_s，同时在 2ASK 通信系统中有 $R_\mathrm{s} = R_\mathrm{b}$，$E_\mathrm{s} = E_\mathrm{b}$，则此时 2ASK 相干解调系统的总误比特率和总误码率为

$$P_{eb} = P_e = \frac{1}{2}\operatorname{erfc}\left(\sqrt{\frac{E_b}{2N_0}}\right) \tag{3-73}$$

2. 包络检波法及其抗噪声性能

2ASK 包络检波系统结构如图 3-22 所示，该结构由带通滤波器、半波或全波整流器、低通滤波器和抽样判决器四个基本单元组成。其中，半波或全波整流器即 2ASK 信号的包络检波器，与模拟调幅信号的包络检波器完全相同。

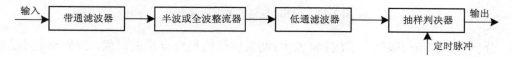

图 3-22　2ASK 包络检波法系统结构

根据图 3-22 可知，包络检波法只是将相干解调流程中的乘法器换成了整流器，因此带通滤波器的输出信号依然为

$$s(t) = \begin{cases} a\cos(2\pi f_c t) + n(t), & a_k = 1 \\ n(t), & a_k = 0 \end{cases} \tag{3-74}$$

则包络检波器的输出信号 $V(t)$ 为

$$V(t) = \begin{cases} \sqrt{[a + n_c(t)]^2 + n_s^2(t)}, & a_k = 1 \\ \sqrt{n_c^2(t) + n_s^2(t)}, & a_k = 0 \end{cases} \tag{3-75}$$

根据窄带高斯噪声的相关理论可知，输入为"1"时，包络检波法的输出满足莱斯分布，输入为"0"时，包络检波法的输出满足瑞利分布，则两者的概率密度函数分别为

$$f_1(V) = \frac{V}{\sigma_n^2} I_0\left(\frac{aV}{\sigma_n^2}\right) e^{-\left(V^2 + a^2\right)/\left(2\sigma_n^2\right)} \tag{3-76}$$

$$f_0(V) = \frac{V}{\sigma_n^2} e^{-V^2/\left(2\sigma_n^2\right)} \tag{3-77}$$

式中，$I_0(x) = \frac{1}{2\pi}\int_0^{2\pi} e^{x\cos\theta}\,d\theta$，为修正的零阶贝塞尔函数。

两个函数的曲线如图 3-23 所示。

现在假设判决门限为 b，并规定：

$$V > b \text{ 时，判为 "1"}$$
$$V \leqslant b \text{ 时，判为 "0"}$$

当发送"0"的概率 $P(0)$ 与发送"1"的概率 $P(1)$ 相等时，系统的总误码率为

$$\begin{aligned} P_e &= P(1)P(0|1) + P(0)P(1|0) \\ &= \frac{1}{2}\left[\int_0^b f_1(V)\,dV + \int_b^\infty f_0(V)\,dV\right] \end{aligned} \tag{3-78}$$

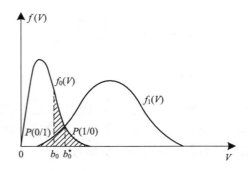

图 3-23　2ASK 包络检波误码率表示

分析可知，当门限处于 $f_1(V)$ 和 $f_0(V)$ 两条曲线的相交点 b^* 的时候，误码率最小。求曲线交点得到

$$\frac{a^2}{2\sigma_n^2} = \ln \mathrm{I}_0\left(\frac{ab^*}{\sigma_n^2}\right) \tag{3-79}$$

利用零阶贝塞尔函数 $\mathrm{I}_0(x) \approx \dfrac{\mathrm{e}^x}{\sqrt{2\pi x}}, x \gg 1$，在大信噪比 $(r \gg 1)$ 下，式 (3-79) 近似为

$$\frac{a^2}{2\sigma_n^2} = \frac{ab^*}{\sigma_n^2} - \ln\sqrt{2\pi\frac{ab^*}{\sigma_n^2}} \approx \frac{ab^*}{\sigma_n^2} \quad (r \gg 1) \tag{3-80}$$

进一步化简，得到最佳判决门限为

$$b^* = \frac{a}{2} \quad (r \gg 1) \tag{3-81}$$

由此可知，发送 "0"，但是错误接收判决为 "1" 的概率为

$$P(1\,|\,0) = \int_b^\infty f_0(x)\mathrm{d}x = \mathrm{e}^{-b^2/\left(2\sigma_n^2\right)} = \mathrm{e}^{-a^2/\left(8\sigma_n^2\right)} = \mathrm{e}^{-r/2} \tag{3-82}$$

同时，大信噪比下，在 $V = a$ 附近，$f_1(V)$ 退化为正态分布：

$$f_1(V) = \frac{1}{\sqrt{2\pi}\sigma_n}\exp\left[-\frac{(V-a)^2}{2\sigma_n^2}\right] \quad (r \gg 1) \tag{3-83}$$

所以在大信噪比下，按最佳判决门限作抽样判决时，发送 "1" 错判为 "0" 的概率为

$$P(0\,|\,1) = 1 - \frac{1}{2}\mathrm{erfc}\left(\frac{b-a}{\sqrt{2}\sigma_n}\right) = \frac{1}{2}\mathrm{erfc}\left(\frac{a}{2\sqrt{2}\sigma_n}\right) = \frac{1}{2}\mathrm{erfc}\left(\sqrt{\frac{r}{2}}\right) \tag{3-84}$$

将式 (3-82) 和式 (3-84) 代入式 (3-78) 得到，当发送 "0" 和 "1" 的概率相等时，系统的总误码率为

$$P_e = \frac{1}{4}\mathrm{erfc}\left(\sqrt{\frac{r}{2}}\right) + \frac{1}{2}\exp\left(-\frac{r}{2}\right) \tag{3-85}$$

将解调端的输入信噪比 r 折算为 $E_b\,/\,N_0$，由于信号的平均符号能量和噪声功率谱密度相比于 2ASK 相干解调法没有发生变化，所以折算结果仍为

$$r = \frac{a^2}{4\sigma_n^2} = \frac{E_s}{N_0} \cdot \frac{R_s}{B} \tag{3-86}$$

式(3-86)也可通过式(3-6)推得。此时，取带通滤波器带宽 $B = R_s$，同时在 2ASK 通信系统中有 $R_s = R_b$，$E_s = E_b$，从而得到 2ASK 包络检波系统的总误比特率和总误码率为

$$P_{eb} = P_e = \frac{1}{4}\mathrm{erfc}\left(\sqrt{\frac{E_b}{2N_0}}\right) + \frac{1}{2}\exp\left(-\frac{E_b}{2N_0}\right) \tag{3-87}$$

3.3.2　频移键控解调

FSK 解调的主要任务是从接收信号中检测出携带信息的频率。2FSK 信号可以看作两路 2ASK 信号的叠加，因此解调方法与 2ASK 类似，主要有相干解调法和包络检波法。下面分别介绍这两种方法及其抗噪声性能。

1. 相干解调法及其抗噪声性能

二进制频移键控的相干解调法系统结构如图 3-24 所示，该结构由上、下两路载频不同的 ASK 相干解调支路组成。

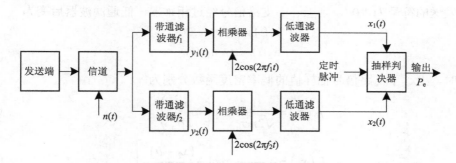

图 3-24　2FSK 相干解调法系统结构

结合前面对于 2FSK 调制的分析可知，在一个符号的持续时间内，上、下两个带通滤波器的输出信号分别为

$$y_1(t) = \begin{cases} a\cos(2\pi f_1 t) + n_1(t), & a_k = 1 \\ n_1(t), & a_k = 0 \end{cases}$$
$$y_2(t) = \begin{cases} n_2(t), & a_k = 1 \\ a\cos(2\pi f_2 t) + n_2(t), & a_k = 0 \end{cases} \tag{3-88}$$

式中，$n_1(t)$、$n_2(t)$ 分别为高斯白噪声通过上、下两个带通滤波器之后的窄带高斯噪声，两者的均值为 0，方差同为 $\sigma_n^2 = N_0 B$，且都可以正交表示为

$$n_1(t) = n_{1c}(t)\cos(2\pi f_1 t) - n_{1s}(t)\sin(2\pi f_1 t)$$
$$n_2(t) = n_{2c}(t)\cos(2\pi f_2 t) - n_{2s}(t)\sin(2\pi f_2 t) \tag{3-89}$$

式中，$n_{1c}(t)$ 和 $n_{1s}(t)$、$n_{2c}(t)$ 和 $n_{2s}(t)$ 分别为窄带高斯噪声 $n_1(t)$、$n_2(t)$ 的同相分量和正交分量，它们是彼此独立的低通高斯白噪声，功率谱相同，带宽为 $B/2$，双边功率谱值为 N_0。

设发送的符号为"1"，则上、下支路信号经过相乘器、低通滤波器后变为

$$x_1(t) = a + n_{1c}(t)$$
$$x_2(t) = n_{2c}(t) \tag{3-90}$$

此时，上、下支路信号抽样值的概率密度函数分别为

$$f_1(x_1) = \frac{1}{\sqrt{2\pi}\sigma_n} \exp\left[-\frac{(x_1 - a)^2}{2\sigma_n^2}\right] \tag{3-91}$$

$$f_1(x_2) = \frac{1}{\sqrt{2\pi}\sigma_n} \exp\left(-\frac{x_2^2}{2\sigma_n^2}\right) \tag{3-92}$$

由于上、下支路的频带并不重叠，因此 $n_1(t)$、$n_2(t)$ 彼此独立，对应信号抽样值的概率密度函数也彼此独立。所以上、下支路信号抽样值的联合概率密度函数为

$$f_1(x_1, x_2) = f_1(x_1) \cdot f_1(x_2) = \frac{1}{2\pi\sigma_n^2} \exp\left[-\frac{(x_1 - a)^2 + x_2^2}{2\sigma_n^2}\right] \tag{3-93}$$

设发送的符号为"0"，则上、下支路信号经过相乘器、低通滤波器后变为

$$x_1(t) = n_{1c}(t)$$
$$x_2(t) = a + n_{2c}(t) \tag{3-94}$$

此时，上、下支路信号抽样值的概率密度函数分别为

$$f_0(x_1) = \frac{1}{\sqrt{2\pi}\sigma_n} \exp\left(-\frac{x_1^2}{2\sigma_n^2}\right) \tag{3-95}$$

$$f_0(x_2) = \frac{1}{\sqrt{2\pi}\sigma_n} \exp\left[-\frac{(x_2 - a)^2}{2\sigma_n^2}\right] \tag{3-96}$$

同理，上、下支路信号抽样值的联合概率密度函数为

$$f_0(x_1, x_2) = f_0(x_1) \cdot f_0(x_2) = \frac{1}{2\pi\sigma_n^2} \exp\left[-\frac{x_1^2 + (x_2 - a)^2}{2\sigma_n^2}\right] \tag{3-97}$$

观察发送"1"和"0"时的联合概率密度函数，可以发现，当发送"1"和"0"的概率相等时，最佳判决边界应该是这两个曲面的中间面，即 $x_1 = x_2$。因此，最佳判决规则为

$$x_1 > x_2 \text{ 时，判为"1"}$$
$$x_1 \leqslant x_2 \text{ 时，判为"0"}$$

由此可知，当 $x_1 \leqslant x_2$ 时，会造成发送"1"但是错判为"0"的情况。设一维高斯随机型变量 $z = x_1 - x_2$，可知该变量均值为 a，方差为 $\sigma_z^2 = 2\sigma_n^2$，则上述情况下错误接收的概率为

$$P(0\,|\,1) = P(x_1 \leqslant x_2) = P(z \leqslant 0) = \int_{-\infty}^{0} f(z)\mathrm{d}z$$

$$= \frac{1}{\sqrt{2\pi}\sigma_z} \int_{-\infty}^{0} \exp\left[-\frac{(z-a)^2}{2\sigma_z^2}\right]\mathrm{d}z \qquad (3\text{-}98)$$

$$= \frac{1}{2}\mathrm{erfc}\left(\sqrt{\frac{r}{2}}\right)$$

式中，$r = \dfrac{a^2}{2\sigma_n^2}$ 为解调输入端的信噪比。

同理，发送"0"错判为"1"的概率为

$$P(1\,|\,0) = P(x_1 > x_2) = \frac{1}{2}\mathrm{erfc}\left(\sqrt{\frac{r}{2}}\right) \qquad (3\text{-}99)$$

因此，当发送"0"和"1"的概率相等时，系统的总误码率为

$$P_e = \frac{1}{2}P(1\,|\,0) + \frac{1}{2}P(0\,|\,1) = \frac{1}{2}\mathrm{erfc}\left(\sqrt{\frac{r}{2}}\right) \qquad (3\text{-}100)$$

当解调端的输入信噪比 r 足够大时，有

$$P_e \approx \frac{1}{\sqrt{2\pi r}}\mathrm{e}^{-\frac{r}{2}} \quad (r \gg 1) \qquad (3\text{-}101)$$

进一步，将解调端的输入信噪比 r 折算为 E_b / N_0。在 2FSK 相干解调系统中，信号的平均符号能量为

$$E_s = \left\{\int_0^{T_s}\left[a\cos(2\pi f_1 t)\right]^2\mathrm{d}t + \int_0^{T_s}\left[a\cos(2\pi f_2 t)\right]^2\mathrm{d}t\right\}/2 = a^2 T_s / 2 \qquad (3\text{-}102)$$

式中，$T_s = 1/R_s$ 为符号持续时间。噪声功率谱密度为 $N_0 = \sigma_n^2 / B$，所以有关系式：

$$r = \frac{a^2}{2\sigma_n^2} = \frac{E_s}{N_0} \cdot \frac{R_s}{B} \qquad (3\text{-}103)$$

式(3-103)也可通过式(3-6)推得。理论分析中取 B 为其理论最小值 R_s，同时在 2FSK 通信系统中有 $R_s = R_b$，$E_s = E_b$，此时得到 2FSK 相干解调系统的总误比特率和总误码率为

$$P_{eb} = P_e = \frac{1}{2}\mathrm{erfc}\left(\sqrt{\frac{E_b}{2N_0}}\right) \qquad (3\text{-}104)$$

2. 包络检波法及其抗噪声性能

二进制频移键控的包络检波系统结构如图 3-25 所示，该结构与相干解调法结构类似，只需要将相乘器换为整流器。

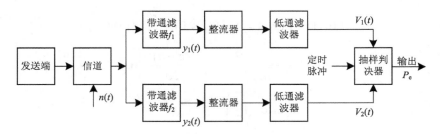

图 3-25　2FSK 包络检波法系统结构

与前面的推导类似，假设当前发送符号"1"，则信号经过整流器和低通滤波器之后变为

$$V_1(t) = \sqrt{\left[a + n_{1c}(t)\right]^2 + n_{1s}^2(t)}$$

$$V_2(t) = \sqrt{n_{2c}^2(t) + n_{2s}^2(t)}$$

(3-105)

式中，$V_1(t)$ 的抽样值服从莱斯分布；$V_2(t)$ 的抽样值服从瑞利分布。两者的概率密度函数分别为

$$f_1\left(V_1\right) = \frac{V_1}{\sigma_n^2} I_0\left(\frac{aV_1}{\sigma_n^2}\right) \exp\left(-\frac{V_1^2 + a^2}{2\sigma_n^2}\right)$$

$$f_1\left(V_2\right) = \frac{V_2}{\sigma_n^2} \exp\left(-\frac{V_2^2}{2\sigma_n^2}\right)$$

(3-106)

式中，$I_0(x) = \dfrac{1}{2\pi} \displaystyle\int_0^{2\pi} e^{x\cos\theta} \mathrm{d}\theta$ 为修正的零阶贝塞尔函数。由于上、下支路的频带并不重叠，所以两者的概率密度函数彼此独立，对应的联合概率密度函数为

$$f_1\left(V_1, V_2\right) = f_1(V_1) \cdot f_1(V_2) = \frac{V_1 V_2}{\sigma_n^4} I_0\left(\frac{aV_1}{\sigma_n^2}\right) \exp\left(-\frac{V_1^2 + V_2^2 + a^2}{2\sigma_n^2}\right)$$

(3-107)

同理，假设当前发送符号"0"，对应的联合概率密度函数为

$$f_0\left(V_1, V_2\right) = f_0(V_1) \cdot f_0(V_2) = \frac{V_1 V_2}{\sigma_n^4} I_0\left(\frac{aV_2}{\sigma_n^2}\right) \exp\left(-\frac{V_1^2 + V_2^2 + a^2}{2\sigma_n^2}\right)$$

(3-108)

可知发送"1"和发送"0"的联合概率密度函数关于 $V_1 = V_2$ 曲面对称。因此最佳判决规则为

$$V_1 > V_2 \text{ 时，判为 "1"}$$

$$V_1 \leqslant V_2 \text{ 时，判为 "0"}$$

由此可知，当发送符号"1"时，若 $V_1 \leqslant V_2$，则发生错误判决，错误接收的概率为

$$P(0\,|\,1) = P\left(V_1 \leqslant V_2\right) = \iint f_1(V_1) f_1(V_2) \mathrm{d}V_1 \mathrm{d}V_2$$

$$= \int_0^\infty f_1(V_1) \left[\int_{V_2 = V_1}^\infty f_1(V_2) \mathrm{d}V_2\right] \mathrm{d}V_1$$

$$= \int_0^\infty \frac{V_1}{\sigma_n^2} I_0\left(\frac{aV_1}{\sigma_n^2}\right) \exp\left[\frac{-2V_1^2 - a^2}{2\sigma_n^2}\right] \mathrm{d}V_1$$

(3-109)

令 $t = \dfrac{\sqrt{2}V_1}{\sigma_n}$, $\quad z = \dfrac{a}{\sqrt{2}\sigma_n}$ 可得到

$$P(0\,|\,1) = \frac{1}{2}\exp\left(-\frac{z^2}{2}\right)\int_0^\infty t\mathrm{I}_0(zt)\exp\left(-\frac{t^2+z^2}{2}\right)\mathrm{d}t \tag{3-110}$$

式中，$\displaystyle\int_0^\infty t\mathrm{I}_0(zt)\exp\left(-\frac{t^2+z^2}{2}\right)\mathrm{d}t = 1$，所以有

$$P(0\,|\,1) = \frac{1}{2}\exp\left(-\frac{z^2}{2}\right) = \frac{1}{2}\exp\left(-\frac{r}{2}\right) \tag{3-111}$$

式中，$r = z^2 = a^2/2\sigma_n^2$ 为解调端的输入信噪比。

同理可求出发送"0"但错判为"1"时的概率为

$$P(1\,|\,0) = \frac{1}{2}\exp\left(-\frac{r}{2}\right) \tag{3-112}$$

于是，当发送"0"和"1"的概率相等时，2FSK 包络检波系统的总误码率可推知为

$$P_e = \frac{1}{2}P(1\,|\,0) + \frac{1}{2}P(0\,|\,1) = \frac{1}{2}\exp\left(-\frac{r}{2}\right) \tag{3-113}$$

将解调端的输入信噪比 r 折算为 E_b/N_0，由于信号的平均符号能量和噪声功率谱密度相比于 2FSK 相干解调法没有发生变化，因此折算结果仍为

$$r = \frac{a^2}{2\sigma_n^2} = \frac{E_s}{N_0}\cdot\frac{R_s}{B} \tag{3-114}$$

式(3-114)也可通过式(3-6)推得。此时，取带通滤波器带宽 $B = R_s$，同时在 2FSK 调制系统中有 $R_s = R_b$，$E_s = E_b$。从而得到 2FSK 包络检波系统的总误比特率和总误码率为

$$P_{eb} = P_e = \frac{1}{2}\exp\left(-\frac{E_b}{2N_0}\right) \tag{3-115}$$

3.3.3　相移键控解调

PSK 解调的主要任务是从接收信号中检测出携带信息的相位。由于 PSK 信号的幅度信息不能准确反映相位信息，因此 PSK 信号一般采用相干解调法。下面详细介绍 PSK 信号的相干解调法及其抗噪声性能。

1. 2PSK 的相干解调及其抗噪声性能

二进制相移键控的相干解调法系统结构如图 3-26 所示，该结构与 2ASK 相干解调系统结构类似，区别在于接收端信号为 2PSK 信号。

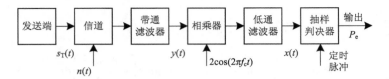

图 3-26　2PSK 相干解调法系统结构

结合前面对于 2PSK 调制的分析，在一个符号的持续时间内，发送端的信号为

$$s_{\mathrm{T}}(t) = \begin{cases} g_{\mathrm{T}}(t)\cos(2\pi f_c t), & a_k = 1 \\ -g_{\mathrm{T}}(t)\cos(2\pi f_c t), & a_k = 0 \end{cases} \tag{3-116}$$

经过双边功率谱值为 $N_0 / 2$ 的加性高斯白噪声信道和带宽为 B 的理想带通滤波器后，接收端的信号为

$$y(t) = \begin{cases} a\cos(2\pi f_c t) + n(t), & a_k = 1 \\ -a\cos(2\pi f_c t) + n(t), & a_k = 0 \end{cases} \tag{3-117}$$

式中，$n(t)$ 为窄带高斯噪声，均值为 0，方差为 $\sigma_{\mathrm{n}}^2 = N_0 B$，可以正交表示为

$$n(t) = n_{\mathrm{c}}(t)\cos(2\pi f_c t) - n_{\mathrm{s}}(t)\sin(2\pi f_c t) \tag{3-118}$$

式中，$n_{\mathrm{c}}(t)$ 和 $n_{\mathrm{s}}(t)$ 为窄带高斯噪声 $n(t)$ 的同相分量和正交分量，它们是彼此独立的低通高斯白噪声，功率谱相同，带宽为 $B / 2$，双边功率谱值为 N_0。

经过相乘器和低通滤波器后，解调信号为

$$x(t) = \begin{cases} a + n_{\mathrm{c}}(t), & a_k = 1 \\ -a + n_{\mathrm{c}}(t), & a_k = 0 \end{cases} \tag{3-119}$$

由此，可以推导出发送 "1" 和 "0" 时 $x(t)$ 抽样值的概率密度函数分别为

$$f_1(x) = \frac{1}{\sqrt{2\pi}\sigma_{\mathrm{n}}} \exp\left[-\frac{(x-a)^2}{2\sigma_{\mathrm{n}}^2} \right] \tag{3-120}$$

$$f_0(x) = \frac{1}{\sqrt{2\pi}\sigma_{\mathrm{n}}} \exp\left[-\frac{(x+a)^2}{2\sigma_{\mathrm{n}}^2} \right]$$

观察发送 "1" 和 "0" 时的概率密度函数，可以发现，当发送 "1" 和 "0" 的概率相等时，最佳判决边界应该是这两个曲线的交点，即 $x = 0$。因此，最佳判决规则为

$$x > 0 \text{ 时，判为 "1"}$$
$$x \leqslant 0 \text{ 时，判为 "0"}$$

由此可知，发送 "1" 但是错判为 "0" 的概率为

$$P(0\,|\,1) = \int_{-\infty}^{0} f_1(x)\mathrm{d}x = 1 - \frac{1}{2}\,\mathrm{erfc}\left(\frac{-a}{\sqrt{2}\sigma_{\mathrm{n}}} \right) \tag{3-121}$$

式中，$\mathrm{erfc}(x) = \dfrac{2}{\sqrt{\pi}} \displaystyle\int_{x}^{\infty} \mathrm{e}^{-u^2}\,\mathrm{d}u$。

同理，发送 "0" 但是错误接收判决为 "1" 的概率为

$$P(1\,|\,0) = \int_0^\infty f_0(x)\mathrm{d}x = \frac{1}{2}\mathrm{erfc}\left(\frac{a}{\sqrt{2}\sigma_\mathrm{n}}\right) \tag{3-122}$$

设发送"1"的概率为 $P(1)$，发送"0"的概率为 $P(0)$，则总误码率为

$$P_\mathrm{e} = P(1)P(0\,|\,1) + P(0)P(1\,|\,0) \tag{3-123}$$

当 $P(1) = P(0) = 0.5$ 时，利用 $\mathrm{erfc}(x) + \mathrm{erfc}(-x) = 2$ 的性质，将式 (3-121) 与式 (3-122) 代入式 (3-123)，可得 2PSK 相干解调系统的总误码率为

$$P_\mathrm{e} = \frac{1}{2}\mathrm{erfc}\left(\frac{a}{\sqrt{2}\sigma_\mathrm{n}}\right) = \frac{1}{2}\mathrm{erfc}\left(\sqrt{r}\right) \tag{3-124}$$

式中，$r = a^2\,/\,2\sigma_\mathrm{n}^2$，为解调输入端的信噪比。

当解调端的输入信噪比足够大时，2PSK 相干解调系统的总误码率近似为

$$P_\mathrm{e} \approx \frac{1}{2\sqrt{\pi r}}\mathrm{e}^{-r} \tag{3-125}$$

进一步，将解调端的输入信噪比 r 折算为 $E_\mathrm{b}\,/\,N_0$。在 2PSK 相干解调系统中，信号的平均符号能量为

$$E_\mathrm{s} = \left\{\int_0^{T_\mathrm{s}}\left[a\cos\left(2\pi f_\mathrm{c}t\right)\right]^2\mathrm{d}t + \int_0^{T_\mathrm{s}}\left[-a\cos\left(2\pi f_\mathrm{c}t\right)\right]^2\mathrm{d}t\right\}/\,2 = a^2 T_\mathrm{s}\,/\,2 \tag{3-126}$$

式中，$T_\mathrm{s} = 1/\,R_\mathrm{s}$ 为符号持续时间。噪声功率谱密度为 $N_0 = \sigma_\mathrm{n}^2\,/\,B$，所以有关系式：

$$r = \frac{a^2}{2\sigma_\mathrm{n}^2} = \frac{E_\mathrm{s}}{N_0} \cdot \frac{R_\mathrm{s}}{B} \tag{3-127}$$

式 (3-127) 也可通过式 (3-6) 推得。理论分析中取 B 为其理论最小值 R_s，同时在 2PSK 通信系统中有 $R_\mathrm{s} = R_\mathrm{b}$，$E_\mathrm{s} = E_\mathrm{b}$。此时得到 2PSK 相干解调系统的总误比特率和总误码率为

$$P_\mathrm{eb} = P_\mathrm{e} = \frac{1}{2}\mathrm{erfc}\left(\sqrt{\frac{E_\mathrm{b}}{N_0}}\right) \tag{3-128}$$

2. QPSK 的相干解调及其抗噪声性能

QPSK 正交相干解调框图如图 3-27 所示，该结构由上、下两路载波正交的 2PSK 相干解调支路组成。

结合前面对于 QPSK 调制的分析，在一个符号的持续时间内，发送端的信号为

$$s(t) = g_\mathrm{T}\left(t\right)\cos\left(2\pi f_\mathrm{c}t + \varphi_k\right) \tag{3-129}$$

式中，φ_k 是第 k 时隙上的载波相位，与四元符号序列 m_k 的取值对应，即满足：

$$\varphi_k = \frac{\pi m_k}{2} + \frac{\pi}{4}, \quad m_k = 0,1,2,3 \tag{3-130}$$

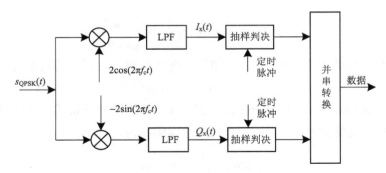

图 3-27　QPSK 正交相干解调框图

经过双边功率谱值为 $N_0 / 2$ 的加性高斯白噪声信道和带宽为 B 的理想带通滤波器后，接收到的 QPSK 信号可表示为

$$s_{\text{QPSK}}(t) = a\cos\left(2\pi f_c t + \varphi_k\right) + n(t) \tag{3-131}$$

式中，$n(t)$ 为高斯白噪声，均值为 0，方差为 $\sigma_{\text{n}}^2 = N_0 B$，且可以正交表示为

$$n(t) = n_c(t)\cos(2\pi f_c t) - n_s(t)\sin(2\pi f_c t) \tag{3-132}$$

式中，$n_c(t)$ 和 $n_s(t)$ 为窄带高斯噪声 $n(t)$ 的同相分量和正交分量，它们是彼此独立的低通高斯白噪声，功率谱相同，带宽为 $B / 2$，双边功率谱值为 N_0。

令 $I_k = a\cos\varphi_k$、$Q_k = a\sin\varphi_k$，利用三角恒等变换，$s_{\text{QPSK}}(t)$ 可表示为

$$s_{\text{QPSK}}(t) = I_k\cos\left(2\pi f_c t\right) - Q_k\sin\left(2\pi f_c t\right) + n(t) \tag{3-133}$$

在同相支路，QPSK 信号与同相分量的相干载波相乘得到

$$
\begin{aligned}
I_c(t) &= s_{\text{QPSK}}(t) \times 2\cos(2\pi f_c t) \\
&= \left[I_k\cos\left(2\pi f_c t\right) - Q_k\sin\left(2\pi f_c t\right) + n(t)\right] \times 2\cos\left(2\pi f_c t\right) \\
&= 2\left[I_k + n_c(t)\right]\cos^2\left(2\pi f_c t\right) - 2\left[Q_k + n_s(t)\right]\sin\left(2\pi f_c t\right)\cos\left(2\pi f_c t\right) \\
&= I_k + n_c(t) + \left[I_k + n_c(t)\right]\cos\left(4\pi f_c t\right) - \left[Q_k + n_s(t)\right]\sin\left(4\pi f_c t\right)
\end{aligned} \tag{3-134}
$$

在正交支路，QPSK 信号与正交分量的相干载波相乘得到

$$
\begin{aligned}
Q_s(t) &= s_{\text{QPSK}}(t) \times \left[-2\sin(2\pi f_c t)\right] \\
&= \left[I_k\cos(2\pi f_c t) - Q_k\sin(2\pi f_c t) + n(t)\right] \times \left[-2\sin(2\pi f_c t)\right] \\
&= 2\left[Q_k + n_s(t)\right]\sin^2(2\pi f_c t) - 2\left[I_k + n_c(t)\right]\cos(2\pi f_c t)\sin(2\pi f_c t) \\
&= Q_k + n_s(t) - \left[Q_k + n_s(t)\right]\cos(4\pi f_c t) - \left[I_k + n_c(t)\right]\sin(4\pi f_c t)
\end{aligned} \tag{3-135}
$$

经过低通滤波器后，得到解调信号为

$$
\begin{aligned}
I_x(t) &= I_k + n_c(t) \\
Q_x(t) &= Q_k + n_s(t)
\end{aligned} \tag{3-136}
$$

同相支路信号 $I_x(t)$ 可以展开为

$$I_x(t) = \begin{cases} \sqrt{2}a / 2 + n_c(t), & m_k = 0,3 \\ -\sqrt{2}a / 2 + n_c(t), & m_k = 1,2 \end{cases} \tag{3-137}$$

正交支路信号 $Q_x(t)$ 可以展开为

$$Q_x(t) = \begin{cases} \sqrt{2}a/2 + n_s(t), & m_k = 0,1 \\ -\sqrt{2}a/2 + n_s(t), & m_k = 2,3 \end{cases} \qquad (3\text{-}138)$$

可以看到，每路信号具有与 2PSK 相干解调信号相同的形式，并且 $n_c(t)$ 与 $n_s(t)$ 彼此正交。因此，在每路比特率和信噪比相同的情况下，QPSK 的误比特率与 2PSK 相干解调系统的误比特率一致。设 QPSK 同相支路的误比特率为 P_{eb_I}，正交支路的误比特率为 P_{eb_Q}，有

$$P_{eb} = P_{eb\_I} = P_{eb\_Q} = \frac{1}{2}\text{erfc}\left(\sqrt{r}\right) \qquad (3\text{-}139)$$

式中，$r = \dfrac{a^2}{4\sigma_n^2}$，为每路解调输入端的信噪比。具体来说，对信号有效值取平方，再去掉与本路无关的信号分量即可得到每路信号功率为 $a^2/4$；根据白噪声定义可得噪声功率为 $\sigma_n^2 = N_0 B$。

由于两路信号彼此独立，并且其中任一路的比特误判，都会导致对 QPSK 符号的误判。因此，QPSK 的误码率为

$$\begin{aligned} P_e &= 1 - (1 - P_{eb\_I})(1 - P_{eb\_Q}) \\ &= 1 - \left[1 - \frac{1}{2}\text{erfc}\left(\sqrt{r}\right)\right]^2 \\ &= \text{erfc}\left(\sqrt{r}\right) - \frac{1}{4}\text{erfc}^2\left(\sqrt{r}\right) \end{aligned} \qquad (3\text{-}140)$$

进一步，将解调端的输入信噪比 r 折算为 E_b/N_0。在 QPSK 相干解调系统中，每路信号的平均符号能量为

$$E_s = \frac{1}{4}\sum_{k=0}^{3}\int_0^{T_s}\left[a\cos(2\pi f_c t + \varphi_k)\right]^2 \mathrm{d}t = a^2 T_s/2 \qquad (3\text{-}141)$$

式中，$T_s = 1/R_s$ 为符号持续时间。噪声功率谱密度为 $N_0 = \sigma_n^2/B$，所以有关系式：

$$r = \frac{a^2}{4\sigma_n^2} = \frac{1}{2}\times\frac{E_s}{N_0}\cdot\frac{R_s}{B} \qquad (3\text{-}142)$$

式 (3-142) 也可通过式 (3-6) 推得。理论分析中取 B 为其理论最小值 R_s，同时在 QPSK 通信系统中有 $R_s = R_b/2$，$E_s = 2E_b$。此时得到 QPSK 相干解调系统的总误码率为

$$P_e = \text{erfc}\left(\sqrt{\frac{E_b}{N_0}}\right) - \frac{1}{4}\text{erfc}^2\left(\sqrt{\frac{E_b}{N_0}}\right) \qquad (3\text{-}143)$$

3. 2DPSK 的相干解调及其抗噪声性能

2DPSK 的相干解调法系统结构如图 3-28 所示。它在一般的 2PSK 相干解调系统的基础上添加了解差分器，用于将信号的相对码恢复为原始的绝对码。

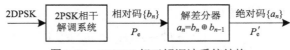

图 3-28 2DPSK 相干解调法系统结构

根据式 $a_n = b_n \oplus b_{n-1}$ 可知，解差分器的两个相邻输入符号中，当有且仅有一个符号出错时，输出符号才会出错。假设解差分器输入信号的误码率为 P_e，则 2DPSK 相干解调系统的总误比特率和总误码率为

$$P'_{eb} = P'_e = 2(1-P_e)P_e = \frac{1}{2}\left[1 - \mathrm{erf}^2\left(\sqrt{r}\right)\right] \tag{3-144}$$

式中，误差函数 $\mathrm{erf}(x) = \dfrac{2}{\sqrt{\pi}}\displaystyle\int_0^x \mathrm{e}^{-u^2}\,\mathrm{d}u$。当 $P_e \ll 1$ 时，有

$$P'_e = 2P_e \tag{3-145}$$

4. 2DPSK 的非相干解调及其抗噪声性能

2DPSK 的差分检测（差分相干解调）本质上是一种非相干解调方式，其解调结构如图 3-29 所示。

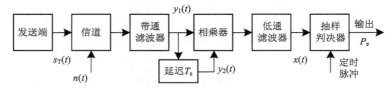

图 3-29 2DPSK 差分检测法解调结构

假设当前发送的符号为"1"，且前一个符号也为"1"，则经过信道和带通滤波器的输入信号为

$$y_1(t) = a\cos(2\pi f_c t) + n_1(t) = \left[a + n_{1c}(t)\right]\cos(2\pi f_c t) - n_{1s}(t)\sin(2\pi f_c t) \tag{3-146}$$

$$y_2(t) = a\cos(2\pi f_c t) + n_2(t) = \left[a + n_{2c}(t)\right]\cos(2\pi f_c t) - n_{2s}(t)\sin(2\pi f_c t) \tag{3-147}$$

将这两个信号相乘，再经过低通滤波器，得到输出信号为

$$x(t) = \frac{1}{2}\left\{\left[a + n_{1c}(t)\right]\left[a + n_{2c}(t)\right] + n_{1s}(t)n_{2s}(t)\right\} \tag{3-148}$$

此时有判决规则，当 $x > 0$ 时，判决为"1"，正确接收；反之判决为"0"，接收出错。此时发送为"1"但是判决为"0"的概率为

$$
\begin{aligned}
P(0|1) &= P\{x < 0\} \\
&= P\left\{\frac{1}{2}\left[(a+n_{1c})(a+n_{2c}) + n_{1s}n_{2s}\right] < 0\right\} \\
&= P\left\{\left[(2a+n_{1c}+n_{2c})^2 + (n_{1s}+n_{2s})^2 - (n_{1c}-n_{2c})^2 - (n_{1s}-n_{2s})^2\right] < 0\right\} \\
&= P\left\{\left[(2a+n_{1c}+n_{2c})^2 + (n_{1s}+n_{2s})^2\right] < \left[(n_{1c}-n_{2c})^2 + (n_{1s}-n_{2s})^2\right]\right\}
\end{aligned}
\tag{3-149}
$$

$$= P\left\{\sqrt{\left(2a + n_{1c} + n_{2c}\right)^2 + \left(n_{1s} + n_{2s}\right)^2} < \sqrt{\left(n_{1c} - n_{2c}\right)^2 + \left(n_{1s} - n_{2s}\right)^2}\right\}$$

$$= P\left\{R_1 < R_2\right\}$$

式中，$R_1 = \sqrt{\left(2a + n_{1c} + n_{2c}\right)^2 + \left(n_{1s} + n_{2s}\right)^2}$；$R_2 = \sqrt{\left(n_{1c} - n_{2c}\right)^2 + \left(n_{1s} - n_{2s}\right)^2}$。

根据窄带高斯噪声的相关理论可知，R_1 的一维分布服从莱斯分布，R_2 的一维分布服从瑞利分布，两者的概率密度函数分别为

$$f\left(R_1\right) = \frac{R_1}{2\sigma_n^2} \mathrm{I}_0\left(\frac{aR_1}{\sigma_n^2}\right) \exp\left(-\frac{R_1^2 + 4a^2}{4\sigma_n^2}\right)$$

(3-150)

$$f\left(R_2\right) = \frac{R_2}{2\sigma_n^2} \exp\left(-\frac{R_2^2}{4\sigma_n^2}\right)$$

代入发送"1"但错判为"0"的概率表达式 (3-149) 中，有

$$P(0\,|\,1) = P\left\{R_1 < R_2\right\}$$

$$= \int_0^\infty f\left(R_1\right)\left[\int_{R_2 = R_1}^\infty f\left(R_2\right)\mathrm{d}R_2\right]\mathrm{d}R_1$$

$$= \int_0^\infty \frac{R_1}{2\sigma_n^2} \mathrm{I}_0\left(\frac{aR_1}{\sigma_n^2}\right) \exp\left(-\frac{R_1^2 + 4a^2}{2\sigma_n^2}\right)\mathrm{d}R_1$$

$$= \frac{1}{2}\exp(-r)$$

(3-151)

式中，$r = a^2 / 2\sigma_n^2$ 为解调端的输入信噪比。

同理，可以求出发送"0"但错判为"1"的概率为

$$P(1\,|\,0) = P(0\,|\,1) = \frac{1}{2}\exp(-r)$$

(3-152)

则当发"0"和"1"的概率相等时，2DPSK 差分检测系统的总误码率为

$$P_e = \frac{1}{2}\exp(-r)$$

(3-153)

将解调端的输入信噪比 r 折算为 E_b / N_0，由于信号的平均符号能量和噪声功率谱密度相比于 2PSK 相干解调法没有发生变化，所以折算结果仍为

$$r = \frac{a^2}{2\sigma_n^2} = \frac{E_s}{N_0} \cdot \frac{R_s}{B}$$

(3-154)

式 (3-154) 也可通过式 (3-6) 推得。此时，取带通滤波器带宽 $B = R_s$，同时在 2DPSK 通信系统中有 $R_s = R_b$，$E_s = E_b$。从而得到 2DPSK 差分检测系统的总误比特率和总误码率为

$$P_{eb} = P_e = \frac{1}{2}\exp\left(-\frac{E_b}{N_0}\right)$$

(3-155)

3.3.4　幅度相位解调

幅度相位解调方法需要采用相干解调方式，其基本流程与 PSK 相干解调类似。幅度

相位信号解调使用相干解调的原因在于相位调制的部分需要依赖准确的相位信息来恢复原始的数字信号。由于幅度相位调制方案中融合了相位信息，这让每一个调制的信号点在复数平面上不仅具有特定的振幅，还具有特定的相位。因此，不同的数据符号群被映射到具有不同幅度和相位的符号上。例如，在 QAM 中，信号的幅度和相位组合为一个复平面上的点阵，每个点代表了一种独特的符号映射方式。

在解调此类信号时，非常依赖于能够高度精确地区分出接收信号的相位以及幅度变化，因此，接收端必须能精确地参照发送端信号的振荡频率和相位。相干解调恰恰提供了这样的能力：通过在接收端生成一个相位和频率都与发送端信号匹配的本地振荡信号，可以精确地提取出经过信道传输后信号的幅度和相位信息。

虽然非相干解调方法能够在不需要精确相位信息的场合中使用，但它无法准确恢复出调制在相位上的信息，导致对于 APM 这样同时依赖幅度和相位传递信息的调制方式无法正确地解调。特别是当采用更高阶的调制格式时，如 64QAM 或更高阶 QAM，不同的符号点在复数平面上非常密集，仅靠幅度信息是不足以区分它们的，必须利用相位信息才能够实现有效解调。因此，APM 方式的一个根本前提是在接收端必须实现与发送端载波高度同步的相干解调。

APM 信号经过相干解调后，还需经过解映射才能恢复出原始信息。APM 的解映射与具体的映射规则有关。

在 4+12 型 APSK 中，解映射的硬判决方式采用幅度和相位联合判决的方式：对于 b_0、b_1，直接按象限判断即可，具体方式如式(3-156)所示：

$$b_0 = \begin{cases} 0, & Q \geqslant 0 \\ 1, & Q < 0 \end{cases}, \quad b_1 = \begin{cases} 0, & I \geqslant 0 \\ 1, & I < 0 \end{cases} \tag{3-156}$$

而对于 b_2、b_3，先以两圈半径的平均值为门限将内圈和外圈区分开，再分别按相位判断，具体方式如式(3-157)所示：

$$b_2 = 1, \quad b_3 = 1, \quad r < \frac{1+\gamma}{2}$$

$$b_2 = \begin{cases} 0, & \varphi \geqslant \dfrac{\pi}{6} \\ 1, & \varphi < \dfrac{\pi}{6} \end{cases}, \quad b_3 = \begin{cases} 0, & \varphi \leqslant \dfrac{\pi}{3} \\ 1, & \varphi > \dfrac{\pi}{3} \end{cases}, \quad r \geqslant \frac{1+\gamma}{2} \tag{3-157}$$

式中，r 为符号的幅值；φ 为符号的相位；γ 为最小欧氏距离。

在 16QAM 中，解映射的硬判决方式则采用幅度和符号联合判决方式，如式(3-158)所示：

$$b_0 = \begin{cases} 0, & |I| \geqslant 2A \\ 1, & |I| < 2A \end{cases}, \quad b_1 = \begin{cases} 0, & I \geqslant 0 \\ 1, & I < 0 \end{cases}$$

$$b_2 = \begin{cases} 0, & |Q| \geqslant 2A \\ 1, & |Q| < 2A \end{cases}, \quad b_3 = \begin{cases} 0, & Q \geqslant 0 \\ 1, & Q < 0 \end{cases} \tag{3-158}$$

式中，A 为 QAM 调制中的单位幅度。

　　图 3-30 展示了经过相干解调和解映射后，16QAM、32QAM、64QAM 的误比特率曲线。

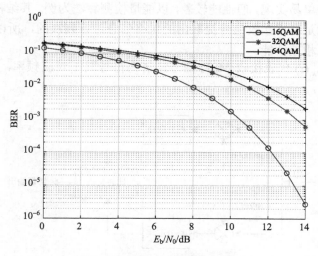

图 3-30　QAM 信号的误比特率

　　图 3-31 展示了经过相干解调和解映射后，16QAM 和 16APSK 的误比特率曲线。

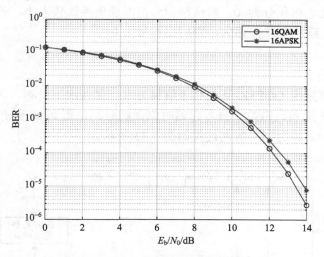

图 3-31　QAM 信号与 APSK 信号的误比特率对比

3.3.5　连续相位 MSK 解调

　　MSK 的接收方法有很多种。首先 MSK 是一种特殊的 2FSK 信号，因此同样可以使用 FSK 的相干解调或非相干解调。其次，它又是一种 OQPSK 信号，所以可以采用 OQPSK 的正交相干解调。除此之外，对于 MSK 信号还有频域检测、非线性检测、自相关检测等解调算法。

1. 非相干解调

非相干解调简单易实现，但性能较差，以能量检测算法为例，其结构如图 3-32 所示，本质上，能量检测是利用接收信号提取出的包络信息进行判决的，所以能量检测算法理论上具有很好的抗相差性能。

图 3-32 中，$s_k(t)$ 代表接收 MSK 信号，f_1 为符号取 1 对应频率，f_2 为符号取 0 对应频率。

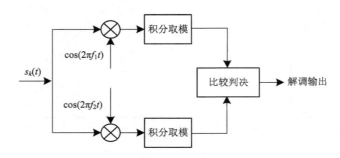

图 3-32　MSK 能量检测解调流程

对接收 MSK 信号分别做频率为 f_1 和 f_2 的下变频，f_1 和 f_2 正交。根据正交定义，总有一路下变频后在 T_s 内积分为 0。对两路积分值取模值后比较大小，若下变频 f_1 路大，则解出符号为 1；若下变频 f_2 路大，则解出符号为 0。

2. 相干解调

延迟判决解调采用 OQPSK 正交相干解调方案，做两次下变频。对低通滤波后的两路变频信号分别在第偶、奇数个符号起始时刻做积分判决得到 p_k 和 q_k，最后利用并串转换得到原始序列。延迟判决解调过程如图 3-33 所示。

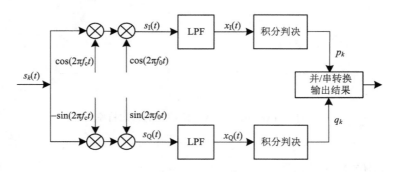

图 3-33　延迟判决解调流程

应用上述变频结构，对式(3-59)做两次下变频，可以得到

$$s_\text{I}(t) = s_k(t)\cos(2\pi f_c t)\cos(2\pi f_0 t)$$
$$= \frac{p_k}{4}\left\{1 + \cos(4\pi f_0 t) + \cos(4\pi f_c t) + \frac{1}{2}\cos\left[2\pi(2f_c - 2f_0)t\right] + \frac{1}{2}\cos\left[2\pi(2f_c + 2f_0)t\right]\right\}$$
$$- \frac{q_k}{4}\left\{\frac{1}{2}\cos\left[2\pi(2f_c - 2f_0)t\right] - \frac{1}{2}\cos\left[2\pi(2f_c + 2f_0)t\right]\right\}, \quad kT_\text{s} \leqslant t < (k+1)T_\text{s}$$

$$(3\text{-}159)$$

$$s_\text{Q}(t) = -s_k(t)\sin(2\pi f_c t)\sin(2\pi f_0 t)$$
$$= \frac{p_k}{4}\left\{\frac{1}{2}\cos\left[2\pi(2f_c - 2f_0)t\right] - \frac{1}{2}\cos\left[2\pi(2f_c + 2f_0)t\right]\right\}$$
$$- \frac{q_k}{4}\left\{1 - \cos(4\pi f_0 t) - \cos(4\pi f_c t) + \frac{1}{2}\cos\left[2\pi(2f_c - 2f_0)t\right]\right.$$
$$\left. + \frac{1}{2}\cos\left[2\pi(2f_c + 2f_0)t\right]\right\}, \quad kT_\text{s} \leqslant t < (k+1)T_\text{s}$$

$$(3\text{-}160)$$

式中，$s_k(t)$ 代表接收信号；f_c 为载波频率；R_s 表示符号周期；$f_0 = R_s/4$；经过低通滤波后可以得到

$$x_\text{I}(t) = \text{LPF}\{s_\text{I}(t)\} = \frac{p_k}{4}\left[1 + \cos(4\pi f_0 t)\right], \quad kT_\text{s} \leqslant t < (k+1)T_\text{s} \quad (3\text{-}161)$$

$$x_\text{Q}(t) = \text{LPF}\{s_\text{Q}(t)\} = -\frac{q_k}{4}\left[1 - \cos(4\pi f_0 t)\right], \quad kT_\text{s} \leqslant t < (k+1)T_\text{s} \quad (3\text{-}162)$$

式中，$\text{LPF}\{\cdot\}$ 代表低通滤波处理。当 $k=2,4,6,\cdots$ 和 $k=1,3,5,\cdots$ 时，分别有 p_k、q_k 在 $(k-1)T_\text{s} \leqslant t < (k+1)T_\text{s}$ 时保持不变。所以当 $k=2,4,6,\cdots$ 和 $k=1,3,5,\cdots$ 时，分别对低通滤波后的 $x_\text{I}(t)$ 和 $x_\text{Q}(t)$ 的第 $k-1 \sim k$ 个符号积分，可以解出 p_k、q_k：

$$I_\text{sum}(k) = \int_{(k-1)T_\text{s}}^{(k+1)T_\text{s}} x_\text{I}(t)\mathrm{d}t$$
$$= \int_{(k-1)T_\text{s}}^{(k+1)T_\text{s}} \frac{p_k}{4}\left[1 + \cos(4\pi f_0 t)\right]\mathrm{d}t$$
$$= \frac{p_k}{4}\int_{(k-1)T_\text{s}}^{(k+1)T_\text{s}} 1\mathrm{d}t + \frac{p_k}{4}\int_{(k-1)T_\text{s}}^{(k+1)T_\text{s}} \cos(4\pi f_0 t)\mathrm{d}t$$
$$= \frac{T_s}{2}p_k, \quad k = 2,4,6,\cdots$$

$$(3\text{-}163)$$

$$Q_\text{sum}(k) = \int_{(k-1)T_\text{s}}^{(k+1)T_\text{s}} x_\text{Q}(t)\mathrm{d}t$$
$$= \int_{(k-1)T_\text{s}}^{(k+1)T_\text{s}} -\frac{q_k}{4}\left[1 - \cos(4\pi f_0 t)\right]\mathrm{d}t$$
$$= -\frac{q_k}{4}\int_{(k-1)T_\text{s}}^{(k+1)T_\text{s}} 1\mathrm{d}t + \frac{q_k}{4}\int_{(k-1)T_\text{s}}^{(k+1)T_\text{s}} \cos(4\pi f_0 t)\mathrm{d}t$$
$$= -\frac{T_s}{2}q_k, \quad k = 1,3,5,\cdots$$

$$(3\text{-}164)$$

由于 T_s 一般可视为常参，故后续结论不受该改动影响。

在积分过程中，存在低通滤波无法消除的 $2f_0$ 频率分量，已知 $2f_0 = R_s / 2$，其周期为 $2T_s$，则有 $\cos(\pi R_s t)$ 在 2 符号周期内的积分为 0，所以对第 $k-1\sim k$ 个符号进行积分可以消除此频率分量的影响。$x_I(t)$ 经过 2 符号积分判决后得到 p_k；$x_Q(t)$ 经过 2 符号积分判决后得到 q_k，对积分判决得到的 p_k、q_k 进行并串转换即可解调出原始数据。

对于带预编码的 MSK 信号，采用此解调算法时，有

$$P_{\text{eb-MSK}} = P_{\text{eb-QPSK}} = \frac{1}{2}\text{erfc}\left(\sqrt{\frac{E_b}{N_0}}\right) \tag{3-165}$$

而对于无预编码的 MSK 信号还需要做差分译码，此时：

$$P_{\text{eb-MSK}} \approx 2P_{\text{eb-QPSK}} \tag{3-166}$$

3.4 多载波通信系统

3.4.1 单载波与多载波调制

单载波调制是指在带通调制中只采用一种载波来实现基带信号频谱搬移的调制方式，当这类调制信号经过频率响应很不平坦的非理想信道传输时，会在接收端产生严重的符号间干扰(inter-symbol interference，ISI)。为了解决存在严重 ISI 信道中的数据传输问题，可以将非理想信道划分为多个频率响应近似平坦的理想子信道，并行传输数据。此时需要多个载波将并行数据的基带信号频谱搬移到不同的子信道上，因此这种调制方式称为多载波调制。

相比于单载波调制，多载波调制削弱了由信道非理想性带来的符号间串扰和频率选择性衰落，可以实现更高速的数据传输，但是同时带来了载波间干扰(inter-carrier interference，ICI)、系统复杂性提升以及峰值功率提高等问题。多载波调制技术的发展与上述三种问题的合理解决密切相关。

3.4.2 OFDM 技术

1. OFDM 基本原理

正交频分复用(OFDM)是一种特殊的多载波调制技术。它利用子载波的正交性将信道划分为频域上彼此正交的子信道，从而实现数据并行传输。

相比于传统的单载波和频分复用技术，OFDM 具有显著的优势。一方面，OFDM 将传统单载波系统中数据的串行传输转变为基于多个子载波的并行传输，从而在比特率不变的情况下降低波特率，可以对抗更长的多径时延扩展，减小符号间干扰的影响；另一方面，OFDM 的子信道相互重叠但互不影响，相比于传统的频分复用技术，在保证传输可靠性的同时大大提高了频带利用率。

OFDM 的调制框图如图 3-34 所示。

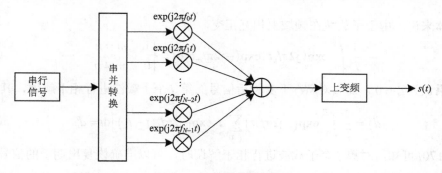

图 3-34　OFDM 调制框图

由图 3-34 可知，OFDM 信号可以看作多个经过调制的子载波叠加，子载波在频域上保持正交性。

不妨设串行信号经过串并转换后形成 N 组并行信号 $\{d_0, d_1, \cdots, d_i, \cdots, d_{N-1}\}$，在一个 OFDM 符号的持续时间内对每组信号进行子载波调制，对应的子载波频率为 $\{f_0, f_1, \cdots, f_i, \cdots, f_{N-1}\}$。另设 OFDM 符号的起始时间为 t_s，符号持续时间为 T_s，带通调制载波频率为 f_c，$g_T(t)$ 是幅度为 1、持续时间为 T_s 的矩形脉冲，则 OFDM 信号可表示为

$$s(t) = \begin{cases} \operatorname{Re}\left\{ \sum_{i=0}^{N-1} d_i \operatorname{rect}\left(t - t_s - \dfrac{T_s}{2} \right) \exp\left[j2\pi(f_c + f_i)(t - t_s) \right] \right\}, & t_s \leqslant t \leqslant t_s + T_s \\ 0, & \text{其他} \end{cases} \tag{3-167}$$

为了方便讨论，将式 (3-167) 写成复等效基带的表示形式，如式 (3-168) 所示。

$$s(t) = \begin{cases} \sum_{i=0}^{N-1} d_i \operatorname{rect}\left(t - t_s - \dfrac{T_s}{2} \right) \exp\left[j2\pi f_i(t - t_s) \right], & t_s \leqslant t \leqslant t_s + T_s \\ 0, & \text{其他} \end{cases} \tag{3-168}$$

复基带信号的实部和虚部分别为 OFDM 信号的同相分量和正交分量，在发送 OFDM 信号时只需分别将同相分量和正交分量与相干载波相乘，再组成同相信号和正交信号向无线信道发送即可。

在接收端通过相干解调，利用子载波间的正交性，可以将每个子载波上的调制信号恢复出来。OFDM 的解调框图如图 3-35 所示。

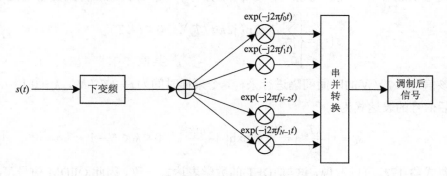

图 3-35　OFDM 解调框图

具体来说，由于子载波在频域上相互正交，即

$$\frac{1}{T_s}\int_0^{T_s} \exp\left(\mathrm{j}2\pi f_n t\right)\exp\left(-\mathrm{j}2\pi f_m t\right)\mathrm{d}t = \begin{cases} 1, & m=n \\ 0, & m\neq n \end{cases} \qquad (3\text{-}169)$$

如果认为 $t_s = 0$ ，那么对 $s(t)$ 下变频后信号的第 j 个子载波进行相干解调，其结果为

$$\hat{d}_j = \frac{1}{T_s}\int_0^{T_s}\exp\left(-\mathrm{j}2\pi f_j t\right)\sum_{i=0}^{N-1}d_i \exp\left[\mathrm{j}2\pi f_i\left(t-t_s\right)\right]\mathrm{d}t = d_j \qquad (3\text{-}170)$$

由式 $(3\text{-}170)$ 可知，对第 j 个子载波进行相干解调时，可以准确恢复出期望的信号 d_j 。

为了得到满足正交性要求的子载波频率关系，求解式 $(3\text{-}169)$ 得到，当 $m\neq n$ 时，有 $f_n - f_m = l/T_s$ ， l 是非零整数。所以相邻子载波频率间隔一般取为 OFDM 符号持续时间的倒数，即 $f_i = i/T_s$ ，此时子载波恰好满足正交性要求。对应的 OFDM 信号频谱如图 3-36 所示。

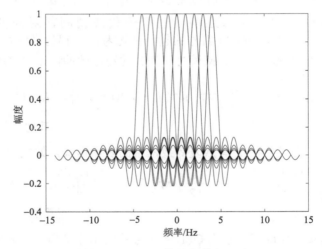

图 3-36   OFDM 信号频谱 (N=10)

2. OFDM 数字实现方法

在式 $(3\text{-}168)$ 中，忽略矩形脉冲，令 $t_s = 0$ 并将 $f_i = i/T_s$ 代入，得到复基带信号：

$$s(t) = \begin{cases} \displaystyle\sum_{i=0}^{N-1}d_i\exp\left(\mathrm{j}2\pi it/T_s\right), & 0\leqslant t\leqslant T_s \\ 0, & \text{其他} \end{cases} \qquad (3\text{-}171)$$

对该信号以 T_s/N 的时间间隔进行采样，令采样时间为 $t=kT_s/N$ ， $k=0,1,\cdots,N-1$ ，则采样后信号的表达式为

$$s_k = s\left(\frac{kT_s}{N}\right) = \sum_{i=0}^{N-1}d_i\exp\left(\mathrm{j}\frac{2\pi ik}{N}\right), \quad 0\leqslant k\leqslant N-1 \qquad (3\text{-}172)$$

观察式 $(3\text{-}172)$ 可以发现，这与 IDFT 的数学表达式一致。因此 OFDM 信号可以通过

先对待调制信号的频域数据 d_i 进行 IDFT 操作，再通过数模转换产生。同理，接收端解调可以先通过对模拟信号进行采样，再对时域数据 s_k 进行 DFT 操作实现，解调信号可以表示为

$$d_i = \sum_{k=0}^{N-1} s_k \exp\left(-j\frac{2\pi ik}{N}\right), \quad 0 \leqslant i \leqslant N-1 \tag{3-173}$$

由此可以看出，OFDM 系统的调制和解调模块可以通过 IDFT/DFT 来实现，频域数据 d_i 进行 N 点的 IDFT 后得到时域数据 s_k，s_k 相当于对式(3-168)中的 OFDM 复等效基带信号进行采样，即对多个经过调制的子载波叠加而成的信号进行采样，采样间隔为 T_s / N。

OFDM 信号的调制和解调使用 IDFT/DFT 来实现的好处是其具有成熟的快速傅里叶变换(IFFT/FFT)算法。通过使用 IDFT/DFT 来实现调制和解调，并且通过使用 IFFT/FFT 来大大降低运算复杂度，这使得 OFDM 系统中的子载波可以达到很大的数量而不需要增加太多成本。

3. 保护间隔和循环前缀

OFDM 技术通过将数据分配到多个正交的子载波中，使得通信系统在传输相同的信息比特率时降低波特率，从而能够对抗更长的多径时延扩展。但是符号间干扰仍然不可避免，为了最大限度地消除符号间干扰，还需要在相邻的 OFDM 符号之间插入保护间隔。

只要保护间隔长度大于无线信道的最大多径时延扩展，那么前一个符号受多径效应的影响就不会传递给下一个符号造成干扰。一种设计方法是在这段保护间隔内不插入任何信号，相当于使用零前缀(zero prefix，ZP)填充，这样虽然的确使时域上符号间干扰消除了，但是在频域上，插入 ZP 会使子载波之间的正交性遭到破坏，如图 3-37 所示。

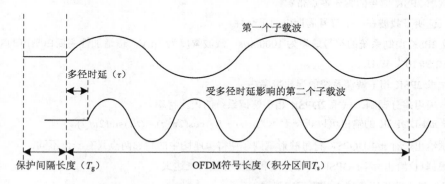

图 3-37　插入 ZP 时多径效应带来的子载波间干扰

由图 3-37 可知，受多径时延影响的第二个子载波在 OFDM 符号长度内并不持续整数个周期，因而与第一个子载波并不完全正交。这会使第一个子载波的解调结果受到第二个子载波的影响，造成了载波间干扰。

为了避免载波间干扰的出现，可以采用插入循环前缀(cycle prefix，CP)的方法代替插入 ZP 的方法。令 T_g 为保护间隔的持续时间，循环前缀的插入方法是将 OFDM 符号尾

部 T_g 长度的信号复制并填充到该 OFDM 符号之前，如图 3-38 所示。

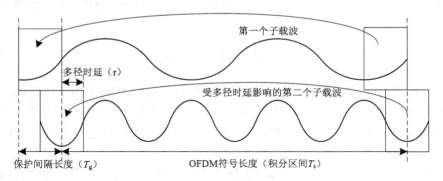

图 3-38　插入 CP 时的 OFDM 符号

由图 3-38 可知，当循环前缀的持续时间 T_g 不小于无线信道的最大多径时延 $\tau_{\max}$ 时，通过插入循环前缀 CP，可以使得在一个 OFDM 符号长度内各个子载波都持续整数个周期，从而保证子载波的正交性，避免载波间干扰。同时在传输时，由于多径时延的影响都集中在循环前缀长度内，所以在接收端只需把循环前缀部分去掉即可避免符号间干扰。

习　题

1. 设二进制调制系统的符号速率为 1000bit/s，噪声带宽为 10000Hz，试求：

(1) 数字频带传输下，归一化参数 E_b/N_0 与信噪比的关系式；

(2) 等效基带传输下，归一化参数 E_b/N_0 与信噪比的关系式。

2. 设 2FSK 调制系统的符号速率为 2000bit/s，已调信号的载频分别为 5500Hz 和 4500Hz。

(1) 试求 2FSK 信号的第一零点带宽；

(2) 试证明子载波在一个符号周期内的正交性。

3. 设 2PSK 调制系统的符号速率为 1000bit/s，载波幅度为 1mV，信道加性高斯白噪声的双边功率谱密度为 2.5×10^{-11} W/Hz。

(1) 试求 2PSK 相干解调系统的误比特率；

(2) 若采用差分调制，试求 2DPSK 相干解调系统的误比特率。

4. 设 $\pi/4$-DQPSK 的输出可以正交表示为 $s(t) = I(t)\cos(2\pi f_c t) - Q(t)\sin(2\pi f_c t)$。

(1) 试给出一种 $\pi/4$-DQPSK 符号映射规则，使得星座图中的相邻两点只有一位不同；

(2) 根据 (1) 给出 $\pi/4$-DQPSK 同相分量和正交分量的表达式。

5. 已知最小欧氏距离越大，噪声容限越大。

(1) 试求 16QAM 的最小欧氏距离，判断 16QAM 与 4+12 型 APSK 噪声容限的大小关系；

(2) 试用 γ 表征 6+10 型 APSK 的最小欧氏距离，γ 为 16APSK 外圈与内圈半径的比值。

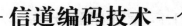

第 4 章

信道编码技术

微课视频

数字信号在信道传输过程中不可避免地会受到外界因素的干扰，使得接收端接收到一些受扰码元，从而发生误判。在数字通信系统中，如果合理选择调制方式、解调方法及发送功率等情况下仍无法解决干扰问题时，就需要采用差错控制方式引入额外编码增益达到信噪比提升的目的。

按照干扰后错误码元的分布规律，可以将信道分为随机信道、突发信道以及混合信道。随机信道中发生错误的码元位置是随机分布的，高斯白噪声信道就是随机信道。突发信道中错误发生的位置集中，在几段很短的区域内密集地出现误码。混合信道同时存在上述两类错误，且每一类错误拥有不容忽视的数量。不同种类的信道，应采用与之对应的差错控制技术，其主要分为以下四种。

(1)检错重发：在被发送的信息序列中添加差错控制位，接收端利用差错控制位检测到接收信息序列中存在错误时,通过反向信道通知发送端再次发送产生接收错误的序列，直至接收到正确的序列。检错重发方式需要双向信道。

(2)前向纠错：接收端在检测到错误后仅仅利用差错控制位的信息就能够进行错误纠正。由于既不需要反向信道，也不需要等待发送端重发，因此前向纠错方式的实时性很好。但为了确保检错纠正的质量，前向纠错方式需要更多的差错控制码元，编码与译码设备也更复杂。

(3)反馈校验：不需要差错控制位，接收端将接收到的信息发送回发送端由其进行比对，发现有不同则进行重发。这种方式不仅需要双向信道，每段信息还要占用两次发送的时间，因此信息传输效率较低。

(4)检错删除：这种方式会利用差错控制位进行检错，检出错误后将该段信息删除。这种方式需要大冗余的编码方式，删除部分码元不影响整体接收，它的使用率极低，可以和其他方式混合使用，例如，检错重发多次发送仍然错误，就将该段信息删除。

这四种方式可以互相结合使用，以达到最大的效率。上述四种方式除了反馈校验以外，都需要在信息序列中添加差错控制位以方便接收端检验错误，这些差错控制位又称监督码元。信息序列和监督码元有数学上的检验约束关系，接收端正是通过这种关系才能够检测乃至纠正误码。

差错控制编码又称纠错编码或者信道编码，不同的编码方法对应不同的数学函数关系，其与信息序列的关系也或深或浅，从而导致检错或纠错能力有高有低，一般来说引入的监督码元数越多，编码的检(纠)错能力越强。监督码元与信息码元之间的数量关系常用编码效率也就是码率来表示。若一个编码结果的码字包含一个信息码元以及一个监督码元，则意味着它的码率是 1/2。

4.1 信道编码的基本概念

4.1.1 信道编码的分类

1. 按码的结构中对信息序列的处理方式分类

考虑码的结构中对信息序列的不同处理方式,纠错码可分为分组码和卷积码两大类。

分组码：将 k 位信息序列分为一组作为信息组码元，引入 $n-k$ 位多余的码元作为校验元，每组的校验元是由本组 k 个信息序列按一定规律产生的，与其他组的信息元无关。这样构成了码长为 n 的分组码，记为 (n,k) 码。

卷积码：每 k (通常较小)个信息序列为一组，经过编码器输出该组的 $n-k$ 个校验元。但校验元与本组 k 个信息序列及前面 $M-1$ 组的信息比特均有关，由此得到的码长为 n 的码字称为卷积码，记为卷积码 (n,k,M) 。

2. 按码的数学结构中校验元与信息元的关系分类

考虑码的数学结构中校验元与信息元的不同关系，纠错码可分为线性码和非线性码两大类。

若校验元与信息元之间成线性关系，则为线性码，其余均为非线性码。虽然目前线性码的理论已较成熟，但许多性能优越的码却是非线性码。

3. 按码是否具有循环性分类

考虑码是否具有循环性，纠错码可分为循环码和非循环码两大类。

若分组码中任一码字的码元经过循环移位后仍是这组码的码字，则称其为循环码。若经循环移位后不一定是该组码的码字，则称其为非循环码。目前，许多有广泛应用的好码都是循环码。

4.1.2 简单的实用编码

1. 奇偶监督码

奇偶监督码存在奇数监督码和偶数监督码两种，监督位只有 1 位，与信息位的长度无关。在偶数监督码中，码组中共存在偶数个 "1"，即满足以下条件：

$$\alpha_{n-1} \oplus \alpha_{n-2} \oplus \cdots \oplus \alpha_0 = 0 \tag{4-1}$$

式中， α_0 为监督位，其他位为信息位。

当发生奇数个误码时，码组中的 "1" 变为奇数个，若根据式(4-1)所得校验约束结

果为 "1"，则认为发生了误码；若检验约束结果为 "0"，则认为无误码发生。

奇数监督码与偶数监督码同理，但其码组中 "1" 的数目为奇数，即满足条件：

$$\alpha_{n-1} \oplus \alpha_{n-2} \oplus \cdots \oplus \alpha_0 = 1 \tag{4-2}$$

其检错能力与偶数监督码相同，只能检测出发生奇数个误码的情况。

2. 二维奇偶监督码

二维奇偶监督码又称方阵码。将上述若干奇偶监督码每组按行排列，再对每列分别添加第二维奇偶监督位，如式(4-3)所示，式中，$\alpha_0^1\ \alpha_0^2\ \cdots\ \alpha_0^m$ 为 m 行奇偶监督码中的 m 个监督位，$\beta_{n-1}\ \beta_{n-2}\ \cdots\ \beta_0$ 为按列增加的第二维奇偶监督位。

$$\begin{matrix}
\alpha_{n-1}^1 & \alpha_{n-2}^1 & \cdots & \alpha_1^1 & \alpha_0^1 \\
\alpha_{n-1}^2 & \alpha_{n-2}^2 & \cdots & \alpha_1^2 & \alpha_0^2 \\
\vdots & \vdots & & \vdots & \vdots \\
\alpha_{n-1}^m & \alpha_{n-2}^m & \cdots & \alpha_1^m & \alpha_0^m \\
\beta_{n-1} & \beta_{n-2} & \cdots & \beta_1 & \beta_0
\end{matrix} \tag{4-3}$$

二维奇偶校验方式具备检测偶数个误码的能力。虽然每行的监督位 $\alpha_0^1\ \alpha_0^2\ \cdots\ \alpha_0^m$ 不能检测本行中的偶数个误码，但同时利用 $\beta_{n-1}\ \beta_{n-2}\ \cdots\ \beta_0$ 等监督位在大多数情况下可以按列的方向检测出偶数个误码。在特定情况下，若式(4-3)中 $\alpha_{n-2}^2, \alpha_1^2, \alpha_{n-2}^m, \alpha_1^m$ 等比特同时出错，则无法判断误码情况。

这种二维奇偶监督码适于检测突发误码。若某一行中出现多个奇数或偶数误码的概率较大，则适合使用二维奇偶监督码进行错误检测。一般地，一维奇偶监督码只适于检测随机误码，二维奇偶监督码不仅可用来检错，还可以用来纠正一些误码。

4.2 线性分组码

4.2.1 线性分组码的基本定义

最早有文献记载的线性分组码是(7,4)汉明码，是 1950 年汉明发现的第一类用于纠错的线性分组码。在加性高斯白噪声信道上，即使采用最优的软判决译码算法，汉明码的实际编码增益也较小，不超过 3dB。

格雷码通常是指线性分组(23,12)码。作为研究最为广泛的一类码，该码拥有丰富且完美的代数结构，可以纠正 3 位误码，已被应用于很多实际通信系统中。该格雷码还可以进行拓展，即通过对每组码字增加一位总的奇偶校验位来生成(24,12)格雷码。其拥有许多结构特性，因而被广泛应用，特别是美国 Voyager 探测器将该拓展码应用于差错控制系统，提供了木星和土星的清晰的彩色照片。

另一类早期的线性纠错码是里德-马勒（Reed-Muller，RM）码。1954 年 Muller 在设计交换电路时首先提出了 RM 码，同年，Reed 赋予了 RM 码新的表示形式，将其应用于通信和数据存储系统的纠错和检错过程，并设计出了第一个 RM 码的译码算法。RM

码构造简单，可以通过改变参数形成结构丰富的子类，能够适应不同信道。Reed 算法是 20 世纪五六十年代主流的译码算法，其复杂度低、实现简单，是一种基于大数逻辑准则的硬判决译码算法。码长小于 128 时，RM 码的性能普遍优于采用其他编码方式且长度相同的码字。结合后来出现的软判决译码算法，如后验概率（a posterior probability，APP）门限译码算法、基于网格的译码算法，RM 码能够在较低的译码复杂度下得到很好的误码率性能。由于译码速度快，RM 码也被广泛应用于光纤通信系统。

循环码作为 20 世纪 60 年代信道编码领域的主要研究内容，构成了线性分组码的一个重要分支。该码有以下两个主要优势：一是借助反馈连接的移位寄存器，易于实现；二是其独特的代数结构能采用多种算法进行译码。Hocquenghem 于 1959 年，Bose、Chaudhuri 于 1960 年，分别独立地发现二进制 BCH（Bose-Chaudhuri-Hocquenghem）码。BCH 码是对汉明码的一种重要推广，属于循环码，可以有效地纠正随机误码。里德-所罗门（Reed-Solomon，RS）码是非二进制 BCH 码中最常用的一类。RS 码能有效地纠正随机符号错误和随机突发错误，被广泛应用于通信和数据存储系统中以实现差错控制。

低密度奇偶校验（low density parity check，LDPC）码由 Gallager 于 1962 年提出，是一类性能逼近香农极限的线性分组码，Gallager 同时给出了其迭代后验概率译码算法。但是由于当时技术发展的限制，LDPC 码一直被忽视，直到 20 世纪 90 年代末期，在发现 Turbo 码后，一些有着计算机和物理学科背景的学者重新发现了 LDPC 码的能力。LDPC 码通常用 Tanner 图表示。通过优化节点分布，不规则 LDPC 码可以在删除信道中逼近香农极限。之后，Richardson 和 Urbanke 利用密度进化理论设计的 LDPC 码，可以在二进制 AWGN 信道中逼近香农极限。此外，学者通过仿真验证，长度大于 10^5 的 LDPC 码的性能要优于同等码长的 Turbo 码，因此得到了广泛应用。

4.2.2　线性分组码的一般性质

一个 q 元分组码集合 C 由长度为 n 的 M 个矢量组成，其中第 i 个矢量写作 $c_i = (c_{i1}, c_{i2}, \cdots, c_{in})$，$1 \leqslant i \leqslant M$，称为码字，其码元取自 q 元符号集。二进制码的符号集中只包含字符 0 和 1。当 q 是 2 的幂次即 $q = 2^b$（b 为正整数）时，每个 q 元符号可用一个相应的 b 位二进制序列来表示；长度为 n 的二进制分组码存在 2^n 个可能的码字，从这 2^n 个码字中选出其中的 $M = 2^k$（$k < n$）个构成码集，称为 (n,k) 分组码，码率为 $R_c = k/n$。

近几十年来，对线性分组码的研究逐渐深入，线性分组码的线性特性使其实现和分析比较容易，因此该码广泛流行。

1. 生成矩阵和校验矩阵

在线性分组码中，将 $M = 2^k$ 个信息序列的集合从长度 k 映射到长度 n 可用一个 $k \times n$ 矩阵 G 来表示，G 称为生成矩阵，如式（4-4）所示。

$$c_i = u_i \cdot G, \qquad 1 \leqslant i \leqslant 2^k \tag{4-4}$$

式中，$u_i = (u_{i1}, u_{i2}, \cdots, u_{ik})$ 是长度为 k 的二进制矢量，代表信息序列；c_i 是对应的码字；G 的行用 G_i 表示，$1 \leqslant i \leqslant k$，分别表示对应于信息序列 $(1,0,\cdots,0)$，$(0,1,0,\cdots,0)$，$\cdots$，

$(0,\cdots,0,1)$ 的码字。

$$G = \begin{bmatrix} G_1 \\ G_2 \\ \vdots \\ G_k \end{bmatrix} \qquad (4\text{-}5)$$

因此，可以得到

$$c_i = \sum_{j=1}^{k} u_{ij} G_j \qquad (4\text{-}6)$$

式中，求和是在 $\mathrm{GF}(2)$ 上进行的，即模 2 加。

从式 $(4\text{-}6)$ 可知，码字 c_i 的集合 C 正是 G 的行矢量的线性组合，即 G 的行空间。如果两个线性分组码 c_1 和 c_2 对应的生成矩阵具有同一行空间，或列置换后具有同一行空间，则称这两个码是等价的。

如果生成矩阵 G 具有下列结构：

$$G = \begin{bmatrix} I_k \mid P \end{bmatrix} \qquad (4\text{-}7)$$

式中，I_k 是 $k \times k$ 的单位矩阵；P 是 $k \times (n-k)$ 矩阵，所得的线性分组码称为是系统码。在系统码中，码字前 k 个码元等于信息序列，后接的 $n-k$ 个码元称为奇偶校验位，用于检错和纠错。可以证明，任何线性分组码都存在等价的系统码，即它的生成矩阵能够通过基本的行列变换而变成式 $(4\text{-}7)$ 的形式。

在系统码的特定情况下，奇偶校验矩阵为

$$H = \begin{bmatrix} -P^{\mathrm{T}} \mid I_{n-k} \end{bmatrix} \qquad (4\text{-}8)$$

对于二进制码，$-P^{\mathrm{T}} = P^{\mathrm{T}}$ 以及 $H = \begin{bmatrix} P^{\mathrm{T}} \mid I_{n-k} \end{bmatrix}$。

集合 C 中的任何码字正交于 H 的所有行，有以下关系成立，即对于所有 $c_i \in C$，有

$$c_i \cdot H^{\mathrm{T}} = 0 \qquad (4\text{-}9)$$

反之，如果某个 n 维二进制矢量 c_i 满足 $c_i \cdot H^{\mathrm{T}} = 0$，则 c_i 属于 H 的正交补集，即 $c_i \in C$。因此 $c_i \in \{0,1\}^n$ 属于码字的充要条件是它必须满足式 $(4\text{-}9)$，由于 G 的行是编码空间中的有效码字，可推出：

$$G \cdot H^{\mathrm{T}} = 0 \qquad (4\text{-}10)$$

2. 线性分组码的重量与距离特性

一个码字所含非零码元的个数称为重量。一般地，每个码字都有自身的重量，码集中各个码字的重量集合构成了码的重量分布。若 M 个码字都具有相同的重量，则称该码为固定重量码或恒重码。

一个码字 $c_i \in C$ 的重量记为 $w(c)$。由于 $\mathbf{0}$ 是所有线性分组码的有效码字，因此线性分组码都有一个零重码字。两码字 $c_1, c_2 \in C$ 中不相同码元的个数称为 c_1 和 c_2 的汉明距离，记作 $d(c_1, c_2)$。显然，码字的重量等于该码字与全零码 $\mathbf{0}$ 的汉明距离。

两码字 c_1 和 c_2 之间的距离等于 $c_1 - c_2$ 的重量，因此 $d(c_1, c_2) = w(c_1 - c_2)$，可见线性分组码的两两码字间，重量和距离一一对应。任何一个码字 $c_i \in C$ 到所有其他码字可能距离的集合等于各码字重量的集合，而与码字 c_i 无关。换言之，从线性分组码的任何一个码字去看所有其他码字，看到的都是同样的距离集，而与从哪个码字出发去看无关。在二进制分组码中可以用 $c_1 + c_2$ 替换 $c_1 - c_2$。

码的最小距离是各码字间所有可能距离的最小值，即

$$d_{min} = \min_{c_1, c_2 \in C, c_1 \neq c_2} d(c_1, c_2) \tag{4-11}$$

码的最小重量是所有非零码字重量的最小值，对线性分组码来说就是最小距离，即

$$w_{min} = \min_{c_i \in C, c_i \neq 0} w(c_i) \tag{4-12}$$

线性分组码的最小重量与其奇偶校验矩阵 H 的列之间存在紧密联系。上面已提到 $c_i \in \{0,1\}^n$ 为码字的充要条件是 $c_i \cdot H^T = 0$，如果选择了一个最小重量的码字 c_i，根据此关系式可断言，H 中必有 w_{min}（或 d_{min}）列是线性相关的。反之，由于不存在重量小于 d_{min} 的码字，H 中线性相关的列数不会小于 d_{min}，因此 d_{min} 代表了 H 中线性相关列的最小数目。换言之，H 的列空间有 $d_{min} - 1$ 维。

4.2.3　线性分组码的检错和纠错能力

为了更好地理解，可以利用三维空间图理解 3bit 编码码字的几何意义。3 位的二进制编码，共有 8 种不同的码字。在三维空间中它们分别位于一个单位立方体的各顶点上，如图 4-1 所示。图 4-1 中立方体的顶点坐标 (x_0, x_1, x_2) 可以代表一个码字的三个码元值。从立方体一个顶点沿立方体各边到达另一个顶点经过的几何距离，则为码距的概念。

编码的最小码距 d_{min} 直接决定该编码的检错和纠错能力。

（1）为检测 e 个误码，所需最小码距为

$$d_{min} \geqslant e + 1 \tag{4-13}$$

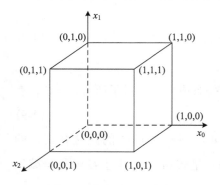

图 4-1　码距的几何意义

利用图 4-2（a）进行分析。设位于 0 点的点 A 代表一个码字，若该码字发生一个误码，则可以认为其落到以 0 点为圆心、以 1 为半径的圆上某点。若码字中发生两位误码，则其会落到以 0 点为圆心、以 2 为半径的圆上。若该码组的最小码距 d_{min} 等于 3（即 B 点代表最近的码字），则此半径为 2 的圆上及圆内就不会有其他码字。这就是说，该码字发生两位及以下误码时，不可能变成另一个准用码字。因此，若一种编码的最小码距为 d_{min}，则其能检测的最大误码数为 $d_{min} - 1$。反之，若要求检测 e 个误码，则最小码距 d_{min} 应不小于 $e + 1$。

（2）为纠正 t 个误码，所需最小码距为

$$d_{min} \geqslant 2t + 1 \tag{4-14}$$

式(4-14)可用图 4-2(b)加以说明。点 A 和点 B 所代表的码字若产生不多于两位误码，则其位置均不会超出以原位置为圆心、半径为 2 的圆。因此，若接收码字落于以点 A 为圆心的圆上，则判决为点 A 对应的码字，若落于以点 B 为圆心的圆上，则判决为点 B 对应的码字。假设任意两码字之间的码距均不小于 5，这样发生不超过两位误码都将能被纠正。若误码数为 3，就将落在另一圆上，从而发生错判。故一般来说，为纠正 t 个误码，最小码距应不小于 $2t+1$。

(3)为纠正 t 个误码，同时检测 e 个误码，所需最小码距为

$$d_{\min} \geqslant e+t+1, \quad e>t \tag{4-15}$$

图 4-2(b)按照式(4-13)检错时，最多能检测 4 个误码，按照式(4-14)纠错时，能纠正 2 个误码。但两者不可同时实现。例如，点 A 对应的码字若错了 3 位，以 A 为圆心、半径为 3 的圆会与以 B 为圆心、半径为 2 的圆重叠，会被误认为点 B 对应的码字错了 2 位造成的结果，从而被错纠为 B。所以，为了纠正 t 个误码的同时，能够检测 e 个误码，如图 4-2(c)所示，使某一码字发生 e 个错误之后所处的位置，与其他码字的纠错圆圈至少距离等于 1。由图 4-2(c)可以直观得出，要求最小码距满足式(4-15)。

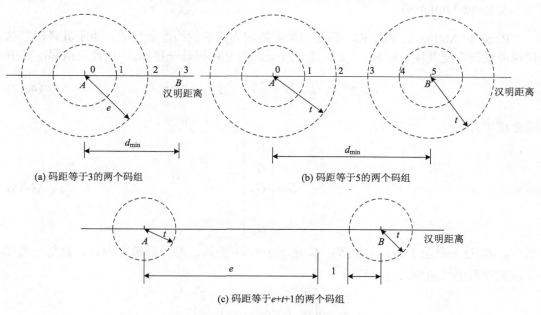

(a) 码距等于3的两个码组　　　　(b) 码距等于5的两个码组

(c) 码距等于 $e+t+1$ 的两个码组

图 4-2　码距与检错和纠错能力的关系

4.2.4　一些特殊的线性分组码

1. 重复码

二进制重复码是一种 $(n,1)$ 码，由两个长度为 n 的码字构成，其中一个码字是全 0 码字，另一个码字是全 1 码字，这种码的码率为 $R_c=1/n$，最小码距 $d_{\min}=n$，重复码的对

偶码是一个 $(n, n-1)$ 码，由所有长度为 n、满足偶校验条件的二进制序列组成，其最小距离显然是 $d_{\min} = 2$。

2. 汉明码

汉明码是编码理论中最早研究的码型之一。汉明码属于线性分组码，其参数有 $n = 2^m - 1$ 和 $k = 2^m - m - 1$，其中 $m \geqslant 3$。汉明码最好借助其奇偶校验矩阵 $\boldsymbol{H}$ 来描述，$\boldsymbol{H}$ 是一个 $(n-k) \times n = m \times (2^m - 1)$ 矩阵，$\boldsymbol{H}$ 的 $2^m - 1$ 列由除全零矢量外的所有长度为 m 的二进制矢量构成。汉明码的码率为

$$R_c = \frac{2^m - m - 1}{2^m - 1} \tag{4-16}$$

m 较大时，码率趋于 1。

由于 $\boldsymbol{H}$ 的列包含所有长度为 m 的非零序列，任意两列的和等于另一列，换言之，总存在三个列是线性相关的。因此无论 m 的值是多少，汉明码的最小码距都是 $d_{\min} = 3$。

3. Reed-Muller 码

Reed 和 Muller 提出的 RM 码是一类参数较为灵活的线性分组码，由于其译码算法简单而受到广泛关注。码长 $n = 2^m$、阶数 $r < m$ 的 RM 码是一种 (n, k) 线性分组码，其中

$$n = 2^m, \qquad k = \sum_{i=0}^{r} \binom{m}{i}, \qquad d_{\min} = 2^{m-r} \tag{4-17}$$

其生成矩阵为

$$\boldsymbol{G} = \begin{bmatrix} \boldsymbol{G}_0 \\ \boldsymbol{G}_1 \\ \boldsymbol{G}_2 \\ \vdots \\ \boldsymbol{G}_R \end{bmatrix} \tag{4-18}$$

式中，$\boldsymbol{G}_0$ 是一个全 1 的 $1 \times n$ 矩阵；$\boldsymbol{G}_1$ 是一个 $m \times n$ 矩阵，每一列长度为 m，且每一列都是该列序号的二进制表达，即

$$\boldsymbol{G}_1 = \begin{bmatrix} 0 & 0 & 0 & \cdots & 1 & 1 \\ 0 & 0 & 0 & \cdots & 1 & 1 \\ 0 & 0 & 0 & \cdots & 1 & 1 \\ \vdots & \vdots & \vdots & & \vdots & \vdots \\ 0 & 0 & 1 & \cdots & 1 & 1 \\ 0 & 1 & 1 & \cdots & 0 & 1 \end{bmatrix} \tag{4-19}$$

$\boldsymbol{G}_2$ 是一个 $\binom{m}{2} \times n$ 矩阵，它的行由每次将 $\boldsymbol{G}_2$ 的两行逐位相乘而获得。同样，对于 $2 < i \leqslant r$，

G_i 是 $\binom{m}{r} \times n$ 矩阵，它的行由每次将 G_2 的 r 行逐位相乘而获得。

4.3　循环码

循环码是一种重要的线性分组码。循环码具有两个突出的特点：一是通过带反馈连接的移位寄存器进行编码实现较为简单；二是其代数结构相对固定，因此译码算法多样。本节主要是简要描述循环码的特性，重点介绍两类重要的循环码，即 BCH 码和 RS 码。

4.3.1　循环码的定义与基本性质

循环码不仅满足线性分组码的一般性质，还具有循环性。其循环性体现在若 $c_i = (c_{n-1}, c_{n-2}, \cdots, c_1, c_0)$ 是某一循环码的码字，那么码字 c_i 经过循环移位后的码字 $(c_{n-2}, \cdots, c_1, c_0, c_{n-1})$ 也属于该循环码。循环码的循环特性可以在编码和解码运算时加以利用。

借助一个阶数不大于 $n-1$ 的多项式 $c(X)$ 来承载码字信息，码字中各码元定义为多项式的系数，即将长度为 n 的码字表示为

$$c(X) = c_{n-1}X^{n-1} + c_{n-2}X^{n-2} + \cdots + c_1 X + c_0 \tag{4-20}$$

对于二进制码，多项式的每个系数为 0 或 1。

对式 (4-20) 两边同乘 X 得多项式：

$$Xc(X) = c_{n-1}X^n + c_{n-2}X^{n-1} + \cdots + c_1 X^2 + c_0 X \tag{4-21}$$

将 $Xc(X)$ 除以 $X^n + 1$，可得

$$\frac{Xc(X)}{X^n + 1} = c_{n-1} + \frac{c^{(1)}(X)}{X^n + 1} \tag{4-22}$$

式中

$$c^{(1)}(X) = c_{n-2}X^{n-1} + c_{n-3}X^{n-2} + \cdots + c_0 X + c_{n-1} \tag{4-23}$$

同时多项式 $c^{(1)}(X)$ 代表码字 $c^{(1)} = (c_{n-2}, \cdots, c_0, c_{n-1})$，也是码字 c 循环移位后的产物。由于 $c^{(1)}(X)$ 表示 $Xc(X)$ 除以 $X^n + 1$ 的余式，即

$$c^{(1)}(X) = Xc(X) \bmod (X^n + 1) \tag{4-24}$$

因此，若 $c(X)$ 代表循环码的一个码字，那么 $X^i c(X) \bmod (X^n + 1)$ 也一定是该循环码的一个码字，于是可写成

$$X^i c(X) = Q(X)(X^n + 1) + c^{(i)}(X) \tag{4-25}$$

式中，余式 $c^{(i)}(X)$ 代表循环码的一个码字，对应码字 c 循环右移 i 位的产物，而 $Q(X)$ 是商。

4.3.2 循环码编码器

根据循环码的特点，若用一个 $n-k$ 次的生成多项式 $g(X)$ 进行编码，(n,k) 循环码的生成多项式是多项式 X^n+1 的因子，其一般形式为

$$g(X) = X^{n-k} + g_{n-k-1}X^{n-k-1} + \cdots + g_1X + 1 \tag{4-26}$$

定义消息多项式 $u(X)$ 为

$$u(X) = u_{k-1}X^{k-1} + u_{k-2}X^{k-2} + \cdots + u_1X + u_0 \tag{4-27}$$

式中，$(u_{k-1}, u_{k-2}, \cdots, u_1 u_0)$ 为 k 位信息比特。$u(X)g(X)$ 的乘积是一个小于等于 $n-1$ 次的多项式，因此可以表示一个码字。

因为多项式 $\{u_i(X)\}$ 共存在 2^k 个，该单一多项式 $g(X)$ 乘以 2^k 个消息多项式即可构成 (n,k) 循环码的生成多项式，其次数为 $n-k$ 并可整除 X^n+1。显然，只要找到一个 $n-k$ 次可整除 X^n+1 的多项式 $g(X)$，就可以找到一个 (n,k) 循环码，因此设计循环码的问题就相当于寻找 X^n+1 因子的问题。

系统循环码的产生分成三个步骤，即消息多项式 $u(X)$ 乘以 X^{n-k}，所得之积除以 $g(X)$，最后将余式 $r(X)$ 加进 $X^{n-k}u(X)$。

$n-1$ 次多项式 $A(X) = X^{n-k}u(X)$ 与多项式

$$g(X) = g_{n-k}X^{n-k} + g_{n-k-1}X^{n-k-1} + \cdots + g_1X + g_0 \tag{4-28}$$

的除法可用如图 4-3 所示的 $n-k$ 级反馈移存器来完成，移存器的初始状态为全 0。$A(X)$ 的系数以时钟频率移入移存器，从高次系数 a_{n-1} 开始，紧接是 a_{n-2}，以此类推，每拍时钟移位一（比特）系数。经 k 次移位后，商式的第一个非零输出是 $q_{k-1} = g_{n-k}a_{n-1}$，接下来的输出如图 4-3 所示。对于输出商式的每一个系数都要作一次减法，减去 $g(X)$ 与该系数的积，减法是靠移存器的反馈部分来实现的，这样用图 4-3 的反馈移存器完成了两个多项式相除的任务。

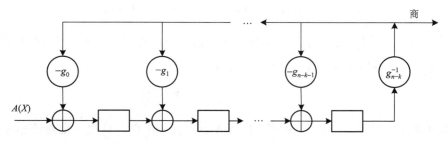

图 4-3 多项式 $A(X)$ 除以 $g(X)$ 所用的反馈移存器

图 4-3 中 $g_{n-k} = g_0 = 1$，而对二进制码的算术运算采用模 2 运算，减法可用模 2 加替代。这样，循环码编码器可取图 4-4 的结构。编码器输出的前 k bit 即为 k 位信息比特，

且开关①处于闭合状态，同时，k 位信息比特按时钟频率进入移存器。等待信息比特全部进入编码器后，将两个开关均切换到另一个状态。此时移存器获得的内容为 $n-k$ 位校验比特，等于相应余式的系数。然后，$n-k$ 位校验比特按时钟频率输出，进入调制器。

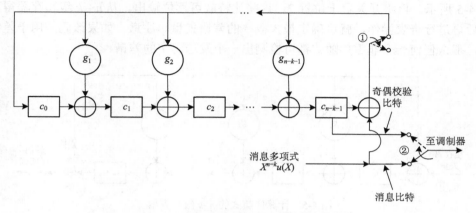

图 4-4　利用生成多项式 $g(X)$ 的循环码编码

4.3.3　循环码的译码

伴随式译码可以用来译循环码，但与一般线性分组码相比，循环码的结构可使伴随式计算以及利用移存器过程的复杂度大大下降。

设 c 为二进制循环码的发送码字，$y=c+e$ 是二进制对称信道（binary symmetric channel，BSC）模型输出端的接收序列（即经匹配滤波器输出并经二进制量化后的信道输出）。以多项式形式可写成

$$y(X)=c(X)+e(X) \tag{4-29}$$

由于 $c(X)$ 是码字，它一定是码生成多项式 $g(X)$ 的倍式，即 $c(X)=u(X)g(X)$，这里 $u(X)$ 是一个不超过 $k-1$ 次的多项式。可以得到

$$y(X)=u(X)g(X)+e(X) \tag{4-30}$$

由此关系式可得出结论：

$$y(X)\operatorname{mod}g(X)=e(X)\operatorname{mod}g(X) \tag{4-31}$$

定义 $s(X)=y(X)\operatorname{mod}g(X)$ 表示 $y(X)$ 除以 $g(X)$ 后的余式，$s(X)$ 称为伴随多项式，它是一个次数不大于 $n-k-1$ 的多项式。

为了计算伴随多项式，需要将 $y(X)$ 除以生成多项式 $g(X)$ 并算得余式，显然 $s(X)$ 取决于差错图案而与码字无关。不同的差错图案可能产生相同的伴随多项式，因为伴随多项式的数目是 2^{n-k}，而差错图案的总数是 2^n。最大似然译码是要找出与伴随多项式 $s(X)$ 对应的最小重量差错图案，然后将它加到 $y(X)$ 以获得最大似然的发送码字多项式 $c(X)$。

$y(X)$ 除以生成多项式 $g(X)$ 的运算可借助移存器来进行，接收矢量先移位输进 $n-k$ 级的移存器，如图 4-5 所示。所有移存器内容在初始时均置 0，开关在闭合位置 1。在 n bit 接收矢量全部移入寄存器后，$n-k$ 级寄存器存储了伴随式的内容，比特编号顺序如图 4-5 所示。再将开关置于位置 2，这些比特就可逐位输出。从 $n-k$ 级移存器得到伴随式后再进行查表操作，就可确定最大概率的差错矢量。注意，如果该码是用于差错检验的，那么任何一个非零伴随式都可检测出一个发送码字的差错。

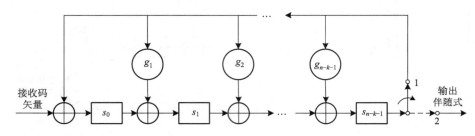

图 4-5　计算伴随式的 n–k 级移存器

通常 $n-k$ 较小 $(n-k<10)$ 时，可以选择利用伴随式查表的译码方法。但对于更高效的码，这种方法是不现实的。例如，当 $n-k=20$ 时，码表将有 2^{20}（约 100 万）项，这需要较大的存储单元和处理时延，因此带有大量检验比特的长码使用码表译码不易实现。

循环码的循环结构可以简化寻找差错多项式的过程。若伴随式 $s(X)$ 对应差错序列 $e(X)$，那么对应于 $e(X)$ 循环右移后，$e^{(1)}(X)$ 的伴随式为 $s^{(1)}(X)$，定义为

$$s^{(1)}(X) = Xs(X) \bmod g(X) \tag{4-32}$$

这相当于将图 4-5 所示移存器中的内容在中断输入的情况下右移一位。这也意味着用与由 s 计算 e_{n-1} 同样的组合逻辑电路，就可以从移位后的 s 即 $s^{(1)}$ 计算出 e_{n-2}。这样的译码器称为 Meggitt 译码器。

Meggitt 译码器将接收序列 y 馈送到伴随式计算电路计算 $s(X)$，再把伴随式送入计算 e_{n-1} 的组合逻辑电路，此电路的输出以模 2 形式加到 y_{n-1}。在纠错和伴随式循环移位之后，组合电路又进行 e_{n-2} 的计算，这个过程重复 n 次。如果差错图案是可纠的，译码器就能够纠正此差错。

4.3.4　BCH 码

1. BCH 码的基本概念

BCH 码是循环码中应用最为广泛的码字，已应用于北斗卫星导航系统、国际空间数据系统咨询委员会（Consultative Committee for Space Data Systems，CCSDS）遥测系统和 Galileo 搜救系统中。BCH 码代数结构严格，能适应不同的分组长度、编码效率和纠错能力，可以构造出满足一定纠错能力的 BCH 码。BCH 码分为两类：本原 BCH 码和非本原 BCH 码。本原 BCH 码的码长 $n=2^m-1$，非本原 BCH 码的码长 n 是 2^m-1 的一个因子。

对于任意正整数 m（$m \geq 3$）和 t（$t < 2^{m-1}$），二进制 $(n, k, d_{\min})$ BCH 码的基本参数如表 4-1 所示。

表 4-1 BCH 码的基本参数

参数	取值范围
分组长度	$n = 2^m - 1$
奇偶校验位数目	$n - k \leq mt$
最小距离	$d_{\min} \geq 2t + 1$

2. BCH 码的编码方法

BCH 码的编码方法和循环码类似。设准备编码的信息分组为 $\boldsymbol{u} = (u_{k-1}, u_{k-2}, \cdots, u_1 u_0)$，对应的多项式形式可以表示为 $u(X) = u_{k-1}X^{k-1} + u_{k-2}X^{k-2} + \cdots + u_1 X + u_0$。

类似系统循环码的编码，BCH 码编码后的码多项式可表示为

$$\begin{aligned}c(X) &= c_{n-1}X^{n-1} + c_{n-2}X^{n-2} + \cdots + c_1 X + c_0 \\ &= u_{k-1}X^{n-1} + u_{k-2}X^{n-2} + \cdots + u_0 X^{n-k} + r_{n-k-1}X^{n-k-1} + \cdots + r_0\end{aligned} \tag{4-33}$$

拆分式 (4-33)，$u(X)X^{n-k} = u_{k-1}X^{n-1} + u_{k-2}X^{n-2} + \cdots + u_0 X^{n-k}$ 表示信息多项式，$(u_{k-1}, u_{k-2}, \cdots, u_0)$ 是信息位，而 $r(X) = r_{n-k-1}X^{n-k-1} + r_{n-k-2}X^{n-k-2} + \cdots + r_1 X + r_0$ 表示相应的校验多项式，对应的校验位为 $(r_{n-k-1}, r_{n-k-2}, \cdots, r_1, r_0)$。

由于编码为二进制 BCH 码，所以式 (4-33) 可以推导出：

$$r(X) = c(X) + X^{n-k}u(X) = X^{n-k}u(X) \bmod g(X) \tag{4-34}$$

根据式 (4-34)，BCH 码的编码方法可以由以下三步进行。

(1) 将待编码的信息分组乘以 X^{n-k}，得 $X^{n-k}u(X)$。

(2) 利用查表或计算得到的 BCH 码的生成多项式 $g(X)$ 除 $X^{n-k}u(X)$，得到相应的余式 $r(X)$，对应所求的校验位。

(3) 联合 $X^{n-k}u(X)$ 和 $r(X)$ 得到编码后码字 $c(X) = X^{n-k}u(X) + r(X)$，多项式形式对应式 (4-33)。

3. BCH 码的常规译码算法

1960 年，彼得森（Peterson）在文献中证明了该码的循环结构，同时首次提出了 BCH 码的译码算法，随后 Peterson 的算法被后续不同的科研工作者改进并推广，其中应用最广泛的为 Berlekamp 的迭代算法和 Chien 的搜索算法，前者用于计算 BCH 码译码所需的错误位置多项式，后者用于根据错误位置多项式计算接收序列的错误位置。

1) Berlekamp 译码算法

假设发送码字对应多项式为 $c(X) = c_{n-1}X^{n-1} + c_{n-2}X^{n-2} + \cdots + c_1 X + c_0$，接收码字对应多项式为 $y(X) = y_{n-1}X^{n-1} + y_{n-2}X^{n-2} + \cdots + y_1 X + y_0$，则 $c(X) = y(X) + e(X)$。其中，

$e(X)$ 为错误模式，是由传输中的错误导致的。一般而言，译码首先根据接收多项式 $y(X)$ 计算校正子。若纠正错误个数为 t，则其本原 BCH 码的译码过程中的校正子是一个 $2t$ 维向量：

$$s = (s_1, s_2, \cdots, s_{2t}) = y \cdot H^{\mathrm{T}} \tag{4-35}$$

式中，奇偶校验矩阵 H 如式 (4-36) 所示，a^i，$i = 1, 2, \cdots, 2t$ 为 $g(X)$ 的根。

$$H = \begin{bmatrix} 1 & a & a^2 & \cdots & a^{n-1} \\ 1 & a^2 & \left(a^2\right)^2 & \cdots & \left(a^2\right)^{n-1} \\ 1 & a^3 & \left(a^3\right)^2 & \cdots & \left(a^3\right)^{n-1} \\ \vdots & \vdots & \vdots & & \vdots \\ 1 & a^{2t} & \left(a^{2t}\right)^2 & \cdots & \left(a^{2t}\right)^{n-1} \end{bmatrix} \tag{4-36}$$

对于 $1 \leqslant i \leqslant 2t$，校正子的第 i 个分量为

$$s_i = y\left(a^i\right) = y_{n-1} a^{(n-1)i} + y_{n-2} a^{(n-2)i} + \cdots + y_1 a^i + y_0 \tag{4-37}$$

从 $y(X)$ 出发，可以按照以下方法计算校正子。用 $y(X)$ 除以 a^i 的最小多项式 $\psi_i(X)$ 得

$$y(X) = a_i(X) \psi_i(X) + b_i(X) \tag{4-38}$$

式中，$b_i(X)$ 的次数小于 $\psi_i(X)$ 的余式的次数。由于 $\psi_i\left(a^i\right) = 0$，有

$$s_i = y\left(a^i\right) = b_i\left(a^i\right) \tag{4-39}$$

因此，校正子分量可以通过令 $b_i(X)$ 中的 $X = a^i$ 得到。

对于 $1 \leqslant i \leqslant 2t$，校正子和错误模式之间具有

$$s_i = e\left(a^i\right) \tag{4-40}$$

假设错误模式 $e(X)$ 在位置 $X^{j_1}, X^{j_2}, \cdots, X^{j_v}$ 上有 v 个错误，即

$$e(X) = X^{j_1} + X^{j_2} + \cdots + X^{j_v} \tag{4-41}$$

式中，$0 \leqslant j_1 < j_2 < \cdots < j_v < n$。可得到方程组：

$$\begin{aligned} s_1 &= a^{j_1} + a^{j_2} + \cdots + a^{j_v} \\ s_2 &= \left(a^{j_1}\right)^2 + \left(a^{j_2}\right)^2 + \cdots + \left(a^{j_v}\right)^2 \\ s_3 &= \left(a^{j_1}\right)^3 + \left(a^{j_2}\right)^3 + \cdots + \left(a^{j_v}\right)^3 \\ &\vdots \\ s_{2t} &= \left(a^{j_1}\right)^{2t} + \left(a^{j_2}\right)^{2t} + \cdots + \left(a^{j_v}\right)^{2t} \end{aligned} \tag{4-42}$$

式中，$a^{j_1}, a^{j_2}, \cdots, a^{j_v}$ 未知。求解这些方程的方法都可以作为 BCH 码的译码方法。求得 $a^{j_1}, a^{j_2}, \cdots, a^{j_v}$ 后，幂的次数 $j_1, j_2, \cdots, j_v$ 可以显示出 $e(X)$ 中的错误位置。一般方程组共 2^k 个解，不同的解表示不同的错误模式。若实际错误模式 $e(X)$ 的数目小于等于 t，正确

的解取具有最小错误数的错误模式。对于较大的 t，直接求解方程组是烦琐和低效的。

对于 $1 \leqslant i \leqslant 2t$，令 $\beta_l = a^{j_l}$，这些元素被称为错误位置数，用于指示错误位置。现在方程组表示为

$$\begin{aligned}
s_1 &= \beta_1 + \beta_2 + \cdots + \beta_v \\
s_2 &= \beta_1^{\,2} + \beta_2^{\,2} + \cdots + \beta_v^{\,2} \\
&\vdots \\
s_{2t} &= \beta_1^{\,2t} + \beta_2^{\,2t} + \cdots + \beta_v^{\,2t}
\end{aligned} \tag{4-43}$$

定义多项式

$$\sigma(X) = (1+\beta_1 X)(1+\beta_2 X)\cdots(1+\beta_v X) = \sigma_0 + \sigma_1 X + \sigma_2 X^2 + \cdots + \sigma_v X^v \tag{4-44}$$

$\sigma(X)$ 的根是错误位置数的倒数 $\beta_1^{-1}, \beta_2^{-1}, \cdots, \beta_v^{-1}$。因此，称 $\sigma(X)$ 为错误位置多项式。$\sigma(X)$ 的系数与错误位置数的关系由下列方程组确定：

$$\begin{aligned}
\sigma_0 &= 1 \\
\sigma_1 &= \beta_1 + \beta_2 + \cdots + \beta_v \\
\sigma_2 &= \beta_1 \beta_2 + \beta_2 \beta_3 + \cdots + \beta_{v-1} \beta_v \\
&\vdots \\
\sigma_v &= \beta_1 \beta_2 \cdots \beta_v
\end{aligned} \tag{4-45}$$

式中，σ_i 为 β_l 的初等对称函数。σ_i 与校正子之间的关系由牛顿恒等式确定，即

$$\begin{aligned}
s_1 + \sigma_1 &= 0 \\
s_2 + \sigma_1 s_1 + 2\sigma_2 &= 0 \\
s_3 + \sigma_1 s_2 + \sigma_2 s_1 + 3\sigma_3 &= 0 \\
&\vdots \\
s_v + \sigma_1 s_{v-1} + \cdots + \sigma_{v-1} s_1 + v\sigma_v &= 0
\end{aligned} \tag{4-46}$$

因此通过确定错误多项式的根，可以找到错误位置数 $\beta_1, \beta_2, \cdots, \beta_v$。

综上所述，BCH 码的纠错过程主要有以下三个步骤。

(1) 根据接收多项式 $y(X)$ 计算校正子 $\boldsymbol{s} = (s_1, s_2, \cdots, s_{2t})$。

(2) 由校正子分量确定错误位置多项式 $\sigma(X)$。

(3) 通过求解 $\sigma(X)$ 的根，确定错误位置数，并纠正 $y(X)$ 中的错误。

其中，求解错误位置多项式常采用 Berlekamp-Massey 迭代算法，求解错误位置数采用 Chien 搜索方法。

2）Chase2 译码算法

采用 Chase2 译码算法也可以对 BCH 码进行译码，具体步骤如下。

(1) 由接收序列 $\boldsymbol{y}$ 获得硬判决接收序列 $\boldsymbol{z}$，$\boldsymbol{z}$ 中的每一个符号需匹配一个可靠性值。

(2) 修正错误模式：错误模式集合 $\boldsymbol{E}$ 中的每个错误模式 $\boldsymbol{e}$，修正后的向量为 $\boldsymbol{z}+\boldsymbol{e}$，$\boldsymbol{E}$ 是按照可能性的大小顺序产生的。

(3) 用代数译码器将 $\boldsymbol{z}+\boldsymbol{e}$ 译成码字 $\boldsymbol{c}$，且该代数译码器只具有纠错功能。

(4) 计算所有候选码字的软判决译码度量，选择最可能的候选码字作为译码结果。其

中，测试错误模式集合 E 的错误模式共有 $2^{\lfloor d_{\min}/2 \rfloor}$ 个。通过计算 z 的 $\lfloor d_{\min}/2 \rfloor$ 个最不可靠位置上 0 和 1 的所有可能组合便可得到该错误模式集合。

4.3.5　RS 码

1. RS 码的编码原理

RS 码是一类定义在伽罗华域 $GF(q^m)$ 上的多进制 BCH 码，也是一类最大距离可分（maximum distance separable，MDS）码，被广泛应用于通信和数据存储系统中纠正随机符号错误和随机突发错误。一般纠正 t 个错误的 RS 码表示为 $RS(n,k)$，参数间的关系如表 4-2 所示。

表 4-2　RS 码的基本参数

参数	表达式
信息符号长度	k
码字符号长度	$n = q^m - 1$
奇偶校验符号数	$n - k = 2t$
最小距离	$d_{\min} = 2t + 1$

RS 码的码元符号和生成多项式都是定义在伽罗华域 $GF(q^m)$ 上的，设 a 是表示 $GF(q^m)$ 上的本原元，那么 $\{1,a,a^2,\cdots,a^{q^m-2}\}$ 表示 $GF(q^m)$ 上 q^m-1 个非零元素。纠正 t 个错误，最小码距为 $d_{\min} = 2t+1$ 的 RS 码的生成多项式就可以表示为

$$g(X) = (X-a)(X-a^2)\cdots(X-a^{2t}) = \prod_{i=1}^{2t}(X-a^i) \tag{4-47}$$

经过化简就可以得到

$$g(X) = g_0 + g_1 X + g_2 X^2 + \cdots + g_{2t-1}X^{2t-1} + X^{2t} = \sum_{i=0}^{2t} g_i X^i \tag{4-48}$$

式中，$g_0, g_1, \cdots, g_{2t-1}$ 都是 $GF(q^m)$ 上的元素。设编码信息符号为

$$(u_{k-1}, \cdots, u_1, u_0), \quad u_i \in GF(q^m), \quad i = 0,1,\cdots,k-1 \tag{4-49}$$

对应的信息多项式可以表示为

$$u(X) = u_{k-1}X^{k-1} + \cdots + u_1 X + u_0 \tag{4-50}$$

由于 RS 码也是循环码，因此它的编码方式和循环码一样。将位移后的信息多项式对生成多项式取余，于是有

$$X^{n-k}u(X) = p(X)g(X) + q(X) \tag{4-51}$$

余式为

$$q(X) = q_{n-k-1}X^{n-k-1} + \cdots + q_1 X + q_0 \qquad (4\text{-}52)$$

取余式 $q(X)$ 作为校验多项式，即将余式放在信息多项式的后面，可得码字多项式为

$$c(X) = X^{n-k}u(X) + q(x) = c_{n-1}X^{n-1} + c_{n-2}X^{n-2} + \cdots + c_0 \qquad (4\text{-}53)$$

写成向量的形式为 $(q_0, q_1, \cdots, q_{n-k-1}, u_0, u_1, \cdots, u_{k-1})$。因此最后的码字多项式一定是生成多项式 $g(X)$ 的倍式，即能够被 $g(X)$ 整除。在接收端可以作为检验码字是否出错的标准，收到的码字多项式对生成多项式 $g(X)$ 取余，如果余式不为零，则说明传输中出现了差错，需要进行纠正。综上所述，RS 码的编码过程大致可以分为以下三步。

(1) 用信息多项式乘以 X^{n-k}，得到 $X^{n-k}u(X)$，相当于循环码中的移位处理。

(2) 用 $X^{n-k}u(X)$ 对生成多项式 $g(X)$ 取余，得到余式 $q(X)$（校验位）。

(3) 将余式 $q(X)$ 和信息多项式拼成码字多项式 $c(X)$。

所以整个编码电路的核心就是生成以多项式 $g(X)$ 为模的除法取余电路。

2. RS 码的译码原理

由于 RS 码为多进制的 BCH 码，相对而言，除了找出错误位置，还得计算错误值的大小。

设码字多项式为 $c(X)$，接收多项式为 $y(X)$，错误图样多项式为 $e(X)$，则满足 $y(X) = c(X) + e(X)$。译码的第一步要计算 $2t = n - k$ 个校正子，可以用以下两种方法来计算：一是用接收多项式 $y(X)$ 对生成多项式 $g(X)$ 取余，直接得到 $2t$ 个校验子；二是代入方法。由于生成多项式 $g(X)$ 能够整除码字多项式 $c(X)$，而 $g(X)$ 的根为 a^i，$i = 1, 2, \cdots, 2t$，将 $2t$ 个根代入接收多项式就可得 $s_i = y(a^i) = c(a^i) + e(a^i)$。由于 $c(a^i) = 0$，因此 $s_i = y(a^i) = e(a^i)$。而对于一个产生 t 个错误码字的信道，有

$$e(X) = y_1 X^{j_1} + y_2 X^{j_2} + \cdots + y_t X^{j_t} = \sum_{k=1}^{t} y_k X^{j_k} \qquad (4\text{-}54)$$

式中，y_k 为错误值；X^{j_k} 为错误位置。则 s_i 可以进一步写成

$$s_i = e(a^i) = \sum_{k=1}^{t} y_k (a^i)^{j_k}, \quad i = 1, 2, \cdots, 2t \qquad (4\text{-}55)$$

令 $\beta_1 = a^{j_1}, \beta_2 = a^{j_2}, \cdots, \beta_t = a^{j_t}$，则可进一步化简得

$$\begin{aligned} s_1 &= y_1\beta_1 + y_2\beta_2 + \cdots + y_t\beta_t \\ s_2 &= y_1\beta_1^2 + y_2\beta_2^2 + \cdots + y_t\beta_t^2 \\ &\vdots \\ s_{2t} &= y_1\beta_1^{2t} + y_2\beta_2^{2t} + \cdots + y_t\beta_t^{2t} \end{aligned} \qquad (4\text{-}56)$$

式中，校正子 $s_1, s_2, \cdots, s_{2t}$ 是可以从接收到的码字多项式中计算出来的，求解整个方程组的解得到的就是错误位置 $y_1, y_2, \cdots, y_t$ 的值。直接求解该方程组有很大的困难，因此引入

一个错误位置多项式，即

$$\sigma(X) = (1 - \beta_1 X)(1 - \beta_2 X)\cdots(1 - \beta_t X) = \sigma_0 + \sigma_1 X + \sigma_2 X^2 + \cdots + \sigma_t X^t \tag{4-57}$$

式中，$\sigma_0 = 1$。错误位置就是 $\sigma(x)$ 的根的倒数。将错误位置的倒数 β_k^{-1} 代入式(4-56)及式(4-57)进行化简可得

$$s_{t+j} + \sigma_1 s_{t+j-1} + \cdots + \sigma_t s_j = 0, \quad j = 1, 2, \cdots, t \tag{4-58}$$

因此，通过校正子 $s_j (j = 1, 2, \cdots, 2t)$ 解线性方程可以求出错误位置多项式的系数 $\sigma_i (i = 1, 2, \cdots, t)$。

4.4　低密度奇偶校验码

LDPC 码为线性分组码的一种，同样可以表示为 (n, k)，其中 n 为码字长度，k 为信息位长度，校验位长度记为 $m = n - k$，码率 $R_c = k/n$。校验矩阵 $\boldsymbol{H}$ 为 $m \times n$ 矩阵，编码之后得到的码字 c_i 满足 $c_i \times \boldsymbol{H}^{\mathrm{T}} = \boldsymbol{0}$。LDPC 码的校验矩阵 $\boldsymbol{H}$ 具有稀疏性，每行和每列 "1" 的个数都很少。如果 LDPC 码校验矩阵 $\boldsymbol{H}$ 每行以及每列"1"的个数相等，则称为规则 LDPC 码；反之，如果校验矩阵每行以及每列 "1" 的个数不固定，则称为非规则 LDPC 码。

4.4.1　Tanner 图

本节介绍用 Tanner 图表示校验矩阵 $\boldsymbol{H}$。将编码后的比特用一个顶点集表示，对于维数为 $m \times n$ 的校验矩阵，$\mathrm{VNs} = \{\mathrm{vn}_1, \mathrm{vn}_2, \cdots, \mathrm{vn}_n\}$ 为变量节点集合，$\mathrm{CNs} = \{\mathrm{cn}_1, \mathrm{cn}_2, \cdots, \mathrm{cn}_m\}$ 为校验节点集合，检验节点数量等于校验方程的个数。如果在第 i 个校验方程中有第 j 个码元比特参与，那么校验矩阵的第 i 行第 j 列位置上的值为 "1"，在 Tanner 图中表示为相连的线。例如，码长 $n = 10$，列重 $d_v = 2$，行重 $d_c = 4$ 的 $(10, 2, 4)$ 规则 LDPC 码的校验矩阵 $\boldsymbol{H}$ 如式(4-59)所示，相应的 Tanner 图如图 4-6 所示。

$$\boldsymbol{H} = \begin{bmatrix} 1 & 1 & 1 & 1 & 0 & 0 & 0 & 0 & 0 & 0 \\ 1 & 0 & 0 & 0 & 1 & 1 & 1 & 0 & 0 & 0 \\ 0 & 1 & 0 & 0 & 1 & 0 & 0 & 1 & 1 & 0 \\ 0 & 0 & 1 & 0 & 0 & 1 & 0 & 1 & 0 & 1 \\ 0 & 0 & 0 & 1 & 0 & 0 & 1 & 0 & 1 & 1 \end{bmatrix} \tag{4-59}$$

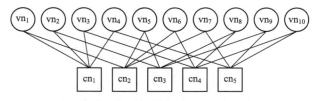

图 4-6　$(10, 2, 4)$ 校验矩阵的 Tanner 图

4.4.2　编码方式

LDPC 码的构造方法主要有两类：随机构造法和结构化构造法。最早的 LDPC 码采用经典的随机构造法来构造校验矩阵，当码长足够长时，可以达到最接近香农极限的性能。但使用随机构造法得到的校验矩阵非零元素"1"的位置随机无规律，会导致编码复杂度较大，不适用于硬件实现。而结构化构造法构造出的 LDPC 码编码复杂度低，硬件实现简单。该方法构造的校验矩阵通常都基于准循环置换矩阵，具有准循环特性，其中的块矩阵为单位矩阵、全 0 矩阵和循环置换子矩阵，可以通过移位寄存器简化实现，易于存储。

1．随机构造法

随机构造的典型方法包括 Gallager 构造法、MacKay 构造法、比特填充法、基于外信息构造法和逐步最优化思想的渐进边增长 (pivot extension growth，PEG) 法。本节给出 MacKay 构造法的详细算法。

LDPC 码型构造的首要原则是避免短环的出现，因为短环的出现会大幅降低译码算法的性能，甚至出现编码失败的情况。通常来说，不出现长度为四的环就可以保证译码性能，即任意两列相同位置"1"的个数至多为 1。MacKay 构造法的特点就是加入列重为"2"的列，使得 Tanner 图中的环数目最少，保证校验矩阵的稀疏性。具体构造方法如下。

方法一：假设校验矩阵 H 的维度是 $m \times n$，要保证校验矩阵中不存在四环，可以先固定校验矩阵的列分布，尽量使行重分布均匀，任意两列相同位置"1"的个数小于或者等于 1。使用方法一构造的行重为 6、列重为 3、码率为 1/2 的校验矩阵结构如图 4-7(a) 所示。

方法二：将 $m \times n$ 的校验矩阵 H 分为两部分，前 $m/2$ 列、m 行组成子矩阵 H_1，其余的部分组成子矩阵 H_2。然后将 H_1 分为两个相等的 $(m/2) \times (m/2)$ 的子矩阵，列重为 2。H_2 使用方法一进行构造，没有四环。H_1 的列重为 2 也没有四环，因此使用该方法构造出来的矩阵整体上是没有四环的。使用方法二构造的码率为 1/3 的校验矩阵如图 4-7(b) 所示。

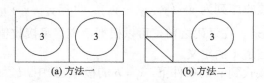

(a) 方法一　　　　　　(b) 方法二

图 4-7　MacKay 构造法构造的校验矩阵

2．结构化构造法

结构化构造的典型方法包括有限几何构造法、组合设计构造法、准循环置换矩阵构造法等。最常用的是准循环置换矩阵构造法，准循环 (quasi-cyclic，QC) 结构使得它适用于高并行度的系统，可以实现高吞吐量和低时延。另外，QC-LDPC 译码器硬件实现简单，可以兼容多码率和多码长，简单有效。

根据模块化设计的思想，假如校验矩阵并不是直接随机生成，而是通过对一个基础矩阵进行扩展得到的，这样无论码长是多少，校验矩阵都可以表示为

$$
\boldsymbol{H} = \begin{bmatrix}
\boldsymbol{P}^{h_{11}^{\mathrm{b}}} & \boldsymbol{P}^{h_{12}^{\mathrm{b}}} & \boldsymbol{P}^{h_{13}^{\mathrm{b}}} & \cdots & \boldsymbol{P}^{h_{1m_{\mathrm{b}}}^{\mathrm{b}}} \\
\boldsymbol{P}^{h_{21}^{\mathrm{b}}} & \boldsymbol{P}^{h_{22}^{\mathrm{b}}} & \boldsymbol{P}^{h_{23}^{\mathrm{b}}} & \cdots & \boldsymbol{P}^{h_{2m_{\mathrm{b}}}^{\mathrm{b}}} \\
\vdots & \vdots & \vdots & & \vdots \\
\boldsymbol{P}^{h_{m_{\mathrm{b}}1}^{\mathrm{b}}} & \boldsymbol{P}^{h_{m_{\mathrm{b}}2}^{\mathrm{b}}} & \boldsymbol{P}^{h_{m_{\mathrm{b}}3}^{\mathrm{b}}} & \cdots & \boldsymbol{P}^{h_{m_{\mathrm{b}}n_{\mathrm{b}}}^{\mathrm{b}}}
\end{bmatrix} = \boldsymbol{P}^{H_{\mathrm{b}}} \tag{4-60}
$$

式中，$\boldsymbol{P}^{h_{ij}^{\mathrm{b}}}$ 表示循环子矩阵。$\boldsymbol{P}$ 矩阵是维度为 $Z \times Z$ 的置换矩阵，h_{ij}^{b} 是循环子矩阵的移位系数。i 代表循环子矩阵的行索引，j 代表循环子矩阵的列索引。当移位系数 $h_{ij}^{\mathrm{b}} = -1$ 时，循环子矩阵是一个全 0 矩阵。当移位系数 h_{ij}^{b} 是非负整数时，表示此处的循环子矩阵是将单位阵循环移位 h_{ij}^{b} 次。可以根据移位系数 h_{ij}^{b} 得到基础矩阵 $\boldsymbol{H}_{\mathrm{b}}$，维度为 $m_{\mathrm{b}} \times n_{\mathrm{b}}$。将 $\boldsymbol{H}_{\mathrm{b}}$ 记为 $\boldsymbol{H}$ 的基础矩阵，$\boldsymbol{H}$ 记为 $\boldsymbol{H}_{\mathrm{b}}$ 的扩展矩阵。

4.4.3　译码算法

LDPC 码的译码算法可分为硬判决和软判决算法。硬判决译码算法只依靠加法运算，计算量小且实现复杂度较低，但是纠错性能较差，适用于对性能要求不高的场景。软判决译码利用信道信息迭代译码来纠错，可以获得逼近香农极限的性能，但是译码复杂度较高。这两种算法均基于消息传递算法（message passing algorithms，MPA），区别在于硬判决译码算法接收到的为 0 和 1 比特，软判决译码接收到的为置信概率。在工程实现中，可以根据指标要求衡量译码性能和复杂度，选取合适的译码算法，本节主要介绍几种常用的软判决译码算法。

1. 置信传播译码算法

对于 BPSK 的调制方式，经过调制获得的序列为 $\boldsymbol{x} = (x_1, x_2, \cdots, x_n)$，其中，$x_i \in \{1, -1\}$。经过 AWGN 信道后的接收序列为 $\boldsymbol{y} = (y_1, y_2, \cdots y_n)$，即有 $y_i = x_i + n_i$，n_i 为高斯白噪声序列，均值是 0，方差是 σ^2。在译码之前，可以根据信道信息接收值求出初始信道概率消息。下面给出 AWGN 信道下的定义。

$P(x_i = b \mid y_i)$ 为在接收到 y_i 的条件下，$x_i = b$ 的概率，其中，b 为 1 或 -1。$P(x_i = b \mid y_i)$ 则可以表示为

$$
P(x_i = b \mid y_i) = \frac{P(y_i \mid x_i = b) P(x_i = b)}{P(y_i)} \tag{4-61}
$$

由于 $P(x_i = 1 \mid y_i) + P(x_i = -1 \mid y_i) = 1$，而均值为 0、方差为 σ^2 的 AWGN 信道的转移概率为

$$P(y_i \mid x_i = b) = \frac{1}{\sqrt{2\pi}\sigma} e^{\frac{-(y_i - b)^2}{2\sigma^2}} \tag{4-62}$$

可得

$$P(x_i = b \mid y_i) = \frac{1}{1 + e^{\frac{-2by_i}{\sigma^2}}} \tag{4-63}$$

以下为译码算法中用到的符号：R_j 表示参与第 j 个校验方程的码元集合；C_i 表示同第 i 个码元相连的校验方程的集合；$R_{j\backslash i}$ 表示集合 R_j 中去掉第 i 个码元；$C_{i\backslash j}$ 表示集合 C_i 中去掉第 j 个码元；$q_{i,j}(b)$ 是第 i 个码元向第 j 个校验方程传递的消息；$r_{j,i}(b)$ 是第 j 个校验方程向第 i 个码元传递的消息。

置信传播(belief propagation，BP)译码算法总结为如下五个步骤。

(1)初始化，计算信道传递的初始概率消息：

$$\begin{aligned} p_i(1) &= P(x_i = 1 \mid y_i) = \frac{1}{1 + e^{\frac{-2y_i}{\sigma^2}}} \\ p_i(-1) &= P(x_i = -1 \mid y_i) = \frac{1}{1 + e^{\frac{2y_i}{\sigma^2}}} \end{aligned} \tag{4-64}$$

(2)校验节点更新：

$$\begin{aligned} r_{j,i}(1) &= \frac{1}{2} + \frac{1}{2} \prod_{i' \in R_{j\backslash i}} \left[1 - 2q_{i',j}(-1) \right] \\ r_{j,i}(-1) &= \frac{1}{2} - \frac{1}{2} \prod_{i' \in R_{j\backslash i}} \left[1 - 2q_{i',j}(-1) \right] \end{aligned} \tag{4-65}$$

(3)变量节点更新：

$$\begin{aligned} q_{i,j}(1) &= K_{i,j} p_i(1) \prod_{j' \in C_{i\backslash j}} r_{j',i}(1) \\ q_{i,j}(-1) &= K_{i,j} p_i(-1) \prod_{j' \in C_{i\backslash j}} r_{j',i}(-1) \end{aligned} \tag{4-66}$$

式中，归一化参数 $K_{i,j}$ 使得 $q_{i,j}(1) + q_{i,j}(-1) = 1$。

(4)计算 x_i 的后验概率：

$$\begin{aligned} Q_i(1) &= K_i p_i(1) \prod_{j \in C_i} r_{j,i}(1) \\ Q_i(-1) &= K_i p_i(-1) \prod_{j \in C_i} r_{j,i}(-1) \end{aligned} \tag{4-67}$$

式中，归一化参数 K_i 使得 $Q_i(1) + Q_i(-1) = 1$。

(5)对每比特进行判决：

$$\hat{c}_i = \begin{cases} 0, & Q_i(1) \geqslant 0.5 \\ 1, & Q_i(1) < 0.5 \end{cases} \tag{4-68}$$

判决输出得到译码码字 $\hat{c} = (\hat{c}_1, \hat{c}_2, \cdots, \hat{c}_n)$，可以通过计算校验式 $\boldsymbol{\eta} = \hat{c} \times \boldsymbol{H}^{\mathrm{T}}$ 判断译码是否正确，若校验式等于向量 $\mathbf{0}$，则译码成功。若校验式不等于向量 $\mathbf{0}$，则重复译码步骤直至达到最大迭代次数。

2. 对数似然比置信传播译码算法

BP 算法的计算中存在大量乘法，运算复杂且存在大量时延，不利于硬件实现。将概率信息使用对数似然比（log-likelihood ratio，LLR）来表示，用加法代替乘法运算，可减少运算复杂度，从而降低译码复杂度。LLR 可以表示为

$$L(p_i) = \ln\frac{p_i(1)}{p_i(-1)} = \ln\frac{P(x_i = 1 \mid y_i)}{P(x_i = -1 \mid y_i)} \tag{4-69}$$

译码算法步骤如下。

（1）初始化，根据式（4-64）及式（4-69）得到信道初始概率消息并赋值给相应的变量节点：

$$L(q_{i,j}) = L(p_i) = \frac{2y_i}{\sigma^2} \tag{4-70}$$

（2）更新校验节点：利用 $\tanh(x) = \dfrac{\mathrm{e}^x - \mathrm{e}^{-x}}{\mathrm{e}^x + \mathrm{e}^{-x}}$，$\mathrm{artanh}(x) = \dfrac{1}{2}\ln\dfrac{1+x}{1-x}$，计算 $L(r_{i,j})$ 并化简得到

$$\begin{aligned} L(r_{i,j}) &= 2\,\mathrm{artanh}\left\{ \prod_{i' \in R_{j\setminus i}} \left[1 - 2q_{i',j}(-1) \right] \right\} \\ &= \left(\prod_{i' \in R_{j\setminus i}} \alpha_{i'j} \right) \cdot \phi\left[\sum_{i' \in R_{j\setminus i}} \phi(\beta_{i',j}) \right] \end{aligned} \tag{4-71}$$

式中，定义 $\alpha_{i,j} = \mathrm{sgn}(L(q_{i,j}))$，$\beta_{i,j} = \left| L(q_{i,j}) \right|$，函数 $\phi(x) = \ln\dfrac{\mathrm{e}^x + 1}{\mathrm{e}^x - 1}$。

（3）更新变量节点：

$$L(q_{i,j}) = L(p_i) + \sum_{j' \in C_{i\setminus j}} L(r_{j',i}) \tag{4-72}$$

（4）计算后验概率：

$$L(Q_i) = L(p_i) + \sum_{j \in C_{i\setminus j}} L(r_{j,i}) \tag{4-73}$$

（5）对每比特进行判决：

$$\hat{c}_i = \begin{cases} 0, & L(Q_i) \geqslant 0 \\ 1, & L(Q_i) < 0 \end{cases} \tag{4-74}$$

判决输出得到译码码字 $\hat{c} = (\hat{c}_1, \hat{c}_2, \cdots, \hat{c}_n)$，可以通过计算校验式 $\boldsymbol{\eta} = \hat{c} \times \boldsymbol{H}^{\mathrm{T}}$ 来判断译码是否正确，若校验式等于向量 $\mathbf{0}$，则译码成功。若校验式不等于向量 $\mathbf{0}$，则重复译码步骤直至达到最大迭代次数。

3. 最小和译码算法

在对数域的 BP 译码算法中，变量节点的更新只有加法运算，校验节点在更新时由于引入了双曲正切函数，大大增加了计算复杂度，会增加硬件开销。如果可以利用近似运算替换双曲正切函数运算，就可以极大地减少硬件实现的复杂度。已知 tanh 和 artanh 都是奇函数，而且 tanh$(|x|)$ 在 0~1 单调递增，因此校验节点的更新可以简化为

$$L\left(r_{i,j}\right)=\left(\prod_{i'\in R_{j\setminus i}}\alpha_{i',j}\right)\cdot\min_{i'\in R_{j\setminus i}}\left(\beta_{i',j}\right)\tag{4-75}$$

译码过程中其他步骤不变。最小和算法简化了校验节点的操作，但是性能有所下降，为了实现译码性能和复杂度的平衡，可以使用归一化最小和算法来弥补校验节点信息的过高估计，算法的性能很接近 BP 算法，而且实现复杂度低，主要是在校验节点更新公式中乘了一个修正因子 α 或者减去一个正值 β，修正因子的取值适当会使性能有很大的提升。

归一化因子最小和算法（normalized minimum sum algorithm, NMSA）中校验节点的更新可以表示为

$$L\left(r_{i,j}\right)=\left(\prod_{i'\in R_{j\setminus i}}\alpha_{i',j}\right)\cdot\min_{i'\in R_{j\setminus i}}\left(\beta_{i',j}\right)\cdot\alpha\tag{4-76}$$

偏移因子最小和算法（offset minimum sum algorithm, OMSA）中校验节点的更新可以表示为

$$L\left(r_{i,j}\right)=\left(\prod_{i'\in R_{j\setminus i}}\alpha_{i',j}\right)\cdot\max\left[\min_{i'\in R_{j\setminus i}}\left(\beta_{i',j}\right)-\beta,0\right]\tag{4-77}$$

4.5　卷积码

本节将介绍另一类码字卷积码，这类码的结构更容易用网格或图形来描述。这类码大多采用软判决译码，因此在某些情况下更容易拥有接近信道容量的性能。本节将主要介绍卷积码的基本原理，以及一种由两个递归系统卷积码通过交织器级联构成的重要码型，即 Turbo 码。

4.5.1　卷积码的编码原理

卷积码是由 Elias 于 1955 年提出的，不同于分组码，卷积码利用码字之间的相关性进行编码，因此对随机错误具有很强的纠错能力。卷积编码器是一个有记忆系统，编码器的输出不仅跟当前输入的信息比特有关，还与之前输入的 $M-1$ 个信息段的 k 个信息比特有关。这一点与 Mealy 状态机很相似，所以通常使用 Mealy 状态机来实现。例如，将 k 个信息比特编码成 n 个码字比特的通用结构如图 4-8 所示。

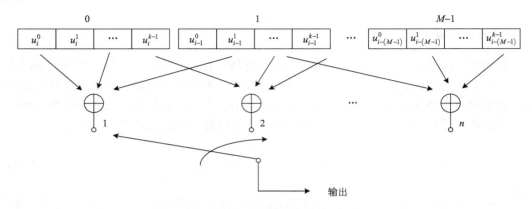

图 4-8　卷积码的编码框图

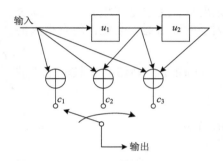

图 4-9　(3,1,3)卷积码编码框图

由图 4-8 可知，需要 $M \times k$ 个移位寄存器存储信息片段，n 个模 2 加法器实现相应码字的线性组合。每输入 k 个信息比特，输出 n 个码字比特，M 是约束长度，每 k 个信息比特组成一个信息分组。这样参数的卷积码可以表示为 (n,k,M)，码率为 $R_{\mathrm{c}} = k/n$。

卷积码的表示方法主要有解析和图解两种方法。解析法主要是生成多项式和矩阵表示，适合理论分析。图解法主要分为编码框图、状态转换图和网格图，便于直接观察。例如，一个 $(3,1,3)$ 的卷积码如图 4-9 所示。

如果用生成多项式表示，则该卷积码可以表示为

$$
\begin{aligned}
G_1(D) &= 1 \\
G_2(D) &= 1 + D \\
G_3(D) &= 1 + D + D^2
\end{aligned}
\tag{4-78}
$$

上述编码框图还可以用状态转换图表示，如图 4-10 所示。

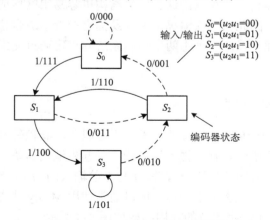

图 4-10　(3,1,3)卷积码状态转换图

卷积码的状态变换图可以很贴合地用 Mealy 状态机表示，某一时刻寄存器组合 u_2u_1 可以用参数 S_i 表示，在图 4-9 中有两个寄存器，所以有四种状态组合。每输入一个信息比特，状态机发生一次变化，进入相应的次态。同时根据码字的线性组合关系，相应的码字比特输出。图 4-10 中，圆圈代表状态节点，箭头表示转移方向，与箭头相对应的标注代表相应的信息比特和码字。每个状态都有两个箭头发出，代表输入分别是 0、1 两种状态下的路径转移，实线代表发送信息比特"1"，虚线代表发送信息比特"0"。例如，由 S_0 到 S_1 的箭头表示，在状态 S_0 时输入信息比特 1，状态转移到 S_1，同时相应的输出比特为 111。利用状态机，不仅可以表示状态变换，而且能够知道相应信息比特的输出码字。假设初始状态是 S_0，如果输入的信息比特是 10110，从状态转换图上可以先找到相应的状态，根据输入的信息比特，找到相应的箭头方向，这样就可以确定下一个状态和相应的输出码字比特。依次进行下去，随着箭头一直在状态图上转移，完成整个编码过程。这样就得到 $S_0 \xrightarrow{1/111} S_1 \xrightarrow{0/011} S_2 \xrightarrow{1/110} S_1 \xrightarrow{1/100} S_3 \xrightarrow{0/010} \cdots$，即对应的码字比特为 (111,011,110,100,010)。将上述状态流图在时间上展开，就可以得到卷积码的另一种表示方法，即网格图表示法。网格图也是由状态节点和支路组成的，每个状态节点有两条支路发出，同时每个状态节点有两个支路到达。设初始状态为 S_0，则发送信息比特 10110 的网格图如图 4-11 所示，T 为一个比特输入周期。

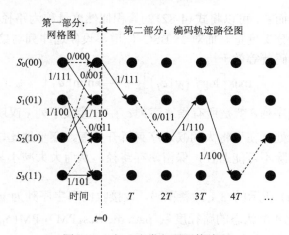

图 4-11 (3,1,3)卷积码网格编码

随着信息的输入，网格图不断地向右延伸，状态不断变化，完成编码。如果编码器初始状态为 S_0，并且最终的状态又回到 S_0，则这样的卷积码称为咬尾卷积码。

4.5.2 卷积码的译码

维特比(Viterbi)译码是一种概率译码，是由 Viterbi 于 1967 年提出来的。相对于代数译码方法，Viterbi 译码充分利用了卷积码的网格图，是一种最大似然译码方法，特别是在约束长度较小时(一般小于 10)，速度更快，是一种非常有效的译码方法。

译码器译码过程就是根据接收序列 y 求出发送码字序列 c 的估值序列 $\hat{c}$，然后进行解码，从码字估值序列 $\hat{c}$ 中还原出消息序列 $\hat{u}$。译码器实现最佳译码，也即最大后验概率（maximum a posteriori, MAP）译码，满足：

$$\hat{c}_i = \arg\max P(c_i \mid \boldsymbol{y}) \tag{4-79}$$

利用贝叶斯公式可以建立后验概率 $P(c_i \mid \boldsymbol{y})$ 和信道似然函数 $P(\boldsymbol{y} \mid c_i)$ 之间的关系，即

$$P(c_i \mid \boldsymbol{y}) = \frac{P(c_i)P(\boldsymbol{y} \mid c_i)}{P(\boldsymbol{y})}, \quad i = 1, 2, \cdots, 2^k \tag{4-80}$$

为了将乘法运算简化，定义对数似然比函数，这样对数似然比函数的最大化就转化为各码元对数似然比函数之和的最大化，即

$$\max \log P(\boldsymbol{y} \mid c_i) = \max \sum_{j=1}^{n} \log P(y_j \mid c_i) \tag{4-81}$$

式（4-81）是对一个码字的估计。对于二进制信道，在先验概率相等的情况下，可以将式（4-80）中的 $P(c_i)$ 省略。如果有 L 个码字，则最大似然译码就是把 L 个码字中似然度最大的码字作为最后的译码估值序列输出，即

$$\hat{c} = \arg\max \sum_{l=1}^{L} \log P(\boldsymbol{y}^l \mid \boldsymbol{c}^l, \boldsymbol{c}^{l-1}, \cdots, \boldsymbol{c}^1) \tag{4-82}$$

对整个码字序列而言，可以将式（4-82）的累积似然度量称为路径度量，而把式（4-81）码字的似然度量称为分支度量。而对于 BSC 信道，设候选序列与接收序列有 d_j 个码元不同，则最大似然译码就等效于

$$\max_j \left[\log P(\boldsymbol{y} \mid c_j) \right] \xleftarrow{\text{等效}} \min \left[d_j \right] \tag{4-83}$$

换句话说，估值序列 $\hat{c}$ 就是所有候选序列 $\boldsymbol{c}_j$ 中与接收序列 $\boldsymbol{y}$ 汉明距离最小的序列。维特比译码的巧妙之处就在于将大的候选序列拆开处理，逐步地比较各个候选序列，同时在比较中发现和排除不可能路径，保留幸存路径，从而大大减小与整个候选序列比较的计算量。

如图 4-9~图 4-11 所示的 $(3,1,3)$ 卷积码，设接收的码字序列为 $\boldsymbol{y} = (111, 010, 010, 110, 001, 011, 000)$。初始化 4 个状态的路径度量（path metrics，PM），$\mathrm{PM}(S_0) = 0$，$\mathrm{PM}(S_1) = \infty$，$\mathrm{PM}(S_2) = \infty$，$\mathrm{PM}(S_3) = \infty$。考虑接收序列的前 9 个码字（111,010,010），从状态 S_0 出发，经过三次输入后到达四种状态 S_0、S_1、S_2 和 S_3 的路径分别有两条，选择路径度量值小的进行保留，称为幸存路径，如表 4-3 所示。

表 4-3　维特比算法保留路径演示

序号	路径	对应序列	汉明距离	是否幸存
1	$S_0 S_0 S_0 S_0$	000 000 000	5	否
2	$S_0 S_1 S_2 S_0$	111 011 001	3	是
3	$S_0 S_0 S_0 S_1$	000 111 011	6	否
4	$S_0 S_1 S_2 S_1$	111 100 010	2	是

续表

序号	路径	对应序列	汉明距离	是否幸存
5	$S_0S_0S_1S_2$	000 000 111	6	否
6	$S_0S_1S_3S_2$	111 011 110	2	是
7	$S_0S_0S_1S_3$	000 111 100	7	否
8	$S_0S_1S_3S_3$	111 100 101	5	是

第二步继续考虑接收序列中的后续三个码字比特"110"。计算分支度量，同时对累计度量累加比较，选择幸存路径，如表 4-4 所示。

表 4-4　维特比译码第二步保留路径演示

序号	路径	PM	新增路径	分支度量	累计 PM	是否幸存
1	$S_0S_1S_2S_0$	3	S_0S_0	2	5	是
2	$S_0S_1S_2S_1$	2	S_1S_2	2	4	是
3	$S_0S_1S_3S_2$	2	S_2S_0	3	5	否
4	$S_0S_1S_3S_3$	5	S_3S_2	1	6	否
5	$S_0S_1S_2S_0$	3	S_0S_1	1	4	否
6	$S_0S_1S_2S_1$	2	S_1S_3	1	3	是
7	$S_0S_1S_3S_2$	2	S_2S_1	0	2	是
8	$S_0S_1S_3S_3$	5	S_3S_3	2	7	否

对于表 4-4 中序号 1 和 3，累计 PM 一样的情况可以随意选取一个路径作为幸存路径。前两步的幸存路径网格图如图 4-12 所示。

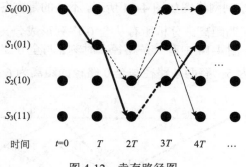

图 4-12　幸存路径图

表 4-4 中累计 PM 最小的路径为序号 7 对应的路径，在图 4-12 中用粗线表示，根据前两步的幸存路径网格图，可以看出卷积码输入序列为 1101。对于后续的码字比特，按照步骤二依次往下进行分支度量、路径度量计算和幸存路径的保留。如果在编码时为了确保编码寄存器的状态机归零，需要在信息比特后面加上 $M-1$ 个"0"，这样在译码时最终的状态也是回到 S_0 状态。在译码时，选取合适的幸存路径，根据路径进行回溯译码，

进一步得到发送的信息序列。从上述的幸存保留路径可以看出，如果约束长度为 M，则需要存储 2^{M-1} 条路径的累计度量和 2^{M-1} 条幸存路径，算法的复杂度随约束长度 M 按指数形式 2^{M-1} 增长。实际中使用的 Viterbi 译码的约束长度一般比较小（$M \leqslant 10$）。

4.5.3　卷积码的特性

1. 卷积码的距离特性

对于线性码，研究距离特性即研究各码字之间的最小汉明距离，而对于卷积码，寻找最小距离的过程，可以简单通过寻找所有码字序列与全 0 序列之间的最小距离来实现。以一个 $(2,1,3)$ 的卷积码为例，其状态转换图如图 4-13 所示，为了更好地理解，本小节的状态 S 用小写字母 $a \sim e$ 表示。

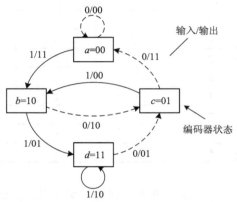

图 4-13　$(2,1,3)$ 卷积码状态转换图

将该 $(2,1,3)$ 卷积码绘制网格图如图 4-14 所示，不同的是在各个分支上标注输出与全 0 输出码字序列之间的汉明距离。分析所有从全 0 序列形成分叉，又在某个节点第一次与全 0 序列汇合的路径。图 4-14 中有一条路径在时刻 t_1 与全 0 路径分叉，在时刻 t_4 汇合，与全 0 路径的距离总计为 5；有两条路径与全 0 路径的距离为 6 等。

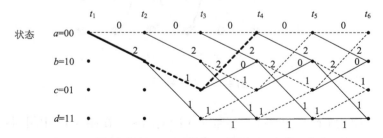

图 4-14　标注了与全 0 路径之间距离的网格图

结合图 4-13 和图 4-14，累计距离为 5 的路径的输入比特是 100，它与全 0 输入序列只有 1bit 不同。所有分叉后又合并的任意长度路径中的最小距离称为最小自由距离，简

称自由距离。如图 4-14 中的粗线所示，自由距离为 5。计算卷积码的纠错能力，需要利用自由距离 d_{f} 而不是最小距离 $d_{\min}$，即

$$t = \left\lfloor \frac{d_{\mathrm{f}} - 1}{2} \right\rfloor \tag{4-84}$$

这里的 $\lfloor x \rfloor$ 表示不超过 x 的最大整数。

　　将图 4-13 进行修改可以更为直接地寻找最小自由距离的路径，如图 4-15 所示。首先，在状态图各分支上标注 $D^0 = 1$ 及 D^2，其中 D 的指数表示该分支的输出与全 0 路径之间的汉明距离。状态 a 的自环可以省略，因为它不影响码字序列相对于全 0 序列的距离属性。并且，将状态 a 分成两个节点(标记为 a 和 e)，分别用以代表状态图的输入和状态图的输出。因此，寻找最小自由距离路径可以理解为寻找状态 $a = 00$ 到状态 $e = 00$ 的最小路径。D 路径 $abce$ 的转移函数可通过 D 计算，其结果为 $D^2 D D^2 = D^5$，用 D 的指数表示该路径上 1 的总累计个数，即该路径与全 0 路径之间的汉明距离。同理，路径 $abdce$ 和 $abcbce$ 经计算得到的转移函数都为 D^6，表明了路径与全 0 路径之间的汉明距离。

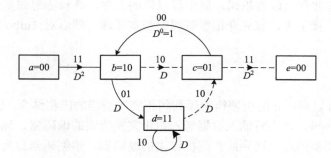

图 4-15　标注了与全 0 路径之间距离的状态图

2. 卷积码的纠错能力

　　分组码的纠错能力 t 表示采用最大似然译码时，在码本的每个分组长度内可以纠正的错误码元的数目。但是当对卷积码进行译码时，其纠错能力不能如此简单地描述。完整的描述为，当采用最大似然译码时，该卷积码能在 3~5 个约束长度内纠正 t 个差错。确切的长度依赖于差错的分布，对于特定的编码和差错图样，该长度可以用转移函数来界定。

3. 系统卷积码和非系统卷积码

　　系统卷积码是指其输入的 k 元组是与其关联的输出 n 元组分支字的一部分，图 4-9 所示即为一个系统编码器。对于线性分组码，将非系统码转化为系统码不会改变分组的距离属性。但对于卷积码情况则不同，其原因就在于卷积码很大程度上依赖于自由距离。一般地，对于给定约束长度和编码效率的卷积码，将其系统化会减小最大自由距离。表 4-5 列出了不同约束长度 M 下编码效率为 1/2 的系统码和非系统码的最大自由距离。

若约束长度更大，得到的结果差别也将更大。

表 4-5　系统码与非系统码自由距离比较（编码效率为 1/2）

约束长度	系统码自由距离	非系统码自由距离
2	3	3
3	4	5
4	4	6
5	5	7
6	6	8
7	6	10
8	7	10

4.5.4　Turbo 码

Turbo 码又称并行级联卷积码，属于级联码的一种，其核心思想是将两个递归系统卷积码进行级联。接下来，首先介绍级联码的基本原理，然后对 Turbo 码的编译码器结构进行分析。

1. 级联码

通过级联，可以将纠正随机差错的码和纠正突发差错的码相结合，图 4-16 给出了一种一般形式的级联码。首先将输入数据送入纠正突发错误的编码器，该编码器称为外编码器；再将外编码器的输出送到纠正随机错误的编码器，该编码器称为内编码器。内编码器的输出被调制和传送。在接收端，将解调后的信号输入与内编码器相配合的内译码器，内译码器的输出又被送到与外编码器配合的外译码器中。这里的"内"和"外"分别指的是设备链中最里面的编码/译码单元和最外面的编码/译码单元。

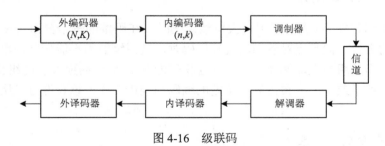

图 4-16　级联码

级联码的最小汉明距离为 $d_{\min} D_{\min}$，其中 $D_{\min}$ 是外码的最小汉明距离，$d_{\min}$ 是内码的最小汉明距离。此外，级联码的码率是 Kk/Nn，等于两码码率的乘积。

在数字卫星电视中，最常使用的外码为 RS 码，内码为卷积码的级联方式。

2. Turbo 码编码器

典型的 Turbo 码编码器总体结构如图 4-17 所示。分量码编码器一般选用递归系统卷积码，级联方式为并行级联，中间加入一个交织器打乱两个分量码编码器输入的信息序列，即第一个分量码编码器输入的信息序列为 u^1，第二个分量码编码器输入的信息序列为经交织器打乱的信息序列 u^2。删余器的作用是进行码率的匹配，并串转换器则将并行输出的码字组合成所需的串行输出的编码码字 c。此部分以 3GPP LTE 标准的 Turbo 码型为例进行说明。

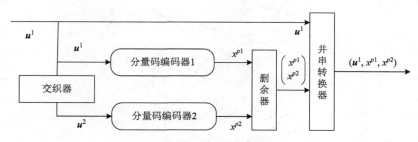

图 4-17　Turbo 编码器总体结构图

1）分量码编码器设计

分量码编码器如图 4-18 所示，D 表示移位寄存器。该分量码编码器包含三个移位寄存器，对应 8 个状态，编码约束长度为 4，编码多项式（八进制）为 $g(D)=[13,15]$，15 为前馈多项式的八进制表示，13 为反馈多项式的八进制表示，同时该编码器的反馈多项式为本原多项式，编码码字选用递归系统码。

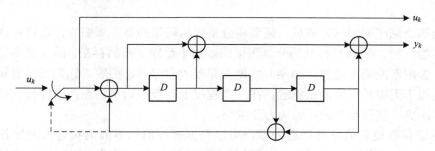

图 4-18　分量码编码器结构图

分量码编码器实际就是卷积码编码器，研究卷积码编码器时一般会采用网格图的描述方法，即研究编码器在当前状态下接收信息比特后的次态转移逻辑和输出码字。网格图如图 4-19 所示，圆圈表示寄存器对应的状态（寄存器最左端为最高有效位），例如，S_0 对应三个寄存器中的值为 000，S_5 对应三个寄存器中的值为 101。虚线表示进入寄存器的信息比特 u_k 为 0 时的状态转移路径，实线表示进入寄存器的信息比特 u_k 为 1 时的状态转移路径。假设寄存器的初始值为 011，即 S_3 状态，若进入寄存器的信息比特为 1，根据网格图中实线的路径转移，寄存器接下来的状态会变为 S_5，对应寄存器的值为 101。

同理，若进入寄存器的信息比特为 0，根据网格图中虚线的路径转移可知，寄存器的状态将变为 S_1，对应的存储值为 001，图 4-18 也可验证状态转移的正确性，因为网格图是由其推导得出的。

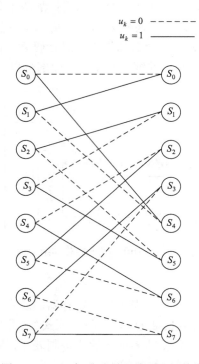

图 4-19　LTE 标准分量码编码器网格图

当全部信息序列编码完成后，需要将分量码编码器的寄存器归零，这样可以使译码获得更好的性能。而 LTE 标准的分量码编码器由于反馈支路的存在，除非最后已处于全零状态，否则不能简单地通过输零方式使寄存器的存储状态归零。递归系统卷积码的这种性质类似于无限长单位冲击响应，在一定程度上改善了码字的距离谱特性，提升了码字的自由距离，因而被 Turbo 码选为分量码。

保证寄存器最后的存储状态为零，可以根据寄存器归零前的状态人为地计算所需的输入比特，根据图 4-19 可知，只需让输入的比特与每次反馈支路反馈的比特相同即可，这种方式在 LTE 标准中又称为"自归零"，当输入 3bit 的信息后即可使寄存的最终状态归零。LTE 标准的 Turbo 编码器包括两个分量码编码器，每个分量码编码器输入 1bit 的信息后产生 1bit 的信息位码字和 1bit 的校验位码字，这样自归零时输入 3bit 信息，对应两个分量码编码器会产生 12bit 的码字，这 12bit 的码字会附加到编码后的码字尾部，通常称为尾比特。表 4-6 给出了单个分量码编码器归零前状态对应的尾比特查找表。

表 4-6　Turbo 编码器尾比特查找表

归零前寄存器状态	所需尾比特
$S_0(000)$	0 0 0 0 0 0
$S_1(001)$	1 1 0 0 0 0
$S_2(010)$	1 0 1 1 0 0
$S_3(011)$	0 1 1 1 0 0
$S_4(100)$	0 1 1 0 1 1
$S_5(101)$	1 0 1 0 1 1
$S_6(110)$	1 1 0 1 1 1
$S_7(111)$	0 0 0 1 1 1

2）交织器设计

交织器是 Turbo 编码器中不可或缺的一部分，其作用是打乱输入的信息序列，减弱两个分量码编码器编码码字的相关性。假设输入的信息序列为 $\boldsymbol{u}=(u_{k-1},u_{k-2},\cdots,u_2,u_1,u_0)$，交织后的信息序列为 $\hat{\boldsymbol{u}}=(\hat{u}_{k-1},\hat{u}_{k-2},\cdots,\hat{u}_2,\hat{u}_1,\hat{u}_0)$，交织映射函数定义为

$$\Pi(i):\hat{u}_i=u_{\Pi(i)},\quad i=0,1,\cdots,k-1 \tag{4-85}$$

即交织后索引为 i 的元素是交织前索引为 $\Pi(i)$ 的元素。

交织器主要分为均匀代数交织器和随机交织器两大类，两者的区别是能否用明确的代数表达式描述交织前后的映射关系，如果能，则为均匀代数交织器，否则为随机交织器。均匀代数交织器又包括分组交织器、螺旋交织器等，随机交织器则包括基本随机交织器、S-随机交织器等。

3）删余器设计

删余器又称打孔器，起到了码率匹配的作用，在提高编码码率的同时使 Turbo 码的使用更加灵活。删余器采用的图样称为删余图样，删余器根据删余图样删除对应位置的编码比特，如果删除信息位上的码字，删余方式称为伪随机删余。根据删余图样是否具有周期性可分为周期性删余和非周期性删余，其中周期性删余又分为全周期遍历删余和部分周期删余。3GPP LTE 标准的 Turbo 码编码后的码字由一路信息比特位和两路分量码编码器生成的校验比特位组成，未经删余，码字的码率为 1/3，图 4-20 描述了生成 1/2 码率 Turbo 码的删余过程。

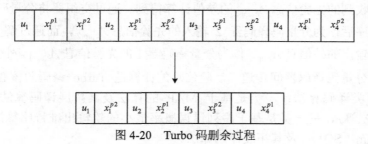

图 4-20　Turbo 码删余过程

图 4-20 所示的删余过程采用周期性删余图样，并且是只遍历校验位的全周期删余，通过交替删除两个分量码编码器输出的校验比特，将 LTE 标准 Turbo 码的码率从 1/3 提升为 1/2。

3. Turbo 码译码器

3GPP LTE 标准 Turbo 码译码器的总体结构如图 4-21 所示，包括两个与分量码编码器对应的分量码译码器、一个解删余器、一个串并转换单元、一个交织器、一个解交织器和一个硬判决单元。

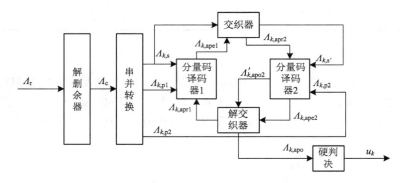

图 4-21　LTE 标准 Turbo 译码器总体结构图

解删余器的作用是将接收到的似然信息 Λ_r 恢复成未经删余前的状态 Λ_c，编码过程中删掉的位置在恢复时以"0"值补回。串并转换单元的作用是将恢复完的似然信息 Λ_c 重新拆分成信息似然比 $\Lambda_{k,s}$、分量码译码器 1 接收的校验似然比 $\Lambda_{k,p1}$、分量码译码器 2 接收的校验似然比 $\Lambda_{k,p2}$。分量码译码器通过接收对应的信息似然比 $\Lambda_{k,s}$、校验似然比 $\Lambda_{k,p}$、先验信息 $\Lambda_{k,apr}$，根据采用的算法计算最终的后验信息 $\Lambda_{k,apo}$。交织器与分量码编码器中交织器的结构和作用相同，解交织器则与交织器作用相反。当最后一次迭代完成时，硬判决单元通过分量码译码器 2 输出的后验概率判定该位置对应的信息比特为 1 还是 0。

Turbo 码的译码过程是两个分量码译码器进行外信息互相交换的过程，在迭代的过程中，相同编码位置对应的外信息在两个分量码译码器的处理下越来越准，让译码所得的后验信息越来越准，最终使判决结果趋于准确。

具体迭代流程为：分量码译码器 1 输出的外信息 $\Lambda_{k,ape1}$ 由分量码译码器 1 的后验信息与译码时接收到的先验信息 $\Lambda_{k,apr1}$ 的差值计算得到。通过交织器将分量码译码器 1 的外信息打乱顺序后作为分量码译码器 2 输入的先验信息 $\Lambda_{k,apr2}$，而通过解交织可以将分量码译码器 2 输出的外信息 $\Lambda_{k,ape2}$ 作为分量译码器 1 的先验信息 $\Lambda_{k,apr1}$。外信息通过这样的操作在两个分量码译码器间传递。后验信息的计算是 Turbo 译码的核心过程，Turbo 码主要采用两类译码算法：一类是基于 MAP 的算法及其拓展译码算法（Log-MAP、Max-Log-MAP 等），另一类是基于序列错误概率最小的软输出维特比算法（soft output Viterbi algorithm，SOVA）及其拓展译码算法。

1）似然比计算

Turbo 码译码器接收的是似然比形式的软信息，下面介绍如何得到译码所需的软信息。以 QPSK 调制方式为例，MAP 译码算法所需的数据似然比是通过星座图译码的方式得到的，在调制时 2bit 数据对应星座图上的一个点，调制后的数据通过相应信道传递，在传递过程中，数据受到噪声等因素的影响导致相应的星座点偏移其原有的位置。因此可以将偏离的距离作为似然比计算的度量。这个距离也称为欧氏距离。具体接收示意图如图 4-22 所示。

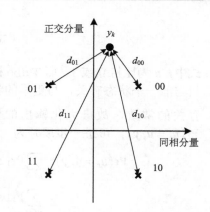

图 4-22　接收信号星座示意图

考虑到信道噪声为加性高斯白噪声，设 y_k 为接收端接收的第 k 个符号点，x_k 为发送端发送的第 k 个符号点，n 为加性噪声，那么信号通过信道的传递公式为

$$y_k = x_k + n \tag{4-86}$$

高斯信道的噪声概率密度函数为

$$\Pr = \frac{1}{\sqrt{2\pi}\sigma}\exp\left(-\frac{n^2}{2\sigma^2}\right) = \frac{1}{\sqrt{2\pi}\sigma}\exp\left[-\frac{(y_k-x_k)^2}{2\sigma^2}\right] \tag{4-87}$$

根据接收信号星座示意图并结合高斯信道的噪声概率密度函数，逐比特译码时后验概率的似然比可以推导并化简为

$$
\begin{aligned}
\frac{\Pr(u_k=0\,|\,y_k)}{\Pr(u_k=1\,|\,y_k)} &= \frac{\Pr(n=y_k-x_k\,|\,u_k=0)}{\Pr(n=y_k-x_k\,|\,u_k=1)} = \frac{\Pr(d_{00})+\Pr(d_{01})}{\Pr(d_{10})+\Pr(d_{11})} \\[2mm]
&= \frac{\dfrac{1}{\sqrt{2\pi}\sigma}\exp\left(-\dfrac{d_{00}^2}{2\sigma^2}\right)+\dfrac{1}{\sqrt{2\pi}\sigma}\exp\left(-\dfrac{d_{01}^2}{2\sigma^2}\right)}{\dfrac{1}{\sqrt{2\pi}\sigma}\exp\left(-\dfrac{d_{10}^2}{2\sigma^2}\right)+\dfrac{1}{\sqrt{2\pi}\sigma}\exp\left(-\dfrac{d_{11}^2}{2\sigma^2}\right)} \\[2mm]
&= \frac{\exp\left(-\dfrac{d_{00}^2}{2\sigma^2}\right)+\exp\left(-\dfrac{d_{01}^2}{2\sigma^2}\right)}{\exp\left(-\dfrac{d_{10}^2}{2\sigma^2}\right)+\exp\left(-\dfrac{d_{11}^2}{2\sigma^2}\right)}
\end{aligned}
\tag{4-88}
$$

式中，d_{00}、d_{01}、d_{10}、d_{11} 为接收符号与 QPSK 星座图上对应星座点的欧氏距离。

2）MAP 算法的基本原理

MAP 算法，即最大后验概率译码算法，是一种基于网格图的译码算法。设编码信息长度为 k，原始信息序列可表示为 $\boldsymbol{u}=(u_{k-1},u_{k-2},\cdots,u_1,u_0)$，编码器的状态转移序列可以表示为 $\boldsymbol{S}=(S_k,S_{k-1},\cdots,S_1,S_0)$，在 t 时刻 $(0\leqslant t\leqslant k-1)$，编码器的信息比特输入为 u_t，其状态由 S_t 转移到 S_{t+1}。再假设接收序列为 $\boldsymbol{y}=(y_{k-1},y_{k-2},\cdots,y_1,y_0)$，则在 t 时刻，根据贝叶斯公式，译码器输出的信息比特后验概率为

$$\Pr(u_t = u \mid \boldsymbol{y}) = \frac{\Pr(u_t = u, \boldsymbol{y})}{\Pr(\boldsymbol{y})} \tag{4-89}$$

式中，u 为比特 0 或 1。而 Turbo 码分量码的编码过程是一个马尔可夫过程，即当前状态只与前一个状态有关，与更早的状态无关，且接收序列的概率 $\Pr(\boldsymbol{y})$ 是一个与信道状态有关的常数，故最大化输出的信息比特后验概率等价于最大化分子的联合概率项 $\Pr(u_t = u, \boldsymbol{y})$，可进一步展开为

$$\begin{aligned}
\Pr(u_t = u, \boldsymbol{y}) &= \sum_{u(e)} \Pr\left[s_t^s(e), s_t^e(e), \boldsymbol{y}_0^{k-1} \right] \\
&= \sum_{u(e)} \Pr\left[s_t^s(e), \boldsymbol{y}_0^{k-1} \right] \Pr\left[s_t^e(e), y_t \mid s_t^s(e) \right] \Pr\left[\boldsymbol{y}_{t+1}^{k-1} \mid s_t^e(e) \right]
\end{aligned} \tag{4-90}$$

式中，y_i^j 表示接收序列 $\boldsymbol{y}$ 中索引从 i 到 j 的所有元素，其中 $i \leqslant j$。为说明式(4-90)中其他符号的含义，首先介绍网格图中边的概念。如果两个相邻时刻的状态之间存在转移路径，则该状态对之间有边相连，用 e 表示，并用 $s^s(e)$ 和 $s^e(e)$ 分别表示边 e 连接的起始状态和结束状态，$u(e)$ 表示输入比特为 u 时状态对所对应的边，若两状态之间没有转移路径，则状态对之间没有边相连。式(4-90)等号右边由三部分构成：第一部分表示由编码开始时刻到当前时刻起始状态的概率，该项又称为前向概率(或前向度量)，可写作 $\alpha_t\left[s_t^s(e) \right]$；第二部分表示由当前时刻起始状态接收输入后转移到下一状态的概率，又称为转移概率(或分支度量)，可写作 $\gamma_{t,t+1}(e)$；第三部分表示从当前时刻转移后的状态开始一直到编码结束的概率，又称为后向概率(或后向度量)，可写作 $\beta_{t+1}\left[s_t^e(e) \right]$。分别替换三部分的写法，式(4-90)可以表示为

$$\Pr(u_t = u, \boldsymbol{y}) = \sum_{u(e)} \alpha_t\left[s_t^s(e) \right] \gamma_{t,t+1}(e) \beta_{t+1}\left[s_t^e(e) \right] \tag{4-91}$$

由式(4-91)可知，要计算 t 时刻输入比特为 u 的概率，首先需要找出 t 时刻所有状态对之间对应输入比特为 u 的边，然后计算每一条边在该时刻下的前向度量、分支度量和后向度量,再将三项相乘,最后将这些边计算出的概率累加。对于 3GPP LTE 标准的 Turbo 分量码，因为编码所用的寄存器数量为 3，对应状态有 8 个，输入比特为 0 或 1 时总共会产生 8 个状态对和 16 条边，所以每个时刻有 8 个前向度量、8 个后向度量和 16 个分支度量需要计算。图 4-23 展示了三个度量值之间的关系。

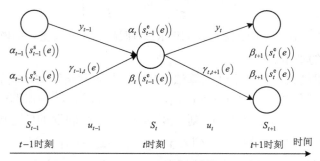

图 4-23　前向度量、分支度量和后向度量关系图

由于 Turbo 码编码过程是一个马尔可夫过程，可以将前向度量和后向度量的计算分别用式(4-92)和式(4-93)表示：

$$\alpha_t(S_t) = \sum_{e:s_{t-1}^e(e)=S_t} \alpha_{t-1}\left[s_{t-1}^s(e)\right]\gamma_{t-1,t}(e) \tag{4-92}$$

$$\beta_t(S_t) = \sum_{e:s_t^s(e)=S_t} \beta_{t+1}\left[s_t^e(e)\right]\gamma_{t,t+1}(e) \tag{4-93}$$

已知每个状态在每个时刻都有两条到达路径和两条离开路径，故式(4-92)和式(4-93)的求和号中都包括两项。

由式(4-92)和式(4-93)的递推关系可知，该时刻某一状态下的前向度量依赖于上一时刻边结束于该状态的前向度量和对应边的分支度量，后向度量依赖于后一时刻边开始于该状态的后向度量和对应边的分支度量。因此前向度量是从分量码编码器的起始状态开始由前往后递推到该状态，后向度量则是从结束状态开始由后往前递推到该状态。而分量码编码器一般从全零状态 S_0 开始编码，所以前向度量的初始值可以设为

$$\alpha_0(S_t) = \begin{cases} 1, & S_t = S_0 \\ 0, & S_t \neq S_0 \end{cases} \tag{4-94}$$

后向度量的初始值根据编码结束状态是否归零，可以设为

$$\beta_k(S_t) = \begin{cases} 0, & S_t \neq S_0 \text{ 且 咬尾} \\ 1, & \text{其他情况} \end{cases} \tag{4-95}$$

若分量码编码器通过尾比特等方式归零，则后向度量的初始化与前向度量的初始化类似，反之认为分量码编码器的结束状态等概率。从式(4-95)可看出，采用尾比特归零的方式可以使后向度量的初始化具有更高的置信度，进而提高误码率性能。

分支度量的计算对应于网格图中的边，当相应状态对之间存在转移路径时，分支度量可以写作：

$$\begin{aligned}\gamma_{t,t+1}(e) &= \Pr\left[s_t^e(e), y_t \mid s_t^s(e)\right] \\ &= \Pr\left[s_t^e(e) \mid s_t^s(e)\right]\Pr\left[y_t \mid s_t^e(e), s_t^s(e)\right]\end{aligned} \tag{4-96}$$

式中，第一项称为条件概率，对应输入译码器的先验概率 $\Pr(u_t = u)$（即 $P_{t,\mathrm{apr}}$）；第二项称为转移概率，与信道的特性有关。在 AWGN 信道下，第二项可写作：

$$\begin{aligned}\Pr\left[y_t \mid s_t^e(e), s_t^s(e)\right] &= \Pr(y_t \mid x_t) \\ &= \frac{1}{\sqrt{2\pi}\sigma}\exp\left(-\frac{n^2}{2\sigma^2}\right) = \frac{1}{\sqrt{2\pi}\sigma}\exp\left[-\frac{(y_t - x_t)^2}{2\sigma^2}\right]\end{aligned} \tag{4-97}$$

3）Log-MAP 算法和 Max-Log-MAP 算法的基本原理

根据式(4-97)，分支度量的计算会涉及指数运算，在实现时会耗用大量的硬件资源，因此在实际通信系统中，引入 LLR 代替实际的概率值，这样一方面可以简化运算，另一方面可以通过似然比的符号正负和值的大小来判定硬判决的结果和准确性。似然比作为

信道软信息输入 Turbo 码单输入单输出(single input single output, SISO)分量译码器，典型定义为

$$\Lambda_t = \ln \frac{\Pr(u_t = 0)}{\Pr(u_t = 1)} \tag{4-98}$$

计算输入译码器的软信息，可以参考似然比计算中的内容。将 MAP 算法变换到对数域中进行计算，即 Log-MAP 算法。

Max-Log-MAP 算法在 Log-MAP 算法的基础上将其中的 $\max^*(x_1, x_2, \cdots, x_n)$ $= \ln\left(\sum\limits_{i=1}^{n} e^{x_i}\right)$ 运算替换为简单的求 $\max(\cdot)$ 的运算，很大程度上降低了运算的复杂度，且该算法中只涉及加法运算、减法运算和比较大小取最大值的过程，非常适合硬件的实现。但由于替换时忽略了误差函数项的影响，译码的性能大约下降10%，该算法是一种用小幅性能代价换取实现复杂度大幅下降的次优算法，广泛地应用于硬件实现。

4.6　极化码

极化码(polar code)是埃尔达尔·阿里坎(Erdal Arıkan)于 2009 年在研究信道极化(channel polarization，CP)现象时提出的新型编码方案，是目前唯一能够被严格证明可达到香农极限的信道编码技术，其同时具备较低的编译码复杂度，因此被选为 5G(5th generation)增强移动带宽(enhanced mobile broadband，eMBB)场景中控制信道的主要编码方案。极化码的编码译码的复杂度上限均为 $O(N \log N)$，其中 N 表示极化码的码长。结合串行消除(successive cancellation，SC)译码算法，极化码在长码长的情况下可获得较好的纠错性能，然而其在短码下的译码性能较差。

4.6.1　信道极化过程

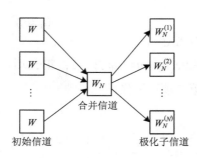

图 4-24　信道极化过程

信道极化是极化码的理论基础，在二进制输入离散无记忆信道(binary-input discrete memoryless channel，B-DMC)中，通过信道合并和信道拆分将 N 个独立的信道转化为 N 个相关的极化子信道，如图 4-24 所示。N 个初始信道 W^N 合成的新信道矢量为 W_N，记为 $W_N : X^N \rightarrow Y^N$。$W_N^{(i)}$ 代表极化后的 N 个子信道中的第 i 个子信道。

信道极化现象使得大部分极化子信道的信道容量趋于 0 或 1，且极化子信道数目越多，极化现象越明显。信道容量趋于 1 的子信道用于传输信息比特，称为无噪信道；趋于 0 的子信道用于传输冻结比特，称为纯噪声信道。

1. 信道合并

信道合并过程将 N 个独立的信道按照递归方式联合，得到合成信道 W_N，其中 $N = 2^n, n \geqslant 0$。

基本极化单元由两个信道 W 组成，称为单步极化。将两个独立的信道 W_1 进行合并，得到信道 $W_2 : \boldsymbol{X}^2 \to \boldsymbol{Y}^2$，其中 $W_1 = W$，W 代表初始子信道，其合并过程如图 4-25 所示。

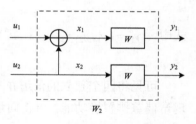

图 4-25　第一层信道合并

信道转移概率 $W_2\left(\boldsymbol{y}_1^2 \mid \boldsymbol{u}_1^2\right)$ 满足：

$$
\begin{aligned}
W_2\left(\boldsymbol{y}_1^2 \mid \boldsymbol{u}_1^2\right) &= W(y_1 \mid x_1) W(y_2 \mid x_2) \\
&= W(y_1 \mid u_1 \oplus u_2) W(y_2 \mid u_2)
\end{aligned}
\tag{4-99}
$$

式中，$\boldsymbol{y}_1^2 = (y_1, y_2)$ 表示信道 W_2 的输出序列；$\boldsymbol{u}_1^2 = (u_1, u_2)$ 代表信道 W_2 的输入序列。

同理，由两个独立的信道 W_2 合并得到 $W_4 : \boldsymbol{X}^4 \to \boldsymbol{Y}^4$，如图 4-26 所示。

$$
\begin{aligned}
W_4\left(\boldsymbol{y}_1^4 \mid \boldsymbol{u}_1^4\right) &= W(y_1 \mid x_1) W(y_2 \mid x_2) W(y_3 \mid x_3) W(y_4 \mid x_4) \\
&= W_2\left(\boldsymbol{y}_1^2 \mid u_1 \oplus u_2, u_3 \oplus u_4\right) W_2\left(\boldsymbol{y}_3^4 \mid u_2, u_4\right)
\end{aligned}
\tag{4-100}
$$

式中，$\boldsymbol{y}_3^4 = (y_3, y_4)$ 代表信道 W_2 的输出序列。借助关系式 $\boldsymbol{x}_1^4 = (x_1, x_2, x_3, x_4) = \boldsymbol{u}_1^4 \cdot \boldsymbol{G}_4$，转移概率还可表达为生成矩阵的形式：

$$
W_4\left(\boldsymbol{y}_1^4 \mid \boldsymbol{u}_1^4\right) = W^4\left(\boldsymbol{y}_1^4 \mid \boldsymbol{u}_1^4 \boldsymbol{G}_4\right)
\tag{4-101}
$$

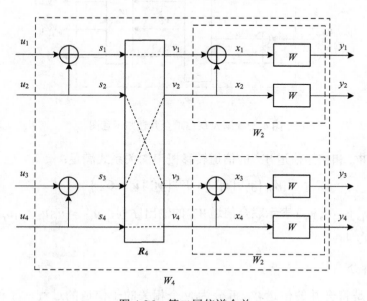

图 4-26　第二层信道合并

式中，$\boldsymbol{y}_1^4 = (y_1, y_2, y_3, y_4)$；$\boldsymbol{u}_1^4 = (u_1, u_2, u_3, u_4)$；$\boldsymbol{G}_4 = \begin{bmatrix} 1 & 0 & 0 & 0 \\ 1 & 0 & 1 & 0 \\ 1 & 1 & 0 & 0 \\ 1 & 1 & 1 & 1 \end{bmatrix}$。

可见将四个独立的信道 W 合并为 W_4 的变换可借助生成矩阵 $\boldsymbol{G}_4$。图 4-26 中，$\boldsymbol{R}_4$ 实现奇偶重排置换功能，可将向量 $\boldsymbol{s}_1^4 = (s_1, s_2, s_3, s_4)$ 的奇数下标排列在前，偶数下标排列在后，即 $\boldsymbol{v}_1^4 = (s_1, s_3, s_2, s_4)$。

综上，按照上述两两合成方式，可由两个独立的 $W_{N/2}$ 得到矢量信道 W_N，两个 $W_{N/4}$ 信道得到信道 $W_{N/2}$。最终 W_N 可由初始信道 W 递归得到，如图 4-27 所示。$\boldsymbol{R}_N$ 将输入的 $\boldsymbol{s}_1^N = (s_1, s_2, \cdots, s_N)$ 映射为 $\boldsymbol{v}_1^N = (s_1, s_3, \cdots, s_{N-1}, s_2, s_4, \cdots, s_N)$。

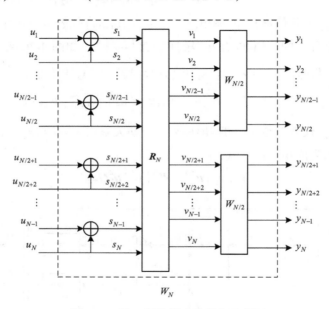

图 4-27　第 N 层信道合并递归示意图

联合信道 W_N 和初始信道 W^N 的信道转移概率的关系式满足：

$$W_N\left(\boldsymbol{y}_1^N \mid \boldsymbol{u}_1^N\right) = W^N\left(\boldsymbol{y}_1^N \mid \boldsymbol{u}_1^N \cdot \boldsymbol{G}_N\right) \tag{4-102}$$

式中，$\boldsymbol{y}_1^N = (y_1, y_2, \cdots, y_N)$ 表示联合信道 W_N 的输出序列；$\boldsymbol{u}_1^N = (u_1, u_2, \cdots, u_N)$ 表示联合信道 W_N 的输入序列。

2. 信道拆分

信道拆分是将合并的信道 W_N 拆分为 N 个相关的子信道的过程，子信道可表示为 $W_N^{(i)}\left(\boldsymbol{y}_1^N, \boldsymbol{u}_1^{i-1} \mid u_i\right) : \boldsymbol{X} \rightarrow \boldsymbol{Y}^N \times \boldsymbol{X}^{i-1}, 1 \leqslant i \leqslant N$。其信道转移概率为

$$W_N^{(i)}\left(\boldsymbol{y}_1^N,\boldsymbol{u}_1^{i-1}\mid u_i\right)=\sum_{u_{i+1}^N\in\boldsymbol{X}^{N-i}}\frac{1}{2^{N-1}}W_N\left(\boldsymbol{y}_1^N\mid\boldsymbol{u}_1^N\right) \tag{4-103}$$

式中，$\left(\boldsymbol{y}_1^N,\boldsymbol{u}_1^{i-1}\right)$ 代表子信道 $W_N^{(i)}$ 的输出；u_i 是输入。

将 N 个独立信道转换为相关的 N 个信道 $W_N^{(1)},\cdots,W_N^{(N)}$ 的过程可以通过单步信道转化实现。如图 4-25 所示，合成的信道 W_2 拆分为两个相关的子信道 $W_2^{(1)}$ 和 $W_2^{(2)}$，对于任意给定 B-DMC 信道 W，可记作 $(W,W)\to\left(W_2^{(1)},W_2^{(2)}\right)$，其转移概率为

$$
\begin{aligned}
W_2^{(1)}\left(\boldsymbol{y}_1^2\mid u_1\right)&=\sum_{u_2}\frac{1}{2}W_2\left(\boldsymbol{y}_1^2\mid\boldsymbol{u}_1^2\right)\\
&=\sum_{u_2}\frac{1}{2}W\left(y_1\mid u_1\oplus u_2\right)W\left(y_2\mid u_2\right)
\end{aligned}
\tag{4-104}
$$

$$
\begin{aligned}
W_2^{(2)}\left(\boldsymbol{y}_1^2,u_1\mid u_2\right)&=\frac{1}{2}W_2\left(\boldsymbol{y}_1^2\mid\boldsymbol{u}_1^2\right)\\
&=\frac{1}{2}W\left(y_1\mid u_1\oplus u_2\right)W\left(y_2\mid u_2\right)
\end{aligned}
\tag{4-105}
$$

当 $N=8$ 时，其单步信道转换图如图 4-28 所示。

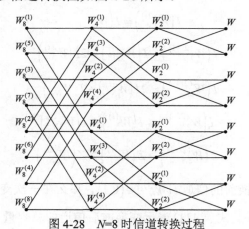

图 4-28　$N=8$ 时信道转换过程

将向量 $(a_r,a_{r+1},\cdots,a_s)$ 记作 $\boldsymbol{a}_r^s$，向量的奇数索引子向量记作 $\boldsymbol{a}_{r,o}^s$，向量的偶数索引子向量记作 $\boldsymbol{a}_{r,e}^s$。对于一般形式下 $\left(W_N^{(i)},W_N^{(i)}\right)\to\left(W_{2N}^{(2i-1)},W_{2N}^{(2i)}\right)$，$n\geqslant 0,N=2^n,1\leqslant i\leqslant N$，拆分后子信道转移概率的递归表达式为

$$W_{2N}^{(2i-1)}\left(\boldsymbol{y}_1^{2N},\boldsymbol{u}_1^{2i-2}\mid u_{2i-1}\right)=\sum_{u_{2i}}\frac{1}{2}W_N^{(i)}\left(\boldsymbol{y}_1^N,\boldsymbol{u}_{1,o}^{2i-2}\oplus\boldsymbol{u}_{1,e}^{2i-2}\mid u_{2i-1}\oplus u_{2i}\right)\cdot W_N^{(i)}\left(\boldsymbol{y}_{N+1}^{2N},\boldsymbol{u}_{1,e}^{2i-2}\mid u_{2i}\right)$$

$$\tag{4-106}$$

$$W_{2N}^{(2i)}\left(\boldsymbol{y}_1^{2N},\boldsymbol{u}_1^{2i-1}\mid u_{2i}\right)=\frac{1}{2}W_N^{(i)}\left(\boldsymbol{y}_1^N,\boldsymbol{u}_{1,o}^{2i-2}\oplus\boldsymbol{u}_{1,e}^{2i-2}\mid u_{2i-1}\oplus u_{2i}\right)\cdot W_N^{(i)}\left(\boldsymbol{y}_{N+1}^{2N},\boldsymbol{u}_{1,e}^{2i-2}\mid u_{2i}\right)$$

$$\tag{4-107}$$

3. 极化现象

对于 B-DMC 信道 W，其信道容量 $C(W)$ 等于其互信息 $I(W)$，利用以下两个信道参数来衡量信道传输的可靠性和传输速率。

对称容量，即

$$I(W) = \sum_{y \in Y} \sum_{x \in X} \frac{1}{2} W(y \mid x) \log \frac{W(y \mid x)}{\frac{1}{2} W(y \mid 0) + \frac{1}{2} W(y \mid 1)} \tag{4-108}$$

巴氏参数，即

$$Z(W) = \sum_{y \in Y} \sqrt{W(y \mid 0) W(y \mid 1)} \tag{4-109}$$

当信道输入等概率分布时，信道容量即为最大传输速率。$Z(W)$ 用于衡量信道传输性能的优劣，$Z(W)$ 越小代表信息传输越可靠，$C(W)$ 越趋近于 1。

对于单步信道变换 $\left(W_N^{(i)},\ W_N^{(i)} \right) \to \left(W_{2N}^{(2i-1)},\ W_{2N}^{(2i)} \right)$，式 (4-110)~式 (4-114) 成立，当且仅当 $I\left(W_N^{(i)} \right)$ 为 0 或 1 时，式 (4-113) 和式 (4-114) 中的等号成立。

$$I\left(W_{2N}^{(2i)} \right) = I\left(W_N^{(i)} \right)^2 \tag{4-110}$$

$$I\left(W_{2N}^{(2i-1)} \right) + I\left(W_{2N}^{(2i)} \right) = 2I\left(W_N^{(i)} \right) \tag{4-111}$$

$$I\left(W_{2N}^{(2i-1)} \right) = 2I\left(W_N^{(i)} \right) - I\left(W_N^{(i)} \right)^2 \tag{4-112}$$

$$I\left(W_{2N}^{(2i-1)} \right) \leqslant I\left(W_N^{(i)} \right) \leqslant I\left(W_{2N}^{(2i)} \right) \tag{4-113}$$

$$Z\left(W_{2N}^{(2i-1)} \right) > Z\left(W_N^{(i)} \right) > Z\left(W_{2N}^{(2i)} \right) \tag{4-114}$$

由式 (4-113) 可得，若变换前的信道 $I\left(W_N^{(i)} \right) \in (0,1)$，那么在一次变换后，一个信道容量变大，另一个信道容量变小。式 (4-111) 表示变换前后信道的总容量不变，再结合式 (4-113) 得出的结论可知，随着变换次数的增加，极化现象越来越明显。

4.6.2　极化码的编码

设编码过程的输入为二进制向量 $\boldsymbol{u}$，输出为二进制向量 $\boldsymbol{x}$，且均为 N 维行向量，其关系式为 $\boldsymbol{x} = \boldsymbol{u} \cdot \boldsymbol{G}_N$。其中，$\boldsymbol{G}_N$ 为极化码的生成矩阵，大小为 $N \times N$，其中每一个元素均为 0 或 1。$\boldsymbol{G}_N$ 的通项表达式为

$$\boldsymbol{G}_N = \boldsymbol{B}_N \boldsymbol{F}^{\otimes n} = \boldsymbol{B}_N \left(\boldsymbol{F} \otimes \cdots \otimes \boldsymbol{F} \right), \quad N = 2^n, \quad n \geqslant 0 \tag{4-115}$$

式中，$\boldsymbol{F}^{\otimes n}$ 为矩阵 $\boldsymbol{F}$ 的 n 次克罗内克乘积，即

$$\boldsymbol{F} = \begin{bmatrix} 1 & 0 \\ 1 & 1 \end{bmatrix} \tag{4-116}$$

$\boldsymbol{A} = \begin{bmatrix} A_{ij} \end{bmatrix}_{m \times n}$ 和 $\boldsymbol{B} = \begin{bmatrix} B_{ij} \end{bmatrix}_{r \times s}$ 的克罗内克乘积定义为

$$\boldsymbol{A} \otimes \boldsymbol{B} = \begin{bmatrix} A_{11}\boldsymbol{B} & \cdots & A_{1n}\boldsymbol{B} \\ \vdots & \ddots & \vdots \\ A_{m1}\boldsymbol{B} & \cdots & A_{mn}\boldsymbol{B} \end{bmatrix}_{mr \times ns} \tag{4-117}$$

$\boldsymbol{B}_N$ 为比特翻转矩阵，若 $\boldsymbol{v}_1^N = \boldsymbol{u}_1^N \boldsymbol{B}_N$，则有 $v_{b_1,\cdots,b_n} = u_{b_n,\cdots,b_1}$，$b_1,\cdots,b_n \in \{0,1\}$ 为元素角标的二进制表达形式，其递归表达式为

$$\boldsymbol{B}_N = \boldsymbol{R}_N \left(\boldsymbol{I}_2 \otimes \boldsymbol{B}_{N/2} \right), \quad N = 2^n, \quad n \geqslant 1 \tag{4-118}$$

式中，$\boldsymbol{I}_2$ 为 2 维单位矩阵；$\boldsymbol{B}_2 = \boldsymbol{I}_2$；$\boldsymbol{R}_N$ 即为上述信道合并中的奇偶重排置换矩阵。

4.6.3　极化码的译码

极化码的译码主要存在两大研究方向：基于 SC 算法的串行译码方案和基于 BP 算法的并行译码方案。串行抵消列表（successive cancellation list，SCL）、串行抵消堆栈（successive cancellation stack，SCS）算法等属于 SC 的改进算法，BP 算法的改进算法有置信传播列表（BP list，BPL）算法等。

1. SC 译码算法

设 $\mathcal{A}$ 为信息比特的索引集合，$\mathcal{A}^c$ 为冻结比特的索引集合。发送信息序列 $\boldsymbol{u}_1^N = \{u_{\mathcal{A}}, u_{\mathcal{A}^c}\}$ 乘以生成矩阵 $\boldsymbol{G}_N$ 实现编码过程，得到编码序列 $\boldsymbol{x}_1^N$，其中 N 为极化码的码长。其通过信道传输后的接收值为 $\boldsymbol{y}_1^N$，SC 译码得到输出估计值 $\hat{\boldsymbol{u}}_1^N$，实现译码过程。

对于基于似然比（likelihood ratio，LR）的 SC 算法，考虑第 i 个信息比特，当 $i \in \mathcal{A}^c$ 时，译码估计值 $\hat{u}_i = 0$；当 $i \in \mathcal{A}$ 时，估计值需要经过 LR 进行软信息译码判决。似然比定义为

$$L_N^{(i)} = L(u_i) = \frac{W_N^{(i)}(\boldsymbol{y}_1^N, \hat{\boldsymbol{u}}_1^{i-1} \mid 0)}{W_N^{(i)}(\boldsymbol{y}_1^N, \hat{\boldsymbol{u}}_1^{i-1} \mid 1)} \tag{4-119}$$

式中，$W_N^{(i)}(\boldsymbol{y}, \hat{\boldsymbol{u}}_1^{i-1} \mid u_i)$ 为分裂信道的转移概率。

其判决方式如式（4-120）所示，逐比特输出译码结果。

$$\hat{u}_i = \begin{cases} 0, & L_N^{(i)}\left(\boldsymbol{y}_1^N, \hat{\boldsymbol{u}}_1^{i-1}\right) \geqslant 1 \\ 1, & L_N^{(i)}\left(\boldsymbol{y}_1^N, \hat{\boldsymbol{u}}_1^{i-1}\right) < 1 \end{cases} \tag{4-120}$$

$L_N^{(i)}$ 单步迭代公式如式（4-121）、式（4-122）所示：

$$L_N^{(2i-1)}\left(\boldsymbol{y}_1^N, \hat{\boldsymbol{u}}_1^{2i-2}\right) = \frac{L_{N/2}^{(i)}\left(\boldsymbol{y}_1^{N/2}, \hat{\boldsymbol{u}}_{1,o}^{2i-2} \oplus \hat{\boldsymbol{u}}_{1,e}^{2i-2}\right) L_{N/2}^{(i)}\left(\boldsymbol{y}_{N/2+1}^N, \hat{\boldsymbol{u}}_{1,e}^{2i-2}\right) + 1}{L_{N/2}^{(i)}\left(\boldsymbol{y}_1^{N/2}, \hat{\boldsymbol{u}}_{1,o}^{2i-2} \oplus \hat{\boldsymbol{u}}_{1,e}^{2i-2}\right) + L_{N/2}^{(i)}\left(\boldsymbol{y}_{N/2+1}^N, \hat{\boldsymbol{u}}_{1,e}^{2i-2}\right)} \tag{4-121}$$

$$L_N^{(2i)}\left(\boldsymbol{y}_1^N, \hat{\boldsymbol{u}}_1^{2i-1}\right) = \left(L_{N/2}^{(i)}(\boldsymbol{y}_1^{N/2}, \hat{\boldsymbol{u}}_{1,o}^{2i-2} \oplus \hat{\boldsymbol{u}}_{1,e}^{2i-2})\right)^{(1-2\hat{u}_{2i-1})} \cdot L_{N/2}^{(i)}(\boldsymbol{y}_{N/2+1}^N, \hat{\boldsymbol{u}}_{1,e}^{2i-2}) \quad (4\text{-}122)$$

根据递推式(4-121)及式(4-122)，码长 N 的极化子信道转移概率可以由为码长为 $N/2$ 的极化子信道转移概率的 LR 得到，最终可递归至 $L_1^{(1)}\left(y_j\right) = \dfrac{W\left(y_j \mid 0\right)}{W\left(y_j \mid 1\right)}, j \in \left[1, N\right]$。以 $N=8$ 为例，其因子结构译码图如图 4-29 所示。$\boldsymbol{y}_1^8 = (y_1, y_2, \cdots, y_8)$ 代表译码器的输入 LR 值，$\lambda=3$ 层为信道层，$\lambda=0$ 层为判决层，$\hat{\boldsymbol{u}}_1^8 = (\hat{u}_1, \hat{u}_2, \cdots, \hat{u}_8)$ 是译码器的输出判决比特。每个节点的信息包含 LR 值和相应的判决值。

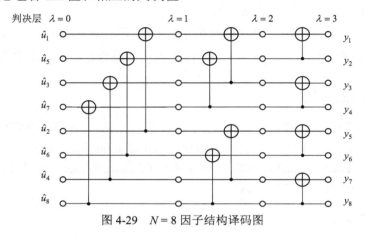

图 4-29　$N=8$ 因子结构译码图

SC 译码的译码顺序遵循从第一位到最后一位串行输出，当前译码结果仅为 0 或 1。SC 译码的复杂度为 $O(N \log N)$。译码过程中每一位的判定都依赖于前一位的判定，在一定程度上存在差错传播问题，并不是全局最优解。SC 算法在码长无限大时可以达到香农极限，但在短码长时，其译码性能不及 Turbo 码和 LDPC 码。

2. SCL 译码算法

SCL 译码算法是一种改进的 SC 算法，采用广度优先搜索，其核心思路如下。

将所有保留的备选译码方案保存在一个列表中，列表容量为 L，记为 $\zeta = \left\{\hat{\boldsymbol{u}}[p] : p \in [1, 2, \cdots, L]\right\}$，则第 p 个译码方案表示为 $\hat{\boldsymbol{u}}[p] = \left(\hat{u}_1[p], \hat{u}_2[p], \cdots, \hat{u}_N[p]\right)$。$|\zeta|$ 为备选方案的个数，初始值 $|\zeta| = 0$。

对于第 i 步($1 \leqslant i \leqslant N$)，若 $i \notin \mathcal{A}$，即该比特为冻结比特，则 $\hat{u}_i[p] = 0, 1 \leqslant p \leqslant L$。若 $i \in \mathcal{A}$，则分别设 $\hat{u}_i[p] = 0, \hat{u}_i[p'] = 1$，此时备选列表中方案个数 $|\zeta|$ 变为原来的 2 倍。若 $|\zeta| \leqslant L$，则保留所有备选方案，否则需计算每个备选方案当前的路径度量值，译码比特 u_i 时的第 p 条路径的度量值 $\mathrm{PM}_p^{(i)}$ 计算公式为

$$\mathrm{PM}_p^{(i)} = \sum_{j=1}^{i} \ln\left(1 + \exp\left(-\left(1 - 2\hat{u}_j[p]\right) \cdot L_N^{(j)}[p]\right)\right) \quad (4\text{-}123)$$

式中，$\hat{u}_j[p]$ 表示序号为 j 的信息比特在第 p 条路径的估计值；$L_N^{(j)}[p]$ 为对数似然值，定义为

$$L_n^{(j)}[p] = \ln\left(\frac{W_N^{(j)}\left(\boldsymbol{y}, \boldsymbol{u}_0^{N-1}[p] \mid 0\right)}{W_N^{(j)}\left(\boldsymbol{y}, \boldsymbol{u}_0^{N-1}[p] \mid 1\right)}\right) \tag{4-124}$$

按计算出的 $\mathrm{PM}_p^{(i)}$ 将所有备选方案从小到大排序，保留 $\mathrm{PM}_p^{(i)}$ 最大的前 L 条路径，并删除其余的路径。译码器最终得到 L 条备选路径 $\hat{\boldsymbol{u}}[p]$，$p \in [1, 2, \cdots, L]$，再确定每一条备选路径的最后一位译码结果 $\hat{u}_N[p]$ 的转移概率，比较所有路径的转移概率，最终译码方案为转移概率最大的一条路径。

3. BP 译码算法

BP 译码算法与 SC 译码、SCL 译码算法不同，消息传递过程可以并行执行，具有并行译码结构。BP 译码算法的阶段数 $n = \log_2 N$，节点数为 $(n+1)N$。

图 4-30 中，每个节点由整数对 (i, j) 表示，存在两种节点，左端空心节点代表冻结比特，实心节点为信息比特。所有的节点构成一个方阵，(i, j) 表示一个节点，$1 \leqslant i \leqslant n+1$ 表示层索引数，$1 \leqslant j \leqslant N$ 表示行索引数，记为

$$\boldsymbol{L} = \begin{bmatrix} L_{1,1} & \cdots & L_{n+1,1} \\ \vdots & \ddots & \vdots \\ L_{1,N} & \cdots & L_{n+1,N} \end{bmatrix}_{N \times (n+1)}, \quad \boldsymbol{R} = \begin{bmatrix} R_{1,1} & \cdots & R_{n+1,1} \\ \vdots & \ddots & \vdots \\ R_{1,N} & \cdots & R_{n+1,N} \end{bmatrix}_{N \times (n+1)} \tag{4-125}$$

式中，$\boldsymbol{L}$ 矩阵中包含的信息称为 L 信息；$\boldsymbol{R}$ 矩阵中包含的信息称为 R 信息。

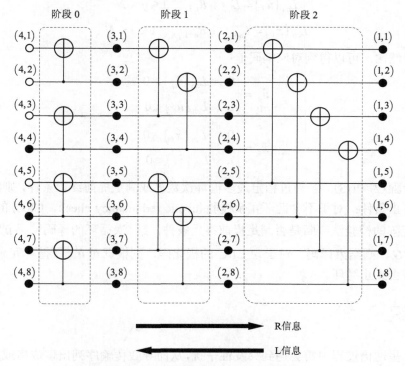

图 4-30　长度为 8 的 BP 算法译码图

BP 译码算法的译码过程如下。

(1) 初始化过程为

$$R_{1,j} = \begin{cases} 0, & j \in \mathcal{A} \\ \infty, & j \in \mathcal{A}^c \end{cases}, \quad R_{2,j} = \cdots = R_{n+1,j} = 0, \quad L_{1,j} = \cdots = L_{1,j} = 0$$

$$L_{n+1,j} = L_{\mathrm{ch}}(x_j) = \ln \frac{P(x_j = 0 \mid y_j)}{P(x_j = 1 \mid y_j)} = \frac{2y_j}{\sigma^2} \tag{4-126}$$

(2) $\boldsymbol{R}$ 值的更新:

$$R_{i+1,j} = g\left(R_{i,j}, L_{i+1,j+2^{i-1}} + R_{i,j+2^{i-1}}\right), \quad R_{i+1,j+2^{i-1}} = g\left(R_{i,j}, L_{i+1,j}\right) + R_{i,j+2^{i-1}} \tag{4-127}$$

$\boldsymbol{L}$ 值的更新:

$$L_{i,j} = g\left(L_{i+1,j+1}, R_{i,j+2^{i-1}} + L_{i+1,j+2^{i-1}}\right), \quad L_{i,j+2^{i-1}} = g\left(L_{i+1,j}, R_{i,j+2^{i-1}}\right) + L_{i+1,j+2^{i-1}} \tag{4-128}$$

此处，迭代顺序均为从 $1 \sim n$ 遍历 i。其中，$g(x,y)$ 定义为

$$g(x,y) = \ln\left(\frac{1 + \mathrm{e}^{x+y}}{\mathrm{e}^x + \mathrm{e}^y}\right) \tag{4-129}$$

(3) 获得输入信号和编码信号的估计值。

某一次循环更新完 $\boldsymbol{L}$、$\boldsymbol{R}$ 的值后，可计算得到输入信号 $\hat{\boldsymbol{u}} = (\hat{u}_1, \hat{u}_2, \cdots, \hat{u}_N)$ 和编码信号 $\hat{\boldsymbol{x}} = (\hat{x}_1, \hat{x}_1, \cdots, \hat{x}_N)$ 的对数似然比，即

$$L_{\mathrm{ch}}(\hat{u}_j) = L_{1,j} + R_{1,j}, \quad 1 \leqslant j \leqslant N \tag{4-130}$$

$$L_{\mathrm{ch}}(\hat{x}_j) = L_{n+1,j} + R_{n+1,j}, \quad 1 \leqslant j \leqslant N \tag{4-131}$$

根据对数似然比，可以得到对应编码值:

$$\hat{u}_j = \begin{cases} 0, & L_{\mathrm{ch}}(\hat{u}_j) \geqslant 0 \\ 1, & L_{\mathrm{ch}}(\hat{u}_j) < 0 \end{cases} \tag{4-132}$$

$$\hat{x}_j = \begin{cases} 0, & L_{\mathrm{ch}}(\hat{x}_j) \geqslant 0 \\ 1, & L_{\mathrm{ch}}(\hat{x}_j) < 0 \end{cases} \tag{4-133}$$

重复步骤(2)和(3)，若超过指定最多循环次数 T 或满足提前终止条件，则终止循环。关于提前终止条件: 对于不含循环冗余校验(cyclic redundancy check，CRC)的极化码，可利用 $\boldsymbol{G}$ 矩阵的校验法判断是否满足提前终止条件，第 t 次循环的译码结果 $\hat{\boldsymbol{u}}^{(t)}, \hat{\boldsymbol{x}}^{(t)}$ 若满足 $\hat{\boldsymbol{x}}^{(t)} = \hat{\boldsymbol{u}}^{(t)}\boldsymbol{G}$，则结束译码。对于含 CRC 的极化码，则根据对 $\hat{\boldsymbol{u}}^{(t)}$ 做循环冗余校验的结果来判断是否终止循环。

4.7 交织

实际卫星通信过程中常会遇到突发性干扰，从而导致传输序列出现成串或成片错误，这使得一个纠错码字内的误码数远超纠错能力，因此需要一种应对突发性错误的纠错技

术。交织技术的基本原理是改变编码的比特顺序，将原本在一个编码码字中的突发错误随机化分散到多个码字中。本节利用分组码的交织来说明交织技术的原理，其同样适用于卷积码。

以数据比特流的 24 个比特为例，如图 4-31(a) 所示，记为 $u_1 \sim u_{24}$。将这些比特按行送入移位寄存器中，每行 6 列，共 4 行。然后对其按列进行 $(7,4)$ 分组编码，产生的校验比特填满下面三行，如图 4-31(b) 所示。由此可见，对信息比特的编码顺序不同于出现在信息流中的顺序。如图 4-31(c) 所示，编码比特被逐行读出。若信道的突发错误使图中第 4 行的比特 u_4、u_3 和 u_2 出现了连续错误，那么这些错误将分散在第 3、4、5 列所形成的编码码字中。在本例中，对列进行的编码可以纠正单个错误，因此该连续突发错误可以被分别纠正。

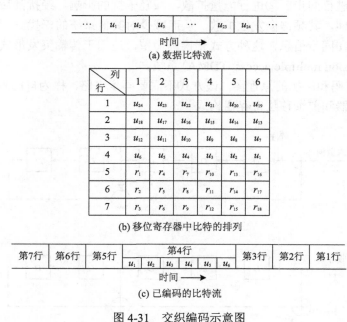

图 4-31　交织编码示意图

交织时每行的比特数称为交织深度，交织深度越深，其抗突发错误的能力越强，但由于需要的寄存器更多，处理复杂度也更高。

在卫星通信过程中，数据交织通常是在比特级别进行的，而级联码的交织位于内外编码器之间。卫星视频传输系统中的外编码器为 RS 编码器，交织器置于外编码器之后。因为 RS 编码是基于信息符号进行的，所以这里的交织器是在符号级进行交织的。

4.8　扰码

在数字卫星通信中使用扰码技术，通常是将数字基带信号与伪随机噪声 (pseudo-noise, PN) 序列逐比特进行模 2 加和，在发送端将二进制数字信息进行随机化处理，使发送的"0"和"1"近似于等概率分布再进行传输。扰码虽然改变了数字信息，但这种"扰乱"与使用的 PN 序列有关，因此是可以解除的。在接收端，将解调得到的数字基带信号与发送端相同的 PN 序列进行模 2 加和，即可得到原有形式。像这样完成"扰码"和"解扰"的模块分别称为扰码器和解扰器，其在系统中的模型如图 4-32 所示。

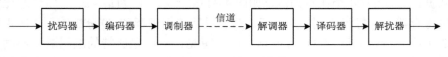

图 4-32　扰码系统模型

扰码在卫星通信中的主要作用如下：①便于提取比特定时信息。在发送端使用 PN 序列进行加和后，可以限制信号序列产生较长的连续"0"（或连续"1"）序列，从而利于提取定时信息进行同步。②进行能量扩散，减轻干扰的影响。经扰乱后的数字基带信号具有伪随机特性，其频谱会发生扩散，从而减少对其他系统的干扰。

若信号中存在同步信息，这种方式无误码增殖，适用于传输突发形式的信号，如时分多址（time division multiple access, TDMA）系统。

图 4-33 为扰码和解扰的原理图，该方式不需要同步电路，称为自同步扰码器，分别由反馈移位寄存器和前馈移位寄存器构成。

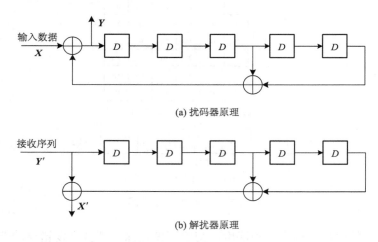

(a) 扰码器原理

(b) 解扰器原理

图 4-33　扰码与解扰原理图

如图 4-33（a）所示，在扰码器中经过一次延迟算子 D 移位，会在时间上延迟一个码元。设 X、Y 分别表示扰码器输入、输出的码序列，用 $D^{\tau}Y$ 表示序列 Y 被延迟 τ 个码元的时间。因此发送序列 Y 可以表示为

$$Y = X \oplus D^3 Y \oplus D^5 Y = \left(1 \oplus D^3 \oplus D^5\right)^{-1} X \tag{4-134}$$

式中，$\oplus$ 表示模二加运算。

如图 4-33（b）所示，设 Y'、X' 分别表示解扰器输入、输出码序列，则解扰后的码序列可以表示为

$$X' = Y' \oplus D^3 Y' \oplus D^5 Y' = \left(1 \oplus D^3 \oplus D^5\right) Y' \tag{4-135}$$

假设信道接收序列和发送序列相同，即 $Y' = Y$，则可以得到 $X' = X$。因此，解扰器可以准确恢复正确的信息码。

这种扰码器会出现误码增殖，即传输中的一个差错会导致解扰器产生多个差错，该增殖系数和反馈移位寄存器项数相等。为了减小误码增殖的影响，通常会采用级数较少的移位寄存器。

习　题

1. 设有 8 个码组"000000""001110""010101""011011""100011""101101""110110"和"111000"，试求出它们的最小码距。该码组若用于检错，试问能检出几位错码？若用于纠错，能纠正几位错码？若同时用于检错和纠错，又能有多大的检错和纠错能力？

2. 已知某线性码的校验矩阵为

$$\boldsymbol{H} = \begin{bmatrix} 1 & 1 & 1 & 0 & 1 & 0 & 0 \\ 1 & 0 & 1 & 1 & 0 & 1 & 0 \\ 1 & 1 & 0 & 1 & 0 & 0 & 1 \end{bmatrix}$$

试求出其生成矩阵，并列出其所有可能的码组。

3. 下面是某 (n, k) 线性分组码的全部码字

$$c_1 = 000000 \quad c_2 = 000111 \quad c_3 = 011001 \quad c_4 = 011110$$
$$c_5 = 101011 \quad c_6 = 101100 \quad c_7 = 110010 \quad c_8 = 110101$$

(1) 求 n、k 为何值；

(2) 构造此码的生成矩阵 $\boldsymbol{G}$；

(3) 构造此码的一致校验矩阵 $\boldsymbol{H}$。

4. 已知一个 $(7, 4)$ 循环码的全部码组为

$$
\begin{array}{cccc}
0000000 & 1000101 & 0001011 & 1001110 \\
0010110 & 1010011 & 0011101 & 1011000 \\
0100111 & 1100010 & 0101100 & 1101001 \\
0110001 & 1110100 & 0111010 & 1111111
\end{array}
$$

试写出该循环码的生成多项式 $g(x)$ 和生成矩阵 $\boldsymbol{G}$，并将 $\boldsymbol{G}$ 化成系统码对应的标准生成矩阵。

5. 某 $(12, 3)$ LDPC 码的奇偶校验矩阵为

$$\boldsymbol{H} = \begin{bmatrix}
0 & 0 & 1 & 0 & 0 & 1 & 1 & 1 & 0 & 0 & 0 & 0 \\
1 & 1 & 0 & 0 & 1 & 0 & 0 & 0 & 0 & 0 & 0 & 1 \\
0 & 0 & 0 & 1 & 0 & 0 & 0 & 0 & 1 & 1 & 1 & 0 \\
0 & 1 & 0 & 0 & 0 & 1 & 1 & 0 & 0 & 1 & 0 & 0 \\
1 & 0 & 1 & 0 & 0 & 0 & 0 & 1 & 0 & 0 & 1 & 0 \\
0 & 0 & 0 & 1 & 0 & 0 & 1 & 0 & 0 & 0 & 0 & 1 \\
1 & 0 & 0 & 1 & 1 & 0 & 1 & 0 & 1 & 0 & 0 & 0 \\
0 & 0 & 0 & 0 & 1 & 0 & 0 & 1 & 0 & 0 & 1 & 1 \\
0 & 1 & 1 & 0 & 0 & 0 & 0 & 0 & 1 & 1 & 0 & 0
\end{bmatrix}$$

试画出该码的 Tanner 图。

6. 已知一个 $(2,1,3)$ 卷积码编码器的输出和输入的关系为

$$c_1 = u_1 \oplus u_2$$
$$c_2 = u_1 \oplus u_2 \oplus u_3$$

试画出该编码器的编码框图、状态转换图和网格编码图。当接收码序列为 1000000100 时，试用维特比解码算法求出发送信息序列。

7. 题图 4-1 是编码效率为 2/3 的卷积码编码器。该编码器每输入 $k = 2$ 个信息比特，就会输出 $n = 3$ bit 码元。寄存器共有 $kM = 4$ 级，约束长度 $M = 2$，编码器的状态定义为最右边 $M - 1$ 级 k 元组的内容。试画出状态图和网格图。

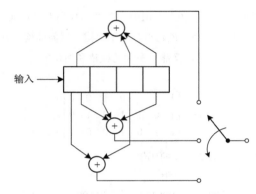

题图 4-1　编码效率为 2/3 的卷积码编码器

微课视频

第 5 章

多址接入与信道分配

随着通信需求的日益增长，如何高效地利用有限的频谱资源服务多个地球站或用户终端，成为卫星通信领域面临的一大挑战。卫星多用户通信系统设计和构建的核心目标是实现多个用户共享带宽。这一目标要求卫星转发器能够支持众多独立的通信链路，确保每个地球站或用户终端都能获得稳定的服务。所以，如何实现它们之间的有效连接，以及如何高效利用有限的卫星信道资源，显得尤为重要。本章将重点探讨卫星通信中的多址接入与信道分配技术。为简单起见，本章接下来用地球站指代地球站和用户终端。

本章首先介绍多址接入和信道分配的基本概念。然后，具体展开分析卫星通信中的各种多址接入技术，涵盖它们的基本工作原理、关键技术要素以及各自的优势和局限等。最后，阐述信道分配相关内容，聚焦几种不同的信道分配策略和性能，探讨如何根据卫星通信网络的具体情况和需求，合理配置有限的卫星信道资源。

5.1　基本概念

多址接入的核心是在有限的频谱资源中实现多个信号的高效传输，同时保证信号的质量和系统的稳定性；信道分配涉及如何将有限的信道资源分配给不同的地球站。本节将分别介绍多址接入和信道分配的基本概念。首先阐述多址接入的基本概念，同时区分多址接入和多路复用两种技术，然后从"信道"在不同分配方式下的不同含义出发，简要概述卫星通信中几种主流的信道分配策略。

5.1.1　多址接入

多址接入即在同一个信道中同时传输多个地球站的信号，由卫星区分不同的地球站。这一技术不仅使得卫星通信容量能够在多个地球站之间共享，更能灵活适应各地球站传输的不同通信流量需求，实现资源的高效利用和通信服务的灵活性。

多址接入技术与多路复用技术密切相关，但二者又有区别。在通信过程中，两者都涉及发送端复接信号、信道传输信号以及接收端分离信号这三个关键步骤，都是在同一信道上共同传输多个数据流，如图 5-1 所示。然而，多路复用区别不同的数据流，并不区分数据流是哪个用户的，而多址接入则是在卫星上实现不同用户数据流的复用，需要进一步区分不同的用户。以频分复用(FDM)和频分多址(FDMA)为例,图 5-2 展示了这两种技术的对比。

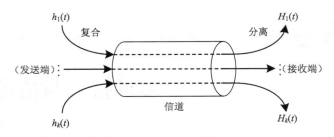

图 5-1　信号的复接与分离模型

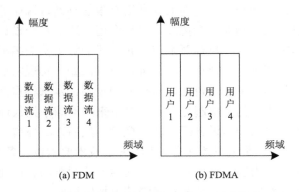

(a) FDM　　　　　　　(b) FDMA

图 5-2　FDM 和 FDMA 对比示意图

不同的多址接入方式,在信号分离阶段对应着不同的信号参量。卫星通信中,常见的多址接入技术有频分多址、时分多址(TDMA)、码分多址(code division multiple access,CDMA)和正交频分多址(orthogonal frequency division multiple access,OFDMA)等。

5.1.2　信道分配

为了确保多个地球站在共享同一颗通信卫星时能够互不干扰,合理的信道分配尤为关键。这一分配过程紧密依赖于所选用的多址接入技术,从而塑造了"信道"这一概念的不同含义。以频分多址技术为例,信道指的是各个地球站所分得的特定频段;在时分多址中,信道是各地球站在时间轴上占据的特定时段;而码分多址技术中,信道则是通过各站所采用的独特码型来界定的,如图 5-3 所示。

随着卫星通信技术的不断进步,信道分配方法也日益多样化,主要包括预分配(pre-assignment,PA)、按需分配(demand-assignment,DA)以及随机分配(random-assignment,RA)等方式。预分配方法通过预设规则,实现信道资源的固定分配,尤其适用于通信需求稳定的场景,保证了资源的稳定性。而按需分配则根据实时的通信需求,动态调整信道分配,有效提升了资源利用率。随机分配则允许地球站在一定规则内自由竞争信道资源,增强了系统的灵活性并提高了响应速度。这些方法各有优势,在实际应用中，通常需要根据具体的通信需求和系统设计，选择最合适的分配策略，以确保通信卫星资源的高效、公平利用。

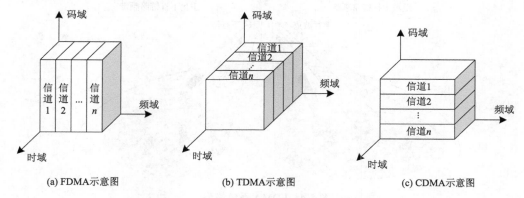

图 5-3 几种多址接入方式信道示意图

5.2 多址接入技术

本节详细探讨几种卫星通信中主要的多址接入技术。5.2.1 节介绍频分多址技术，这种技术的原理在于对频带进行划分；5.2.2 节介绍时分多址和多频时分多址(multi-frequency time division multiple access，MF-TDMA)，其核心思想是将时间划分为多个时隙；5.2.3 节阐述一种通过不同的码序列区分地球站信号的技术——码分多址；5.2.4 节讨论正交频分多址；5.2.5 节探讨两种新兴的多址接入技术：载波成对多址和非正交多址；5.2.6 节对几种基本多址接入方式的优缺点进行对比。

5.2.1 FDMA

1. FDMA 的工作原理

频分多址是卫星通信中应用最早且最为广泛的多址接入技术。该技术的基本原理在于，将卫星所占用的频带根据频率高低进行划分，并分配给各个地球站使用。在 FDMA 系统的卫星通信系统中，每个地球站都被分配了特定的频率和带宽，传输的载波互不重叠地占用卫星转发器带宽。图 5-4 展示了 FDMA 系统的模型。其中，f_1、f_2、f_3 分别代表各地球站发射信号占用的载波频率。卫星转发器负责接收来自各地球站的上行链路载波，随后进行频率变换和信号放大，再将这些载波发送至各个接收站。由于链路上存在众多载波，为了防止相邻载波间的干扰，需要在各载波频带之间设置保护频带。各接收站则依据载波频率的差异，通过滤波器从下行链路载波 f_4、f_5、f_6 中筛选出所需的载波。

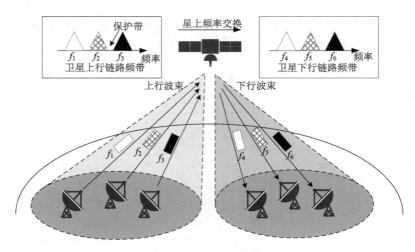

图 5-4 FDMA 系统模型

在 FDMA 系统中，载波之间保持独立，能够灵活配置各自的调制策略、编码方法、信息传输速率以及带宽等参数。只要保证各个载波在频谱分布上不重叠，即可确保系统稳定运行。依据地球站在发送载波时是否引入复用技术，FDMA 系统可细化为每载波多路信道的 FDMA（multiple channel per carrier-FDMA，MCPC-FDMA）和每载波单路信道的 FDMA（single channel per carrier-FDMA，SCPC-FDMA）。此外，在多波束环境中，为实现不同波束区内地球站间的通信，通常采用卫星交换的 FDMA（satellite switched-FDMA，SS-FDMA）。

2. 每载波多路信道的 FDMA

MCPC 方式是一种将多路信号分配至单一载波的技术。图 5-5 以发送站 A 和接收站 B 之间的通信为例，阐述 MCPC-FDMA 系统的工作原理。

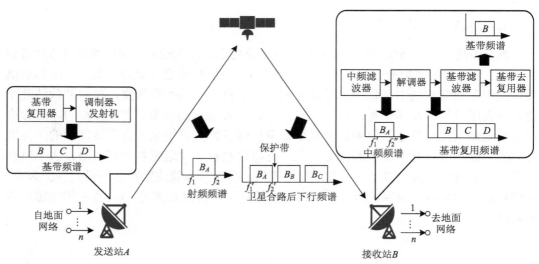

图 5-5 MCPC-FDMA 系统工作原理图

发送站 A 先把从地面通信网接收到的 n 路基带数据进行基带复用，得到 A 站发往 B 站、C 站和 D 站的基带复用信号 B、C、D，随后进行调制和上变频处理，在分配给该站的射频频率 B_A 内发送出去。由多个地面站共享的卫星通常包含来自不同发送站的多个载波（B_A、B_B 和 B_C），卫星将这些载波合并、变频和放大后，转发至下行链路。为了防止载波间的相互干扰，相邻载波之间设置一定的保护频带。

在接收站 B，首先调谐中频滤波器的中心频率，仅将来自发送站 A 的信号 B_A 送入解调器。解调后，得到基带复用信号 B、C、D，再使用基带滤波器滤出发给本站的信号 B。最后使用基带去复用器对信号进行分路处理，将 A 站发往 B 站的各路信号独立送往地面通信网。在实际系统中，典型的 MCPC-FDMA 可以分为 FDM-FM-FDMA 和 TDM-PSK-FDMA 两类。FDM-FM-FDMA 首先通过 FDM 技术复用信号，随后采用 FM（频率调制）技术，将这些复用信号调制到射频载波之上，最终通过 FDMA 方式与其他载波共享一个卫星转发器进行传输。这一技术特别适用于模拟电话信号的传输。在 20 世纪 60 年代，卫星通信起源之时，主要承载的业务是电话通信，当时系统借助的就是 FDM-FM-FDMA 方式。TDM-PSK-FDMA 方式首先通过 TDM（时分复用）技术整合多路数字基带信号，随后采用 PSK 方式将其调制至一个载波上，最终通过 FDMA 方式实现信号的发射与接收。

然而，在 MCPC-FDMA 系统中，每个接收站中的基带滤波器都是针对特定的发射站进行配置的。在业务量较大、通信对象相对固定的通信场景中，MCPC 方式能够发挥其稳定可靠的优势，满足卫星通信需求。然而，当来自发射站的信号传输速率发生变化时，就要求对应的滤波器迅速重新调谐，这在实际实现中非常困难。因此，MCPC 方式较难适应业务量的改变，使用起来不灵活。

3. 每载波单路信道的 FDMA

对于业务量较小的地球站，采用 MCPC-FDMA 可能导致频带资源的浪费。在这种情况下，采用 SCPC-FDMA 更合适。

在 SCPC-FDMA 系统中，发送站对来自地面通信网的每路信号进行调制、变频和放大后，由每个载波分别承载一路信号并通过无线发射。接收站解调后，信号便可直接传输至地面通信网。与 MCPC-FDMA 相比，SCPC-FDMA 没有基带复用、基带滤波和基带去复用等环节。

SCPC-FDMA 系统通常用于语音传输等小信号传输，下面以语音传输这一典型应用场景为例对 SCPC-FDMA 系统进行介绍。SCPC-FDMA 系统在传输语音业务时，主要采用语音激活技术，仅在检测到语音信号时才激活载波进行数据发送。这种语音激活策略不仅有助于降低能耗，还有助于提高网络的通信容量。由于载波的激活是依据语音信号的有无而变化的，载波排列具有随机性，有效减小了互调干扰。此外，为了减小各个站点间的频差，地面站可以通过预先发送导频减小误差。基于此，可以避免各个地面站发送的频域信号互相重叠，从而避免用户间干扰。在信道分配方面，SCPC-FDMA 系统采用按需分配策略，即用户有通信需求时才申请使用信道，通信结束后归还信道。SCPC-FDMA 方式为任意地球站之间的直接通信提供了极大的便利，网络扩展简单。然而，其缺点也显而易见：每路信道都需要配备独立的调制/解调器，增加了系统的复杂性和成本。此外，当地球站的多条信道未同时工作时，其输出功率就无法达到最大，导致设备利用率较低。

4. 卫星交换的 FDMA

SS-FDMA 系统工作原理如图 5-6 所示。其中，每个波束内部均采用 FDMA 方式，且所有波束共享相同的频带资源。上行链路载波频率与目的下行链路波束之间存在明确的对应关系，基于此，卫星转发器能够灵活地实现不同波束间通信。图 5-6 中六个地球站分别处于不同的波束内，每个发送站 (T_1、T_2、T_3) 需要向每个接收站 (R_1、R_2、R_3) 传输信号。首先，来自不同发送站的载波通过上行链路传输到卫星。其次，针对不同载波分别在卫星上配置相应的滤波器，提取对应载波的带通信号，并通过交换矩阵选路。最后，这些独立的频带被连接到特定的下行链路，发送到对应的接收站。可以看到，在这个过程中，每个波束均使用同一组频率 (f_1、f_2、f_3)，对于要发送到同一接收站的信号，不同发送站的上行链路提供的频带不同。例如，T_1 发往 R_1 的信号占据上行链路中频率为 f_1 的频段，而 T_2 发往 R_1 的信号占据频率为 f_2 的频段。从另一方面看，不同上行链路中相同频率的频段，则被送往不同的下行链路。例如，T_1、T_2、T_3 上行载波中频率都为 f_2 的信号，在不同的下行链路分别发往 R_2、R_1、R_3。SS-FDMA 系统的这种路由方案和频率分配方案都是事先设立好的，巧妙地避免了相同频带在同一下行链路发生重叠的情况，并且能够使不同波束上、下行链路随时建立连接。

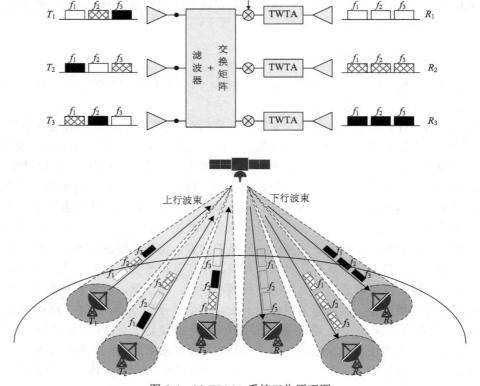

图 5-6   SS-FDMA 系统工作原理图

SS-FDMA 系统的缺点如下：首先，为防止串扰，需要确保滤波器之间具有足够高的隔离度，同时应保证交换矩阵的隔离性能，以减少信号泄漏；其次，随着系统波束数和每个波束内频带数的增加，所需的星上滤波器数量将显著增加，导致 SS-FDMA 系统的复杂性和实施成本大幅上升。此外，由于星上滤波器组和交换矩阵采用硬连接方式，路由选择固定，限制了频率分配方案的灵活性，所以 SS-FDMA 系统难以适应业务量的变化。

5.2.2　TDMA 和 MF-TDMA

1. TDMA 的工作原理

时分多址技术通过正交分割时间资源的方式，实现单个卫星转发器在不同地球站射频载波之间的时间共享。在 TDMA 系统中，每个地球站被分配了不同的时间间隔，即时隙，确保它们在统一的时间基准和同步控制下，能够轮流在特定的时隙内发送信号。由于 TDMA 系统普遍采用数字技术，因此它继承了数字信号相对于模拟信号的所有优势。

TDMA 系统的优势在于其灵活性和适应性。由于信号是数字的，并可以通过时间分割进行灵活配置，TDMA 系统能够轻松应对流量需求的变化。此外，它还具有出色的噪声和干扰抵抗能力。当使用转发器的全部带宽时，在任何时候，TDMA 系统转发器中都只有一个信号存在，从而避免了 FDMA 中非线性转发器可能引发的一系列问题。然而，使用转发器的全部带宽也意味着每个地球站需要以高比特率进行传输，这通常要求较高的发射功率。因此，TDMA 不适用于来自小型地球站的窄带信号。此外，转发器中的非线性可能导致数字载波的符号间干扰增加，可以通过在地球站部署均衡器减轻干扰的影响。

在 TDMA 系统中，时间被精确地划分为若干个周期，每个周期称作一帧。发送站需要确保突发传输能够正确适配到卫星上的 TDMA 帧结构中，所以地球站的脉冲（burst）必须在严格规定的时间点发送，确保在到达卫星时能够准确地落在 TDMA 帧内的预定位置。这一要求使得同步 TDMA 网络中的所有地球站变得至关重要，从而给发送站的设备带来了相当大的复杂性，即每个站都必须精准地了解何时进行传输，且精度要求通常达到 1μs。这样，来自不同地球站的突发脉冲信号在到达卫星时才不会发生重叠。当两个射频信号重叠，即发生碰撞时，两个信号中的数据会丢失。因此，TDMA 系统不允许发生碰撞。

接收地球站需要精确同步 TDMA 信号中的每个连续突发脉冲，从多个上行链路地球站的传输中恢复出脉冲，并对上行链路传输进行拆分以提取数据位。这些数据位随后被存储并重新组装成原始比特流，以便进行后续的传输处理。在实际传输过程中，来自不同地球站的上行链路传输通常采用 BPSK 或 QPSK 进行调制，这不可避免地会引入微小的载波和时钟频率差异，以及载波相位的偏差。因此，接收地球站需要在几微秒内将其 PSK 解调器与每个信号脉冲同步，并随后同步其比特时钟，以确保能够准确恢复比特流。在高速 TDMA 系统中，这些同步要求必须得到严格满足。

TDMA 系统的工作原理如图 5-7 所示。在该系统中，基准站 R 发挥着核心作用，它为所有地球站提供一个统一的标准时间作为基准。这确保了各个地球站发出的信号在时间上能够严格地依次排列，从而避免了信号的重叠。基准站通常由系统中的某个通信站兼任；为了保障系统的稳定性和可靠性，通常会再设置一个通信站作为备用基准站。当这些信号到达卫星时，来自不同地球站的脉冲会按顺序到达。因此，转发器所携带的是由来自各个地球站的一系列短脉冲组成的近乎连续的信号。在 TDMA 系统中，每一帧占据一个特定的时隙，由一个基准分帧和若干个业务分帧组成。基准分帧由基准站的突发信号构成，它的主要作用是为其他地球站提供时间参考和同步信号。而业务分帧则由其他地球站的突发信号组成，用于传输实际的数据信息。为了防止同步不准确可能导致的干扰和碰撞，每个分帧之间都设置了保护时间。

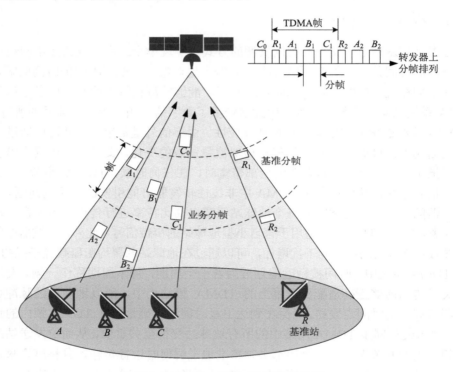

图 5-7　TDMA 系统工作原理示意图

2. TDMA 系统的帧结构

帧结构有固定的长度，并由每个地球站的脉冲传输组成，每个脉冲之间有保护时间，以确保后续传输不会发生重叠。帧的长度从 125μs 到数毫秒不等。地球站要能够接入网络，就必须在正确的时间序列中将它们的脉冲加到 TDMA 帧中，并在离开网络时确保不干扰网络的正常运行。地球站还必须能够跟踪由于卫星向地球站移动或远离地球站而引起的帧时序的变化。此外，每个地球站还必须具备从脉冲传输中提取数据位和其他信息的能力。为此，传输的突发脉冲必须包含同步信息和标志信息，以便接收地球站能够准确无误地提取出所需信息。

图 5-8 具体展示了 TDMA 帧结构包含的两个分帧，其一是基准分帧 R，也即同步分

帧，由载波和时钟恢复码(carrier and bit recovery，CBR)、独特码(unique word，UW)以及基准站站址识别码(station identification code，SIC)构成。其中，CBR 用于恢复相干载波和位定时信号；UW 提供帧定时，使业务站能够确定各业务分帧在一帧内的位置；SIC 用于标识基准站的站址信息。

其二是业务分帧，也即数据分帧，由前置码(报头)和发往各站的数据(即信息码)组成，长度由各个地球站的业务量决定。前置码包括 CBR、UW、SIC、OW(勤务联络信号)等，UW 标志业务分帧出现的时间，OW 用于在不同地球站之间传输协调和控制信息。

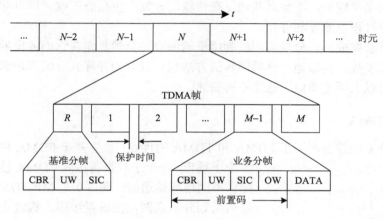

图 5-8　TDMA 帧结构

CBR：载波和时钟恢复码；UW：独特码；SIC：站址识别码；OW：勤务联络信号；DATA：发往各站的数据

3. TDMA 系统的同步技术

TDMA 系统的同步技术主要包括载波同步、时钟同步和 TDMA 帧同步。载波同步和时钟同步的关键作用在于确保接收端能够准确还原发送端的载波频率和时钟信息，以便正确解调接收到的信号。接收端必须在极短的时间内，从各接收分帧报头中提取出载波和时钟信号，并实现 TDMA 帧同步，才能保证各分帧之间维持正确的时序关系，避免碰撞的发生。以下讨论 TDMA 帧同步问题。

TDMA 系统中的地球站必须在精确的时间发送射频突发信号，以使每个地球站的突发信号按照正确的顺序到达卫星。这引出了两个问题：一是地球站发送数据时，如何在确保其进入预定时隙的同时不干扰其他分帧；二是如何使发送出的分帧信号始终与其他分帧维持正确的突发时序，维持稳定的传输状态。所以相应地，将 TDMA 帧同步具体分为初始捕获和分帧同步技术两个部分。

初始捕获是确保地球站突发信号进入指定时隙的过程。地球站可将基准分帧的 UW 作为同步信号，确定发射时间。实现初始捕获的常用方法有开环式初始捕获(如计算预测法)和闭环式初始捕获(如低电平伪随机噪声法)两种。

开环式预测法的核心在于通过持续的数据分析和时间校正来实现信号的精确同步。首先，基于卫星轨道和地球站数据，计算站星距和信号传播时延。然后，接收并检测卫星的基准分帧信号中的 UW，并与地球站的本地时钟信号中的 UW 进行时间上的对比。如果发现时间偏差，便对发射时间进行调整，以补偿距离变化。通过反复地比较和调整，直至突发分帧与指定时隙精确对接。

在闭环式技术中，地球站必须能够接收到自己发出的信号，以便测量信号的传输距离。这种方法只适合于卫星信号能够覆盖整个地面网络的情况。例如，使用低电平 PN 法进行初始捕获时，地球站首先向卫星发送一个低功率的伪随机噪声信号。卫星将这个信号反射回地球站，然后与本地的基准分帧进行时间上的比对，以确定最佳的分帧发送时机。信号的电平较低，不会对其他正在传输的分帧产生显著干扰，所以即使与其他信号重叠，捕获过程也能顺利进行。

在初始捕获完成后，分帧同步机制用于确保业务分帧稳定在它们各自的时隙中，防止分帧间相互干扰。类似地，分帧同步的方法也可以分为开环式分帧同步和闭环式分帧同步两种。与以上所述类似，这里不再赘述。

4. MF-TDMA

多频时分多址综合利用了 FDMA 和 TDMA 的优点：首先基于 FDMA 将频率划分为多个子频带，每个子频带再按照 TDMA 技术划分为时隙供不同地球站通信。图 5-9 是 MF-TDMA 系统的时频信道划分示意图。在该系统中，载波资源的利用是时分的，支持多个载波，且不同载波可以设置不同的 TDMA 速率；即使在同一个载波内，不同时隙的载波速率也可灵活调整。这种设计使得 MF-TDMA 系统能够同时满足大型和小型地球站的需求，具备高度的组网灵活性。

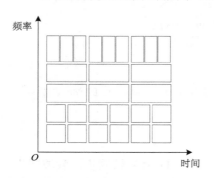

图 5-9　MF-TDMA 系统的时频信道
划分示意图

随着用户规模和业务量的增加，就需要扩充系统的容量。对于 MF-TDMA 系统，扩容途径有两种：一种是增加载波数，不增加载波速率，该方法适用于网络规模较大，而地球站发射、接收能力受限的情况；另一种是增加载波速率，不增加载波数，该方法灵活性强，更节约频谱资源，但技术复杂度高。

5.2.3　CDMA

1. CDMA 的工作原理

CDMA 系统最初是为军事通信系统开发的，该技术通过不同的码序列区分不同地球站的信号，其中码序列又称为地址码。每个地球站配有不同的地址码，对发送的信号进行调制；接收信号时，只要知道对应发送站的地址码，就能解调出相应的基带信号。因此，只有正在通信的一对地球站之间需要协调，这提供了一种去中心化的卫星网络设计方式。有通信流量的站点可以按需访问转发器，而无须与任何中央管理节点协调它们的频率（如在 FDMA 中）或传输时间（如在 TDMA 中）。

CDMA 地址码长度通常在 16bit 到数千比特之间，为了与数据传输的消息比特区分开来，地址码的比特称为码片。CDMA 的关键在于扩频技术，即首先使用一个带宽远大于信号带宽的地址码对信息数据进行调制，从而使原始数据信号的频谱被扩展。在接收端，使用与发送端相同的地址码进行相关处理，实现信息的解扩和通信。目前典型的扩频技术有直接序列扩频（direct sequence spread spectrum，DS-SS）、频率跳变扩频（frequency hopping spread spectrum，FH-SS）、跳时（time hopping，TH）方式以及组合扩频方式等。

（1）直接序列扩频方式。直接利用高码元速率的伪随机序列扩展信号频谱。该种方法较为简单，适合低速数据传输。

（2）频率跳变扩频方式。通过伪随机码序列控制频率合成器，从而在不同的频率之间进行跳变，实现频谱的扩展。这种方式保密性好，不易受远近干扰和多径干扰的影响，但使用频率较多时，交调干扰比较严重。

（3）跳时方式。应用扩频技术中的伪随机码，在时间轴上使发射信号进行跳变，实现频谱扩展。这种方式抗干扰性能差，通常与其他方式（如 FH 方式）组合使用。

（4）组合扩频方式。把两种以上的扩频方式组合使用，提升系统的处理增益。

下面详细介绍两种典型的 CDMA 技术，即直接序列 CDMA（DS-CDMA）和跳频 CDMA（FH-CDMA）。

2. DS-CDMA

DS-CDMA 系统的基本工作原理如图 5-10 所示。在发送站 A，模拟信号首先通过 PCM 调制转换为二进制数字信号，也称为信源比特。为了提高信号的抗干扰性和保密性，系统采用伪随机码（PN 码）作为地址码，信源比特与 PN 码进行模 2 和运算，之后对载波进行 PSK 调制，PSK 信号的频谱被扩展，生成了扩频信号。在接收站 B，系统利用相同的 PN 码和本振信号对接收到的信号进行混频和解扩操作，得到被信源比特调制的窄带中频信号。该信号经过中频放大和滤波处理后，进入 PSK 解调器，最终恢复出原始的信源

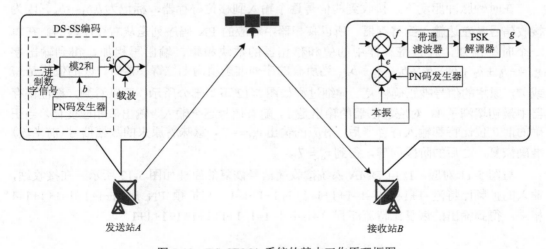

图 5-10　DS-CDMA 系统的基本工作原理框图

比特。需要强调的是，只有当收发两端的 PN 码结构相匹配并且保持同步时，信源比特才能被准确还原。当干扰信号与接收端的 PN 码不相关时，不仅无法解扩，反而导致进一步扩展。扩展后的宽带干扰信号经过中频窄带滤波后，对解调器而言就表现为噪声。

　　DS-SS 编码是 DS-CDMA 系统的重要环节，在该部分，DS-SS 信号将被当作 PN 序列处理。DS-CDMA 系统发送端信号的生成过程如图 5-11 所示。假设系统使用基带信号，在发送端，输入的数据比特流 01 首先被转换为–1+1。扩频 PN 序列是 1010110，也被转换为+1–1+1–1+1+1–1。输入的数据比特流和扩频序列相乘，得到输出的扩频比特流–1+1–1+1–1–1+1+1–1+1–1+1+1–1。

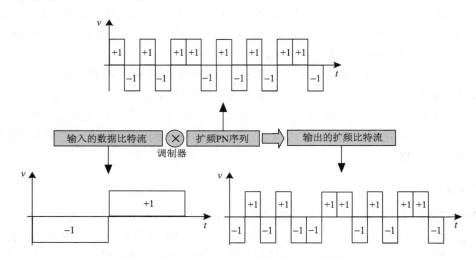

图 5-11　DS-CDMA 系统发送端信号生成示意图

　　在接收端，将接收到的信号与用来生成它的相同 PN 码相乘，实现原始数据比特的恢复。具体过程如图 5-12 所示。

　　在时钟脉冲驱动下，接收到的信号逐个输入到移位寄存器，标记为 $b_1 b_2 \cdots b_7$。因为接收信号从左边输入到寄存器，所以移相器中对应的 PN 码序列是从右往左写的。在每一个时钟周期，移位寄存器中的值和移相器的数块相乘，输出再相加，得到输出字 $v_o = -b_1 + b_2 + b_3 - b_4 + b_5 - b_6 + b_7$。当所有的序列准确填满七位寄存器时，$v_o$ 的值将是+7 或–7，原本的信号被正确恢复。详细过程如图 5-12 下半部分所示。可以看到，移位寄存器中最初填满了 1，对应加法器的输出是 1。随着信号逐个输入，输出值相应变化。当正确的前 7 位比特都输入寄存器后，对应的输出 $v_o = -7$，意味着原来的数据信号(前半段)准确恢复。之后的阶段同理，得到 $v_o = 7$。

　　与图 5-11 对应，DS-CDMA 系统接收端信号恢复的原理如图 5-13 所示。在接收站，输入的扩频比特流–1+1–1+1–1–1+1+1–1+1–1+1+1–1，与扩频 PN 序列+1–1+1–1+1+1–1相乘，得到输出的恢复比特流序列–1–1–1–1–1–1–1+1+1+1+1+1+1+1。

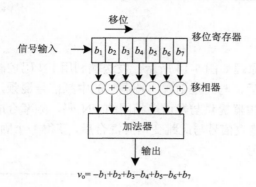

$$v_o = -b_1 + b_2 + b_3 - b_4 + b_5 - b_6 + b_7$$

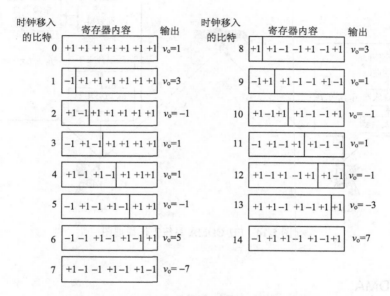

图 5-12　DS-CDMA 系统数据流恢复原理示意图

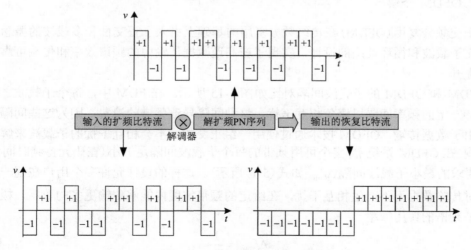

图 5-13　DS-CDMA 系统接收端信号恢复示意图

3. FH-CDMA

FH-CDMA 系统工作原理如图 5-14 所示。发送端利用 PN 码控制频率合成器，使得信号进行伪随机跳变。然后，与经过信源比特调制的中频信号混频，从而扩展频谱。在接收端，本地的 PN 码发生器提供与发送端相同的 PN 码，频率合成器产生与发送端相同规律的频率跳变信号。接收信号与此跳变信号混合后，获得一个固定中频的已调信号，通过解调器还原出原始信号。

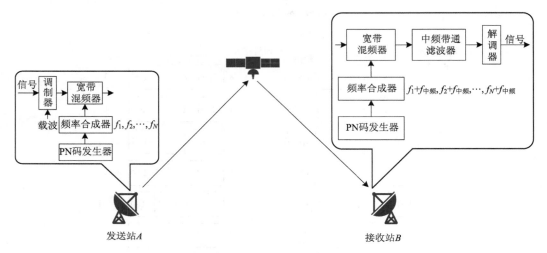

图 5-14　FH-CDMA 系统工作原理图

5.2.4　OFDMA

1. OFDM 介绍

正交频分复用（OFDM）在传统频分复用的基础上引入了正交性和多载波的概念，通过正交子载波和循环前缀的设计，实现了在高速数据传输中的频谱效率和传输可靠性的显著提升。

FDM 和 OFDM 的子载波间隔对比如图 5-15 所示。在 FDM 中，每个子载波之间需要保持一定的频率间隔以避免相互干扰。这种间隔导致频谱的浪费，因为这些间隔区域无法用于数据传输。OFDM 技术通过使用一组正交的、不会相互干扰的子载波来解决这个问题。在 OFDM 系统中，整个可用频带的每个子载波间隔足够小（在码元持续时间为 T_B 时，要求的最小子载波间隔 Δf_{min} 如式（5-1）所示）。这样的设计允许多个用户在同一频段上同时传输数据而不产生相互干扰，在给定的频带宽度内能够传输更多的数据，极大地提高了频谱的使用效率。

$$\Delta f_{min} = \frac{1}{T_B} \tag{5-1}$$

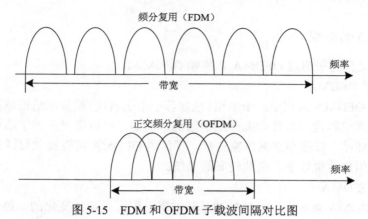

图 5-15 FDM 和 OFDM 子载波间隔对比图

为了进一步增强在多径传播环境中的抗扰能力，OFDM 系统采用了循环前缀(CP)技术，即将每个 OFDM 符号的尾部复制并添加到其开头，形成一定的保护间隔。通过将循环前缀的长度设计得比最大多径延迟还要长，可确保接收端在解码当前符号之前有足够的时间接收完前一个符号的完整信息，以此防止由多径效应引起的符号间干扰。

2. OFDMA 的工作原理

OFDMA 是以 FDMA 为基础，利用 OFDM 技术，将频谱分成多个重叠且正交的子载波，使得不同地球站之间没有干扰的多址接入技术。

下面通过对比 OFDMA 和 OFDM，来解释 OFDMA 工作原理。如图 5-16 所示，OFDM将宽带信道划分为多个紧密间隔的正交子载波，每个子载波上可以独立地传输数据，允许多个用户或数据流在同一时间共享同一个无线信道。而 OFDMA 是在频域上将信道划分为多个子信道，构建多个时频资源块，用户数据承载在每个资源块上。通过这种方式，OFDMA 技术优化了网络资源的使用，允许多个用户共享同一频段，同时减少了用户数据传输的等待时间。这种高效的多址接入技术提高了网络的吞吐量，降低了通信的时延。

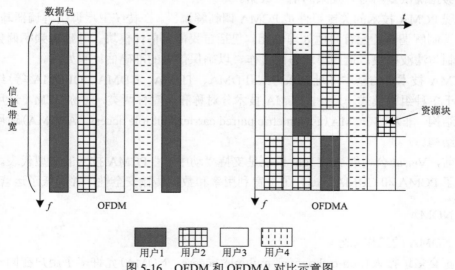

图 5-16 OFDM 和 OFDMA 对比示意图

3. OFDMA 的类型

OFDMA 又分为子信道 OFDMA 和跳频 OFDMA。

(1)子信道 OFDMA。

在子信道 OFDMA 系统中,子信道(包含若干个子载波)被分配给地球站,并且允许根据地球站的需求和信道条件动态分配子信道,例如,可以将更多的子信道分配给信道条件较好的地球站,以提高数据传输速率。子信道 OFDMA 可以提供灵活且有效的资源管理,适用于用户数量较多、负载较高的系统。

(2)跳频 OFDMA。

在跳频 OFDMA 系统中,地球站的子载波资源配置是迅速变化的。每个传输时隙,地球站从全部可用子载波中随机选取一部分用于数据发送;随后,在下一个时隙,它们将转换至另一组子载波进行通信。尽管子载波的分配是随机的,但卫星具备必要的控制和管理机制,能够准确识别每个地球站的上行数据流,确保数据传输的正确性和高效性。对于用户负载较小的网络,跳频 OFDMA 技术能够有效降低地球站之间的干扰。

5.2.5 PCMA 和 NOMA

1. PCMA/APCMA

载波成对多址接入(paired carrier multiple access,PCMA)技术是一种针对大型移动载体通信需求而设计的先进通信方案。该技术允许通信双方使用完全相同的频率、时隙和扩频码,有效提高了频谱资源的利用率,同时增强了通信的安全性和保密性。

PCMA 技术的核心在于其独特的信号处理机制。在 PCMA 系统中,每个终端既发送上行信号,也接收下行信号。由于每个终端都知道自己发送的上行信号内容及其处理过程,因此能够估计各自的下行信号。通过从接收到的复合信号中消除自己发出的信号,终端能够正确恢复出对方发来的信号数据。

实现 PCMA 技术的关键组件是 PCMA 调制解调器。在传统卫星调制解调器基础上,PCMA 调制解调器还配有其他处理单元,包括自我信号估计模块、时延和频率调整模块以及调制与滤波模块。这些模块协同工作,以确保信号的准确估计和处理。

PCMA 技术可与基本多址接入方式(FDMA、TDMA、CDMA、OFDMA 等)结合,并适用于多种组网模式。另外,PCMA 技术分对称和非对称两类,对称 PCMA 适用于网状网络结构,非对称 PCMA(asymmetric paired carrier multiple access,APCMA)适用于星状网络结构。

目前,Viasat 公司的 ArcLight 系统是支持"动中通"PCMA 技术的典型代表。该系统结合了 PCMA 和 CDMA,提升了带宽利用率和数据传输安全性,并降低了运营成本。

2. NOMA

1)NOMA 的工作原理

非正交多址接入(non-orthogonal multiple access,NOMA)允许多个用户在同一时间

和频率资源上进行通信，通过功率分配和信号处理技术实现用户之间的区分和信号的解调。NOMA 传输原理如图 5-17 所示。

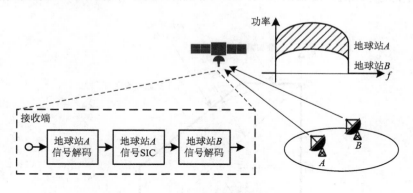

图 5-17　NOMA 传输示意图

地球站 A 和地球站 B 占用相同的时频空资源向卫星发送信号，二者的信号在功率域进行叠加。由于不同地球站的天线增益或信道增益情况不同，在卫星接收端看来，其同时接收到两路功率具有差异的信号。假定地球站 A 在卫星侧的接收功率较大，地球站 B 在卫星侧的接收功率较小，则在卫星接收端收到的信号可以表示为

$$y(i) = \sqrt{p_1}\, x_{\mathrm{UE1}}(i) + \sqrt{p_2}\, x_{\mathrm{UE2}}(i) + n(i) \tag{5-2}$$

式中，i 表示发送符号的编号；$x_{\mathrm{UE1}}(i)$ 和 $x_{\mathrm{UE2}}(i)$ 分别表示地球站 A 和地球站 B 的传输符号；p_1 和 p_2 分别表示两个地球站的总和信道增益；$n(i)$ 表示加性高斯白噪声。NOMA 方式可以实现比 TDMA、FDMA 更大的容量域，以下分析该 NOMA 系统的容量。

2）NOMA 系统的容量分析

上行信道包括 K 个发射机和一个接收机，其中第 k 个发射机允许的发射功率为 P_k。假定发射机和接收机都是单天线，接收信号的单边带谱密度为 N_0。对于两个地球站（$k=2$）的情况，容量范围需要满足如下约束条件：

$$R_k \leqslant B \log_2\left(1 + \frac{g_k P_k}{N_0 B}\right), \quad k = 1, 2 \tag{5-3}$$

$$R_1 + R_2 \leqslant B \log_2\left(1 + \frac{g_1 P_1 + g_2 P_2}{N_0 B}\right) \tag{5-4}$$

式中，g_k 表示第 k 个发射机的发射功率因子，第一个约束是单地面站的可达信道容量限制；第二个约束是指所有地面站的总容量不能超过一个等效"虚拟地面站"的可达容量，其中，该"虚拟地面站"抵达接收机的功率为所有地面站抵达接收机的功率之和。

更一般地，对于 K 个地面站的场景，容量区域为

$$C_{\mathrm{UL}} = \left\{ (R_1, \cdots, R_K): \sum_{k \in S} R_k \leqslant B \log_2\left(1 + \frac{\sum\limits_{k \in S} g_k P_k}{N_0 B}\right), \forall S \subset \{1, 2, \cdots, K\} \right\} \tag{5-5}$$

式中，S 是集合 $\{1, 2, \cdots, K\}$ 的某一个子集。

对于两个地球站进行通信的场景，可达容量区域是一个如图 5-18 所示的五边形。

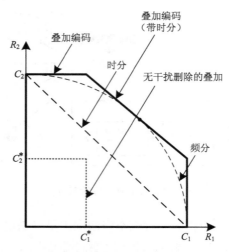

图 5-18　NOMA 系统的容量区域

$$C_k = B \log_2 \left(1 + \frac{g_k P_k}{N_0 B} \right), \quad k = 1, 2 \tag{5-6}$$

$$C_1^* = B \log_2 \left(1 + \frac{g_1 P_1}{g_2 P_2 + N_0 B} \right) \tag{5-7}$$

$$C_2^* = B \log_2 \left(1 + \frac{g_2 P_2}{g_1 P_1 + N_0 B} \right) \tag{5-8}$$

图 5-18 中的 C_1（C_2）是另一个地面站沉默时，地球站 A（地球站 B）能达到的最大上行速率，C_1^*（C_2^*）指地球站 A（地球站 B）在另一个地球站干扰的情况下能达到的最大上行速率。如果系统工作在角点，即 (C_1, C_2^*) 和 (C_1^*, C_2)，则接收机采用干扰删除的方式可以达到容量。进一步在干扰删除的基础上引入时分的方式，让系统轮流工作在两个转角点对应的场景下，则五边形右上侧折线处的容量也可以达到。

3）SCMA 技术

稀疏码多址接入（sparse code multiple access，SCMA）是 NOMA 技术的典型代表之一，它利用稀疏码本提高频谱利用率。该技术的核心在于通过稀疏码扩展以及信号的非正交叠加，在有限资源条件下服务更多用户。SCMA 系统的发送端结构如图 5-19 所示。该技术包含多个数据层，每个用户的数据可以对应一个或多个数据层。每一层都预先设定了一个特定的码本，其中包含多个由多维调制符号构成的码字，同一码本中的码字具有相同的稀疏图样。在每个数据层中，经过信道编码的比特流会直接映射为相应的码字。不同用户的数据在码域和功率域上实现复用，共享时频资源。若复用的数据层数超出码字长度，系统将出现过载。

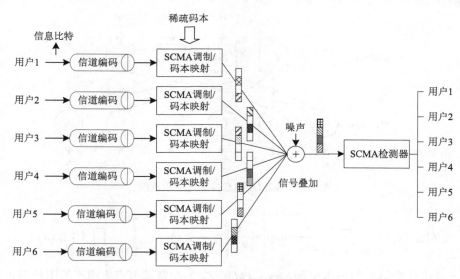

图 5-19　SCMA 系统的发送端结构图

SCMA 技术的独特之处在于码字的映射机制，映射过程如图 5-20 所示。该流程涉及 6 个数据层，每层都对应一个独特的码本，每个码本由 4 个码字组成，码字长度为 4。映射时，根据比特编号从码本中选取码字，不同数据层的码字直接叠加。

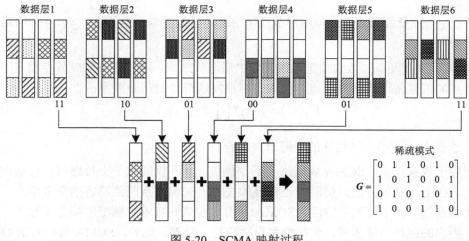

图 5-20　SCMA 映射过程

由于码字的稀疏性，接收端一般采用消息传递算法（message passing algorithm, MPA）进行多用户检测。图 5-21 展示了消息传递过程。其中的节点分为两类：用户节点和资源节点。消息沿着两类节点之间的边缘传递。系统中第 j 层数据在第 k 个资源上发送的符号记为 $x_{k,j}$，第 k 个资源上的接收信号记为 y_k。MPA 的步骤如下。

（1）资源节点更新。在第 t 次迭代中，资源节点 k 传递给用户节点 j 的消息 $R_{k \to j}^t(x_j)$ 可以表示为

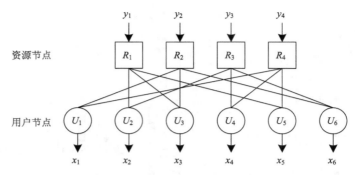

图 5-21　SCMA 消息传递过程示意图

$$R_{k \to j}^{t}(x_j) = \sum_{x_l \in \chi_l, l \in \zeta_{k \setminus j}} \frac{1}{\pi N_0} \cdot \exp\left[-\frac{1}{N_0}\left\|y_k - \sum_{l \in \zeta_k} h_{k,j} x_{k,j}\right\|^2\right] \cdot \prod_{l \in \zeta_{k \setminus j}} U_{l \to k}^{t-1}(x_j) \qquad (5\text{-}9)$$

式中，χ_l 为第 l 个用户的码本空间，$|\chi_l| = M$；ζ_k 为与资源节点 k 相连的用户节点集合；$\zeta_{k \setminus j}$ 为除用户节点 j 外与资源节点 k 相连的其他用户节点集合。

（2）用户节点更新。在第 t 次迭代中，用户节点 j 传递给资源节点 k 的消息 $U_{j \to k}^{t}(x_j)$ 为

$$U_{j \to k}^{t}(x_j) = p(x_j) \prod_{m \in \zeta_{j \setminus k}} R_{m \to j}^{t}(x_j) \qquad (5\text{-}10)$$

式中，$\zeta_{j \setminus k}$ 为除资源节点 k 外与用户节点 j 相连的其他资源节点集合；$p(x_j)$ 为给定码字 x_j 的先验概率。

（3）后验概率更新。达到预定迭代次数 T 后迭代结束，同时将与用户节点相连的所有资源节点的消息传递给用户节点，作为该用户发送符号的后验概率：

$$U_j(x_j) = p(x_j) \prod_{m \in \zeta_j} R_{m \to j}^{t}(x_j) \qquad (5\text{-}11)$$

式中，ζ_j 为与用户节点 j 相连的资源节点集合。

相较于现有技术，SCMA 展现出了不少优势。其不仅适用于上行通信，也适用于下行通信。在上行通信方面，借助非正交叠加技术，SCMA 系统能够容纳更多用户，从而实现海量连接。在下行通信方面，SCMA 利用多维调制技术和频域扩频分集技术，显著提升了用户的链路传输质量，使得链路自适应更为稳健。此外，SCMA 与现有的 OFDM 技术完全兼容，这意味着它可以无缝地集成到现有的通信系统中，包括导频设计和信道估计，并支持现有的 MIMO 发送模式。这种兼容性使得 SCMA 的部署和应用变得更加便捷和高效。

然而，由于 SCMA 接收机通常采用基于因子图的迭代检测机制，实现复杂度较高，因此将其部署于卫星平台仍需要研究性能与复杂度的合理平衡。

5.2.6　小结

以上介绍的各种基本多址接入方式都有其特定的应用场景，共同支撑着复杂多变的卫星通信需求。总结各种多址接入技术的优缺点，对比如表 5-1 所示。

表 5-1　各种多址接入技术的优缺点

多址方式	优点	缺点
FDMA	1. 技术成熟度高，稳定可靠，实现起来相对简单，成本较低； 2. 在调制方式、基带信号类型、编码方式等方面，对各个载波都没有严格的限制，灵活性较高； 3. 无须依赖网络定时	1. 转发器的非线性特性易引发互调干扰； 2. 需设置保护带避免载波间干扰，频带利用率降低； 3. 为了确保所有链路的通信质量，需要实施上行链路功率控制
TDMA	1. 在任一时刻，卫星仅转发一个地球站的信号，因此不同的地球站可以采用相同的载波频率，并能充分利用转发器的整个带宽资源，且无互调干扰问题； 2. 由于载波数较少，对地球站功率的限制弱于 FDMA，功率控制精度要求不高； 3. 业务分配灵活，大小站易于兼容	1. 需要精确的同步控制，以避免不同地球站发送信号的碰撞干扰； 2. 系统工作在突发模式，技术复杂度高，实现困难； 3. 当地面站点较多时，每个地球站分得的突发持续时间将被压缩，此时需要复杂、困难的时间同步过程以保证信号的正交性
MF-TDMA	1. 动态分配信道，提高了资源利用率； 2. 在设备体积和系统容量之间取得最佳折中； 3. 支持综合业务的传输，可与多种地面网络互联互通，实现和现有系统的兼容	1. 多载波工作会带来互调噪声的影响； 2. 时隙分配算法复杂
CDMA	1. 无须在各地球站间进行复杂的频率和时间协调，灵活便捷； 2. 扩频技术能有效抵抗外界干扰； 3. 与扩频、跳频结合可获得低信号功率谱密度或实现频谱随机占用，使得信号难以被截获，具有更高的通信安全性	1. 为了减少多址干扰，必须对系统内地球站的发射功率进行精确控制，增加了系统管理的复杂性； 2. 扩频技术占用了较宽的带宽，导致频带利用率相对较低
OFDMA	1. 相比于 FDMA 系统，不再需要保护带宽分隔子载波，频谱利用率得到提升； 2. 在接收端，子信道易于分离，且恢复源信号的复杂度显著降低； 3. 抗多径干扰能力强，抗衰落能力强	1. 对子载波之间的正交性要求很严格，需要极高的频率精确度； 2. 需要采用循环前缀消除 ISI，有一定的频谱开销
PCMA	1. 允许两个地球站同时使用相同的资源，有效提高了卫星通信系统的容量和资源利用率； 2. 可与基本多址接入方式结合，并适用于多种组网模式	1. 同步要求高，系统复杂度高； 2. 对网络质量敏感
NOMA	可以容忍用户间干扰，相比于正交多址接入方案，极限接入用户量更大	接收机复杂度高

5.3　信道分配

在卫星通信系统中，信道分配是确保系统高效运行的关键环节。合理的信道分配策略可以有效提高频谱利用率，减少用户间干扰，从而提升整个通信网络的性能。5.3.1 节将深入探讨几类不同的信道分配策略，包括预分配、按需分配和随机分配。这些策略各有优势和局限性，适用于不同的场景和系统需求。预分配策略通过静态分配信道资源，适用于预测流量模式较为稳定的环境；按需分配策略则提供了更高的灵活性，能够根据用户的实时需求动态调整信道资源；而随机分配策略则通过随机选择可用信道来简化分配过程，在某些情况下可以实现快速分配。随后，在 5.3.2 节中，将评估这些信道分配策略的性能。

5.3.1　信道分配策略

1. 预分配策略

预分配分为固定预分配（fixed pre-assignment，FPA）和按时预分配（time-based pre-assignment，TPA）。

（1）FPA 策略：按事先规定，半永久性地分配给每个地球站固定的信道，各地球站只能使用分配给它的信道进行通信。

（2）TPA 策略：根据统计，事先知道各地球站业务量随时间的变化规律，因而可以在一天内按照约定对信道进行几次固定的调整。

2. 按需分配策略

显然，预分配方式难以适应随机变化的业务量。对于业务量较小且地球站较多的卫星通信系统，最好采用可变的信道分配方式。根据地球站的申请临时分配信道，通信完毕后回收信道，这样的信道分配方式称为按申请分配或按需分配。这种方式比较灵活，但是需要较复杂的控制设备。

对于按需分配系统，控制方式主要有以下三种。

（1）集中控制方式：控制方式是星状结构。系统的各类业务均需主站控制，需要通过双跳实现，使得卫星整体链路的利用率降低了一半；并且使用很不方便，所以这种控制方式通常只用于一些专用系统。

（2）分散控制方式：控制方式是网状结构。各地球站可直接通信，无须经过主站，各类业务均以点对点为基础实现控制。

（3）混合控制方式：系统的信道分配、状态监测、计费主要由主站负责，而通话可在地球站之间直接进行。公共信令传输通道是星状结构，而语音通道是网状结构。

3. 随机分配策略

随机分配是指通信系统中各个地球站随机地占用卫星通道。这种方式可以很好地提升信道利用率。

随机分配主要有以下三种。

（1）P-ALOHA（pure-ALOHA）：纯 ALOHA，最简单的竞争接入方式，且最早使用。若干地球站共用一个信道接入卫星，各地球站将要发送的数据分组，之后终端立即把新产生的分组传输出去；若与其他分组发生碰撞，则随机延时后重发。

（2）S-ALOHA（slotted-ALOHA）：时隙 ALOHA。在 P-ALOHA 的基础上，将时间划分为时隙，各地球站发送的数据分组必须落入某一时隙，若有两个或两个以上分组落入同一时隙就会发生碰撞。

（3）R-ALOHA（reservation-ALOHA）：预约 ALOHA。地球站要发长报文时，首先向卫星申请预约，之后卫星分配给终端一段时隙，让其一次发送一批数据，其中申请预约可通过 S-ALOHA 实现。

（4）CSA（coded slotted-ALOHA）：编码时隙 ALOHA。核心思想是在时间轴上划分固定的时隙，并为每个用户分配唯一的编码序列。这些编码序列是预先计算好的，能够确保即使多个用户在同一时隙内发送数据，卫星转发器也能够采用干扰相消技术准确地分离出每个用户的信号，译码后实现对数据包的恢复。该编码方式类似于 OFDMA 中的子载波分配，但 CSA 是在时域上进行编码，而不是频域上。

CSA 方案模型如图 5-22 所示，有三个接入用户 i、j、l，每个用户产生数据包后，将数据包分割成两部分。用户 i 对两个数据块进行系统编码后，产生四个数据包，将四个数据包在一帧中随机选择的四个时隙上发送，用户 j 和用户 l 同理，其中编码后的数据包长度是原始数据包长度的一半。

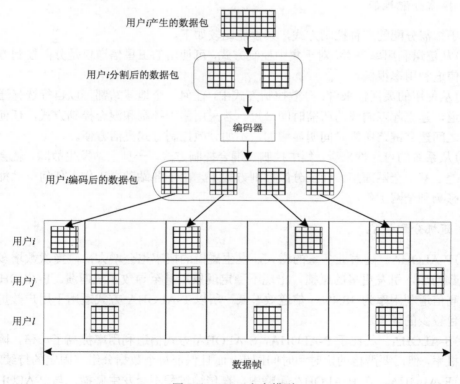

图 5-22　CSA 方案模型

当卫星转发器接收到如图 5-22 所示的数据帧后，检测其中只包含一个数据包的时隙，对该数据包进行解码处理。解码过程中，转发器会提取关键信息，包括所使用的编码方式、同一用户发送的数据包的具体位置等。接着，通过最大后验概率（maximum a posteriori, MAP）译码算法，转发器将尽力恢复尽可能多的编码数据包。成功恢复的数据包随后会被用于消除同类数据包可能对其他数据包产生的干扰。通过这一过程的多次迭代，最终满足解码标准的大部分数据包都将被准确恢复。

5.3.2 信道分配性能

不同的信道分配策略，性能也有较大差异，介绍如下。

1. 预分配性能

（1）如果采用固定预分配策略，信道是专用的，实施简单，不需要控制设备；缺点是使用不灵活，业务量低的时候信道利用率低。

（2）按时预分配策略的利用率虽然比固定预分配高，但在每个时刻，依然是固定预分配。只有在通信系统中各站业务量繁重时，效率才更高。

2. 按需分配性能

对于按需分配的三种控制方式，其性能比较如下。

（1）从信道利用率来看，对于集中控制方式，可使用的卫星信道仅是分散控制方式的一半，信道利用率很低。

（2）从使用的灵活性来看，分散控制方式中，任何一个地球站都可以自行选择通信地址和信道，建立起双向线路所需时间最短。若采用集中控制和混合控制方式，任何两个地球站之间建立链路所需时间明显增加，不如分散控制方式灵活方便。

（3）从系统的可靠性来看，集中控制及混合控制方式，一旦主站发生故障，就会引起很大误差，甚至全网瘫痪。而在分散控制方式下，由于各站独立工作，任何一站瘫痪，都不会影响到全网工作。

3. 随机分配性能

（1）P-ALOHA。随着业务量的增大，发生碰撞的概率也会增大；碰撞次数增多导致重发次数增加，引发更多的碰撞，出现不稳定现象，甚至导致系统崩溃。P-ALOHA 系统的最高信道利用率为 18.4%，信道效率低，所以 P-ALOHA 方式适用于用户数量和发送数据包较少的场景。

（2）S-ALOHA。相比于 P-ALOHA，S-ALOHA 方式信道利用率提高了一倍，降低了碰撞的概率，但需要严格的定时和时间同步，而且保证每个数据分组有固定的持续时间。

（3）R-ALOHA。在 R-ALOHA 策略中，在传输过程不会发生碰撞，与 P-ALOHA 或 S-ALOHA 相比，R-ALOHA 的信道吞吐率有较大的改善。

（4）CSA。CSA 策略中，时间被划分为一系列等长的时隙，每个用户在其分配的时隙内发送数据。每个用户都有一个独特的编码序列，以便在多用户同时发送数据时，接收端可以准确地分离出每个用户的信号，从而大大减少数据冲突的可能性。通过有效的编码和时隙管理，CSA 可以显著提高无线通信系统的容量，尤其是在高用户密度的场景中。

　　图 5-23 是 P-ALOHA、S-ALOHA、CSA 三种方式的吞吐量性能对比。其中，CSA 方式的码率为 $1/3$（$R=1/3$）。

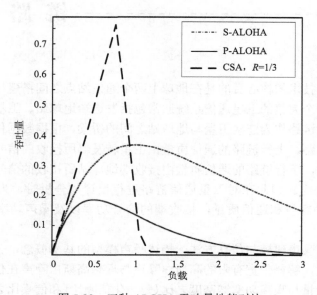

图 5-23　三种 ALOHA 吞吐量性能对比

习　题

1. FDMA 的两种主要类型是什么？SCPC 应用的场合是什么？

2. TDMA 的优点和缺点是什么？

3. 介绍 TDMA 系统的同步技术。

4. TDMA 帧结构中报头主要包括哪几部分？

5. MF-TDMA 系统的扩容方式有什么？

6. DS-CDMA 和 FH-CDMA 的区别是什么？

7. OFDMA 和 FDMA 有什么区别？

8. 介绍不同信道分配策略的特点以及应用场合。

第 **6** 章

链 路 技 术

微课视频

卫星通信链路技术的核心目的是在地球上两个通信站点之间搭建尽可能稳定而又高效的通信连接，一个完整的卫星通信系统通常包括发送端地球站、卫星转发器和接收端地球站。卫星通信链路作为连接卫星与地球站之间的桥梁，根据数据传输方向不同分为上行链路和下行链路。上行链路的通信质量由卫星转发器所接收的信号功率和卫星接收机的噪声功率决定，下行链路的通信质量由接收端地球站所接收的信号功率和地球站接收机的噪声功率决定。因此在对卫星通信链路进行设计与分析时，为保证卫星通信系统具有理想的传输容量和通信质量，接收端的信号功率以及噪声功率均需要满足一定的条件。

本章首先介绍噪声建模与仿真方法，描述噪声模型的基本概念，分析噪声如何影响信号的传输和接收，解释带宽有限的高斯白噪声与理想高斯白噪声在仿真中的等效性，以及阐述每比特能量与噪声功率谱密度之比(归一化信噪比)和信噪比之间的关系。在此基本概念的基础之上引出衡量卫星通信链路传输质量的重要指标——载噪比和载温比，详细介绍决定载噪比的众多因素，包括发射端的发射功率和天线增益、传输损耗和各种类型的噪声及干扰、接收端的天线增益以及噪声性能等。为保证系统在气象变化等某些不确定因素之下仍能进行高质量通信，在系统设计时必须要保留一部分链路余量。本章最后阐述卫星系统链路预算的方法。

6.1 卫星系统仿真中噪声建模

噪声作为信息传输过程中不可避免的现象，是影响卫星通信链路传输质量的重要因素。在实际的卫星通信中，信号传输会受到各种类型噪声源的影响。噪声建模是在进行通信链路设计之前的首要步骤，直接影响计算链路预算的准确性和系统的可靠性。准确地对噪声进行建模仿真不仅有助于更好地理解和模拟卫星通信系统的实际运行环境，更有助于预估卫星通信链路在实际应用中的表现，对于优化系统通信性能至关重要。

6.1.1 噪声模型建立与仿真

为便于理解，卫星通信链路可视为一个标准的二进制数字基带通信系统，并且假设该通信系统工作在加性高斯白噪声（AWGN）信道下。在此系统当中，无论信号采取矩形脉冲、高斯脉冲、升余弦脉冲或任何其他形式的波形，其数字基带信号都可以用数学式表示。若表示各码元的波形相同而电平取值不同，设二进制数字基带信号为

$$s(t) = \sum_{k=0}^{\infty} a_k g(t - k \cdot T_s) \tag{6-1}$$

式中，a_k 为信息序列第 k 个码元所对应的电平值，此处其范围取为 $\{\pm 1\}$；$g(t)$ 为基带脉冲波形，此处认为 $g(t)$ 是滚降系数为 α 的根升余弦波形；T_s 为码元的持续时间。

显然，每比特携带的能量 E_b 可用 $g(t)$ 表示为

$$E_b = \int_{-\infty}^{\infty} g^2(t) \, dt \tag{6-2}$$

信息速率 R_b 为码元持续时间 T_s 的倒数：

$$R_b = T_s^{-1} \tag{6-3}$$

接收端的输入信号为 $r(t)$，则 $r(t)$ 为期望信号 $s(t)$ 和高斯白噪声 $x(t)$ 之和，即

$$r(t) = s(t) + x(t) \tag{6-4}$$

式中，高斯白噪声 $x(t)$ 的双边功率谱密度为 $N_0/2$。

如果在接收端采用最佳接收机（匹配滤波器），则此时的误码率为

$$P_e = Q\left(\sqrt{\frac{2E_b}{N_0}}\right) \tag{6-5}$$

式中，$Q(\cdot)$ 函数为

$$Q(x) = \frac{1}{\sqrt{2\pi}} \int_x^{\infty} e^{-y^2/2} \, dy \tag{6-6}$$

由此可见，衡量通信质量的重要参数误码率 P_e 可由每比特能量 E_b 和噪声功率谱密度 N_0 表示。但在计算机环境中，仿真软件作为一种计算机程序，无法对真实的模拟通信系统进行仿真，仿真信号与仿真噪声均为离散序列。因此若想要通过仿真软件来验证通信系统的性能，需要采用离散的方式对上述通信系统进行建模。

将模拟信号转化为离散信号需要满足一个重要的前提条件：对模拟信号进行采样的采样率 f_{smp} 必须符合奈奎斯特采样定理。该定理要求 f_{smp} 需要大于两倍的最高模拟频率，否则将导致信号失真和信息丢失，无法重建原始信号，即

$$f_{smp} \geqslant 2\left(\frac{1+\alpha}{2} R_b\right) \tag{6-7}$$

根据采样率 f_{smp} 对上述模拟信号 $s(t)$ 进行采样，其数字离散化以后的期望信息序列 $s(n)$ 可表示为

$$s(n) = \sum_{k=0}^{\infty} a_k g(n - k \cdot M) \tag{6-8}$$

式中，M 为过采样率，且满足 $M \geqslant 2$，存在

$$f_{\mathrm{smp}} = M \cdot R_{\mathrm{b}} \tag{6-9}$$

符号间隔 T_{s} 与采样间隔 T_{smp} 之间的联系是

$$\frac{f_{\mathrm{smp}}}{R_{\mathrm{b}}} = \frac{T_{\mathrm{s}}}{T_{\mathrm{smp}}} = M \tag{6-10}$$

类似于式 (6-4)，增加噪声后接收机输入的离散采样序列 $r(n)$ 为期望信号序列 $s(n)$ 和高斯白噪声序列 $x(n)$ 之和：

$$r(n) = s(n) + x(n) \tag{6-11}$$

式中，在仿真软件中，高斯白噪声序列 $x(n)$ 可以通过 randn 函数或 awgn 函数生成。

在计算机的仿真环境下，可以控制的变量是期望信号序列 $s(n)$ 和高斯白噪声序列 $x(n)$ 的功率，即输入信号的信噪比（SNR）。而式 (6-5) 中误码率 P_{e} 由每比特能量 E_{b} 和噪声功率谱密度 N_0 确定，因此有必要将仿真中需要的 E_{b} 和 N_0 转换为能够控制的信噪比 SNR。

在讨论 E_{b} 和 N_0 与 SNR 之间的关系之前，首先应明确在仿真软件中生成噪声序列所使用的 randn 函数和 awgn 函数，其生成的离散噪声序列不是对真实的高斯白噪声信号进行采样获得的。原因在于高斯白噪声信号只是一种理想的数学模型，其功率谱的定义域范围（即带宽）为无穷大，噪声信号的功率也为无穷大，因此在现实世界中不存在真正意义上的高斯白噪声信号，自然也无法获得对高斯白噪声信号进行采样后的噪声序列。

在现实的应用场景中，更广泛使用的是高斯白噪声条件下的自然推广——带限高斯白噪声，即通过滤波器进行限带措施后带宽有限的高斯白噪声。相比真正的高斯白噪声，对带限高斯白噪声进行处理更具有现实意义。因为它不仅更符合现实世界中的实际情况，同时也是一切数字通信系统仿真中噪声建模的理论基础。

在理想高斯白噪声条件下的匹配滤波流程如图 6-1 所示，输入信号 $r(t)$ 由期望信号 $s(t)$ 和高斯白噪声信号 $x(t)$ 相加而成，经过匹配滤波器 $h(t)$ 后获得输出信号 $r_{\mathrm{h}}(t)$。

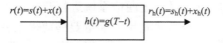

图 6-1   理想高斯白噪声下的匹配滤波流程

在高斯白噪声条件下的匹配滤波器的时域形式为

$$h(t) = g(T - t) \tag{6-12}$$

在高斯白噪声条件下的匹配滤波器的频域形式为

$$H(f) = G^*(f)\mathrm{e}^{-\mathrm{j}2\pi f T} \tag{6-13}$$

式中，$G(f)$ 是 $g(t)$ 的傅里叶变换。匹配滤波器输出端在 $t = T$ 时刻输出的最大化信噪比为

$$\left.\mathrm{SNR}\right|_{t=T} = \frac{s_\mathrm{h}^2(T)}{E\left[x_\mathrm{h}^2(T)\right]} = \frac{2E_\mathrm{s}}{N_0} \tag{6-14}$$

式中，E_s 为目标信号的能量。

如果 $x(t)$ 不是理想的高斯白噪声信号，而是带限高斯白噪声信号，只要满足 $x(t)$ 的功率谱在信号带宽 B 之内是平坦的，并且带内的双边功率谱密度为 $N_0/2$，则该带限高斯白噪声所适用的匹配滤波器和理想高斯白噪声情况下的匹配滤波器具有相同的形式，匹配滤波器输出端的最佳采样点处的信噪比仍然满足式(6-14)。

基于上述表述，一切数字通信系统(无论采用任何调制方式或任何信号形式)在理想高斯白噪声条件下的结论都可以不加改变地推广到带限高斯白噪声的条件下，即此带限高斯白噪声对于一个通信系统的影响和谱密度与其相同的理想高斯白噪声完全一致，前提是带限高斯白噪声在信号带宽 B 之内的谱密度是平坦的，即常数。

在仿真软件中，使用 randn 函数和 awgn 函数生成的高斯白噪声序列当中的每个元素都是彼此独立的，并且都服从高斯分布。这意味着在仿真环境下生成的白噪声，其实是"数字白"的，即带宽受限的白噪声。如果某个高斯噪声序列 $x(n)$ 的功率或方差为 σ^2，即

$$E\left[x^2(n)\right] = \sigma^2 \tag{6-15}$$

则其数字域功率谱 D 与其功率 σ^2 在数值上完全相等，即

$$\sigma^2 = \frac{1}{2\pi}\int_{-\pi}^{\pi} D\,\mathrm{d}\omega \Rightarrow D = \sigma^2 \tag{6-16}$$

图 6-2 是一个简易的加性高斯白噪声信道下的数字接收机信号处理模型。在图 6-2 中最左侧是输入信号 $r(t)$，其由期望信号 $s(t)$ 和真正意义上的高斯白噪声 $x(t)$ 相加组成。下面分析在这种情况下信噪比和 E_b/N_0 之间的关系。

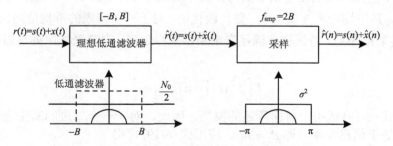

图 6-2 加性高斯白噪声信道下的信号处理模型

信号经过理想低通滤波器后，输出信号 $\hat{r}(t)$ 为期望信号 $s(t)$ 和一个带限加性高斯白噪声 $\hat{x}(t)$ 之和。根据所述带限高斯白噪声的匹配滤波原理可知，这个带限加性高斯白噪声对通信系统的影响与真正的高斯白噪声完全相同。此时期望信号 $s(t)$ 和带限加性高斯白噪声 $\hat{x}(t)$ 都是功率有限信号，可以对它们实现采样。对输出信号 $\hat{r}(t)$ 进行采样后，可以得到加噪声后的接收信号数字序列 $\hat{r}(n)$。

由于采样率为 $f_\mathrm{smp} = 2B$，无论对于期望信号还是带限加性高斯白噪声，这个采样率

均已满足奈奎斯特采样定理，这意味着低通滤波器的输出信号 $\hat{r}(t)$ 所荷载的信息已完全包含在其采样序列 $\hat{r}(n)$ 中。由式 (6-8) 可知：

$$\hat{r}(n) = s(n) + \hat{x}(n) = \sum_{k=0}^{\infty} a_k g(n - k \cdot M) + \hat{x}(n) \tag{6-17}$$

式 (6-17) 中的信号部分就是在之前定义过的期望信号采样序列 $s(n)$，显然噪声部分 $\hat{x}(n)$ 实际上是一个"数字白"的带限高斯白噪声序列。因此该接收机模型中最后的采样序列 $\hat{r}(n)$ 完全可由仿真软件生成，并且在理论性能分析上和相应的真正高斯白噪声并无二致。

图 6-2 所给出的信号处理模型具有重要的现实意义。它证明了通过仿真来模拟真实情况的可行性，表明可以通过仿真环境中所生成的信号序列和噪声序列来模拟工作于真实加性高斯白噪声信道下的接收机，为仿真环境下的数字接收机和现实世界中的真实数字接收机搭起了一座桥梁。

正如前面所述，在仿真中可以控制的是信号序列和噪声序列的平均功率之比，即信噪比：

$$\mathrm{SNR} = \frac{E\left[s^2(n)\right]}{E\left[\hat{x}^2(n)\right]} \tag{6-18}$$

但如式 (6-5) 所示，误码率 P_e 的表达式中使用的是 E_b/N_0 而非 SNR，因此需要研究 SNR 和 E_b/N_0 之间的转换关系。

6.1.2　E_b/N_0 与 SNR

对于一个模拟形式的期望信号 $s(t)$，其平均功率 $S = R_b E_b$；一个模拟形式的带限噪声信号 $\hat{x}(t)$，其平均功率 $N = N_0 B$。更一般化地，对于一个带限的零均值随机过程 $f(t)$，令 $f(n)$ 为其采样序列，若采样率满足奈奎斯特采样定理，则其采样序列与原始模拟信号之间满足：

$$E\left[f^2(t)\right] = E\left[f^2(n)\right] \tag{6-19}$$

显然，式 (6-19) 适用于前面所述的模型。因此，对于一个二进制基带通信系统，存在符号速率等于信息速率，即 $R_s = R_b$。应用式 (6-19) 可得

$$\begin{cases} E\left[s^2(n)\right] = E\left[s^2(t)\right] = E_b R_b \\ E\left[\hat{x}^2(n)\right] = E\left[\hat{x}^2(t)\right] = N_0 B \end{cases} \tag{6-20}$$

进而可得到信噪比 SNR 为

$$\mathrm{SNR} = \frac{E\left[s^2(n)\right]}{E\left[\hat{x}^2(n)\right]} = \frac{E_b R_b}{N_0 B} = 2 \cdot \frac{E_b}{N_0} \cdot \frac{R_b}{f_{\mathrm{smp}}} = 2 \cdot \frac{E_b}{N_0} \cdot \frac{1}{M} \tag{6-21}$$

若改为分贝 (dB) 形式表示，则式 (6-21) 也可以表示为

$$[\mathrm{SNR}] = [2] + \left[\frac{E_\mathrm{b}}{N_0}\right] - [M] \tag{6-22}$$

式 (6-22) 在仿真环境下建立起 E_b/N_0 与 SNR 的内在联系,回答了本章最初提出的问题。然而,这种关系仅适用于二进制通信系统,对于多进制通信系统,假定每个符号包含 k_b bit 的信息,则利用类似的推导可得

$$[\mathrm{SNR}] = [2] + [k_\mathrm{b}] + \left[\frac{E_\mathrm{b}}{N_0}\right] - [M] \tag{6-23}$$

再扩展到更一般的情况,把上述结论推广到扩频通信系统,假定符号能量为 E_s,扩频比为 ssr,此时过采样率 M 表示采样速率 f_smp 相对于码片速率 R_c 的倍率,则

$$\mathrm{SNR} = \frac{E\left[s^2(n)\right]}{E\left[\hat{x}^2(n)\right]} = \frac{E_\mathrm{s} R_\mathrm{s}}{N_0 B} = 2 \cdot \frac{E_\mathrm{s}}{N_0} \cdot \frac{R_\mathrm{s}}{f_\mathrm{smp}}$$

$$= 2 \cdot \frac{k_\mathrm{b} \cdot E_\mathrm{b}}{N_0} \cdot \frac{R_\mathrm{c}/\mathrm{ssr}}{f_\mathrm{smp}} = 2 \cdot k_\mathrm{b} \cdot \frac{E_\mathrm{b}}{N_0} \cdot \frac{1}{M} \cdot \frac{1}{\mathrm{ssr}} \tag{6-24}$$

若改为分贝 (dB) 形式表示,则式 (6-24) 也可以表示为

$$[\mathrm{SNR}] = [2] + [k_\mathrm{b}] + \left[\frac{E_\mathrm{b}}{N_0}\right] - [M] - [\mathrm{ssr}] \tag{6-25}$$

需要明确的是,上述所有结论中的 M 都具有明确的物理意义。在常规的通信系统中,M 是仿真中的采样速率与通信系统符号速率之比;在扩频通信系统中,M 是仿真中的采样速率与码片速率之比。

此外,上述所有结论都是在一般的条件下推导获得的,具有普适性。因此所述结论适用于任何调制方式、任何扩频方式且不区分所研究的目标系统工作在基带还是频带,自然也适用于卫星通信系统。结论唯一的前提条件是仿真中的低通或带通采样不会导致目标信号混叠。理解上述噪声建模过程是对卫星通信链路进行设计分析的前提和基础。

6.2 卫星系统中的载噪比与载温比

卫星通信不可避免地遭受着来自各种不同来源的噪声,包括自然界的宇宙噪声、大气噪声以及人为噪声等。衡量卫星通信链路质量与性能采用多种参数指标,其中针对链路噪声性能最重要的指标之一是载噪比 (carrier noise ratio,CNR),其含义为通信系统中接收机输入端的载波功率和噪声功率之比,记作 C/N。另一个衡量卫星链路质量与性能的重要指标是载温比,其含义为接收机输入端的载波功率和等效噪声温度之比,记作 C/T。本节将对它们分别进行讨论,阐述其基本概念以及内在联系。

6.2.1 噪声温度与噪声功率

根据噪声产生的原理,大致可以将噪声分为五大类:热噪声、闪烁噪声、散粒噪声、等离子体噪声和量子噪声。其中,热噪声是无处不在的基本噪声。对于任何物质而言,

只要物质的温度处于 0K 以上，都必然存在随机的电子热运动现象，这正是热噪声无处不在的原因。热噪声的功率谱密度在整个频域内可视为常数，通常可认为其是白噪声。

将上述情况等效为一个处于某温度下的理想电阻，当环境温度越高时，电阻中的电子热运动现象就会越剧烈，电子因热运动所具有的能量也会越大。电子热运动导致电阻上产生随机的电压波动，则此时电阻可以视为一个等效的噪声源，通过引入等效噪声温度能表示其输出的噪声功率。

等效噪声温度的定义为当产生的噪声功率相同时的热噪声源所具有的温度。相比于噪声功率，用噪声温度来表示数值会更加直观。因此，噪声温度并非通常物理意义上的温度，而是一种衡量噪声功率大小的参数，对于某个特定的噪声源，噪声温度等同于在相应的带宽范围内，某个电阻产生与该特定噪声源同等大小功率时，电阻所需要达到的热力学温度。

根据噪声的不同来源，噪声可分为内部噪声(接收机引入)和外部噪声(天线引入)两大类。在卫星通信链路当中，接收端地球站能接收到的信号强度极其有限，并且由于在接收端通常会使用高增益接收天线以及低噪声放大器，极大地减弱了接收机的内部噪声对通信造成的影响，因此需要对外部噪声的影响予以重视，并且同时考虑多种不同来源的外部噪声。卫星通信系统中常见的噪声来源如图 6-3 所示。

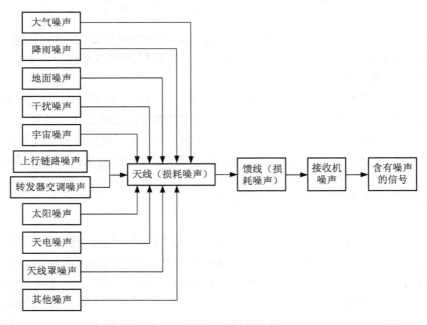

图 6-3   卫星通信系统中常见的噪声来源

外部噪声可以分为两类：地面噪声和太空噪声。地面噪声对通信系统的影响较大，来自大气、降雨、地面、工业活动(人为噪声)等；太空噪声来自宇宙、天体等。外部噪声具体可分为以下几种。

(1)大气噪声。卫星通信的上下行链路均需通过大气层，大气对流层对电磁波有吸收作用，大气电离层还会对电磁波产生反射和衰减，同时会因为雷暴等自然现象产生电磁辐射噪声。大气噪声在 10GHz 以上频率时影响更显著，并且大气噪声会随着天线输出的仰角发生变化，当角度比较小时会加剧大气噪声的影响。

(2) 降雨噪声。降雨和云雾在引起无线信号损耗的同时也会产生噪声。在降雨时，水滴或冰晶的运动和相互作用会对电磁波产生干扰，其影响取决于降雨量、频段以及天线角度等因素。在链路预算中，需要根据不同的气候条件计算相应的衰减。在特定的频率下，由降雨导致的噪声温度最大可达到 100K，因此在设计接收机时，为了减小降雨噪声的影响，需要考虑充足的降雨余量，还可以通过分集技术解决降雨干扰的影响。

(3) 地面噪声。当地球站的天线具有较大的旁瓣时，会更容易接收到额外的噪声信号，主要包括地表热辐射导致的热噪声以及经过地表反射之后的大气噪声。当仰角较小时，天线接收到的地面热噪声非常显著。通过优化天线设计，能够把地面噪声温度控制在 3~20K。

(4) 干扰噪声。它包括来自其他地面通信系统、其他同频段的卫星通信系统和微波中继通信系统的干扰电波和人为噪声。干扰噪声取决于其频率、传播环境以及天线方向，其频谱通常不是白噪声，不过在卫星通信系统设计当中可以将其转化为等效噪声温度处理。根据国际无线电咨询委员会的规定，任意 1h 内的干扰噪声平均值应该在 1000pW 以下。

(5) 宇宙噪声。宇宙噪声也称为宇宙背景噪声，是指来自宇宙中天体辐射的电磁波对通信系统造成的干扰。其中最主要的是银河系内部噪声，也包括太阳射电波辐射噪声，各类天体、星体以及其他射电星系的射电辐射噪声。宇宙噪声一般具有平坦的功率谱密度，并且服从高斯分布。当频率在 1GHz 以下时，银河系内部噪声占比较大。

(6) 上行链路噪声和转发器交调噪声。在上行链路当中，卫星作为接收端，接收端本身会给系统带来噪声，称为上行链路噪声，其影响因素包括接收端天线以及卫星本身的噪声温度。转发器交调噪声是卫星转发器所具有的非线性特性导致的。由于卫星转发器器件的非线性，不同载波频率信号的相互作用可能产生额外的频率分量，这种现象称为交调。当行波管放大器同时放大多个载波时会产生各种组合频率成分，当这些组合频率成分落在卫星转发器的工作频段内时就会形成交调噪声。交调噪声不仅可能影响当前信道，也可能扩散到其他频道。这些噪声都发生在卫星转发器端，通过后续的下行链路会抵达地球端。

接收机的内部噪声主要来自天线、放大器和混频器等电子设备。任何电子元件都会产生热噪声，所以内部噪声只能抑制而无法消除。由噪声温度的定义，在接收端输入阻抗匹配的前提下，将上述各种噪声综合为一个等效噪声，则接收端输入的等效噪声带宽内的总噪声功率 N 为

$$N = k_B T B \tag{6-26}$$

式中，$k_B = 1.38 \times 10^{-23} \text{J/K}$，为玻尔兹曼常量；$T$ 为等效噪声温度，k_B 与 T 的乘积即为噪声功率谱密度；B 为接收机的等效噪声带宽。

6.2.2　载噪比与载温比

1. 接收机输入端的载噪比

无论是上行链路还是下行链路，载波接收功率是指接收端输入的载波功率，记作 C，单位为 W。$[C]$ 是指以 dBW 为单位的载波功率，则

$$[C] = [\text{EIRP}] + [G_R] - [L_P] \tag{6-27}$$

式中，$[\text{EIRP}]$ 为有效全向辐射功率(effective isotropic radiated power，EIRP)，单位为 dBW；$[G_R]$ 为接收端天线增益，天线增益是指在特定方向上的天线每单位角度功率发射/接收密度与馈送同等功率的全向天线每单位角度上功率发射/接收密度之比，单位为 dBi；$[L_P]$ 为信号在自由空间传播时随距离衰减的自由空间损耗，也是传播损耗中最主要的类型，单位为 dB。自由空间损耗是指电磁波经由全向天线发射至自由空间，电磁波能量均匀分散至一个球面上，传输距离越远则该球面面积越大，球面上单位面积的能量分布就越小，即自由空间损耗越大。

若考虑发射机和天线之间传输过程中能量损失导致的馈线损耗 $[L_{FT}]$（单位为 dB），则有效全向辐射功率 $[\text{EIRP}]$ 为

$$[\text{EIRP}] = [P_T] + [G_T] - [L_{FT}] \tag{6-28}$$

式中，$[P_T]$ 为发射端的发射功率；$[G_T]$ 为发射端天线增益。

若再考虑接收端由能量损失导致的馈线损耗 $[L_{FR}]$（dB），大气对信号的吸收和散射损耗为 $[L_a]$（dB），其他损耗为 $[L_r]$（dB），接收端综合上述所有影响后的等效总载波功率 $[C]$ 为

$$[C] = [P_T] + [G_T] - [L_{FT}] + [G_R] - [L_P] - [L_{FR}] - [L_a] - [L_r] \tag{6-29}$$

在卫星通信当中，接收机收到的信号通常是调频信号或数字键控信号，由于信号载波功率与信号的能量具有直接的相关性，因此接收机输入端的信号功率可以用信号的载波功率 C 来表示。如果是调频信号，载波功率等于该调频信号的各个频段上频率分量的功率总和；如果是数字键控信号，载波功率等于其信号平均功率。

无论是模拟通信系统还是数字通信系统，接收机的输入信噪比都是评估接收质量的重要指标。信噪比越高，表示信号相对于噪声的比值越大，意味着更好的接收质量和更低的误码率。在卫星通信当中，通常使用载噪比表征这一特点。

根据式(6-29)考虑接收机输入端的载波功率和噪声功率，则载噪比为

$$\frac{C}{N} = \frac{P_T G_T G_R}{L_{FT} L_P L_{FR} L_a L_r} \cdot \frac{1}{k_B T B} \tag{6-30}$$

改为分贝(dB)表示形式为

$$\left[\frac{C}{N}\right] = [\text{EIRP}] + [G_R] - [L_P] - [L_{FR}] - [L_a] - [L_r] - 10\lg(k_B T B) \tag{6-31}$$

式中，有效全向辐射功率 $[\text{EIRP}] = [P_T] + [G_T] - [L_{FT}]$。

1）上行链路中卫星接收机输入端的载噪比

当地球端作为通信系统中的发射端、空中的卫星作为系统的接收端时，通信链路称为上行链路。此时地球端的 EIRP 设为 $[\text{EIRP}]_\text{E}$，上行链路的自由空间损耗为 $[L_\text{PU}]$，卫星接收天线增益为 $[G_\text{RS}]$，卫星接收端的馈线损耗为 $[L_\text{FRS}]$，则在接收端卫星的载噪比 $[C/N]_\text{S}$ 为

$$\left[\frac{C}{N}\right]_\text{S} = [\text{EIRP}]_\text{E} + [G_\text{RS}] - [L_\text{PU}] - [L_\text{FRS}] - [L_\text{a}] - [L_\text{r}] - 10\lg(k_\text{B}T_\text{S}B_\text{S}) \tag{6-32}$$

式中，T_S 为卫星的等效噪声温度；B_S 为卫星接收带宽。

若卫星接收天线增益 $[G_\text{RS}]$ 中已包含馈线损耗 $[L_\text{FRS}]$，则该 $[G_\text{RS}]$ 称为有效天线增益；若将自由空间传输损耗和大气损耗合并，统称为上行链路传输损耗或上行链路传播衰减 $[L_\text{U}]$，则式 (6-32) 可写为

$$\left[\frac{C}{N}\right]_\text{S} = [\text{EIRP}]_\text{E} + [G_\text{RS}] - [L_\text{U}] - [L_\text{r}] - 10\lg(k_\text{B}T_\text{S}B_\text{S}) \tag{6-33}$$

2）下行链路中地球站接收机输入端的载噪比

在下行链路当中，信号由卫星发射至地球，卫星作为系统发射端，地球端作为系统接收端。此时卫星的 EIRP 为 $[\text{EIRP}]_\text{S}$，下行链路传输损耗为 $[L_\text{D}]$，地球接收端的天线增益为 $[G_\text{RE}]$，则在接收端地球站输入的载噪比 $[C/N]_\text{E}$ 为

$$\left[\frac{C}{N}\right]_\text{E} = [\text{EIRP}]_\text{S} + [G_\text{RE}] - [L_\text{D}] - [L_\text{r}] - 10\lg(k_\text{B}T_\text{t}B) \tag{6-34}$$

式中，T_t 为地球站等效噪声温度；B 为地球站接收带宽。

式 (6-34) 是对整个卫星链路进行综合计算后得出的结果。对于接收端地球站的接收机输入端而言，其输入噪声 N_t 主要由三部分构成。除了地球接收机自身的噪声 N_D，还包括在上行链路中的噪声 N_U 和卫星转发器的交调噪声 N_I。虽然这些噪声的产生原因并不相同，而且对于接收端而言，这些噪声已经融为一体，但是这些不同的噪声在统计上是互相独立的，意味着在计算总噪声功率时可以简单地将每个噪声源的功率进行累加，即

$$N_\text{t} = N_\text{U} + N_\text{I} + N_\text{D} = k_\text{B}(T_\text{U} + T_\text{I} + T_\text{D})B = k_\text{B}T_\text{t}B \tag{6-35}$$

因此对于等效噪声温度也有

$$T_\text{t} = T_\text{U} + T_\text{I} + T_\text{D} \tag{6-36}$$

式中，T_U、T_I 和 T_D 分别表示上行链路噪声温度、卫星转发器噪声温度和下行链路噪声温度。

若引入

$$r = \frac{T_\text{U} + T_\text{I}}{T_\text{D}} \tag{6-37}$$

则

$$T_\text{t} = (1+r)T_\text{D} \tag{6-38}$$

将式(6-38)代入式(6-34)，得到地球站载噪比为

$$\left[\frac{C}{N}\right]_{\mathrm{E}} = [\mathrm{EIRP}]_{\mathrm{S}} + [G_{\mathrm{RE}}] - [L_{\mathrm{D}}] - [L_{\mathrm{r}}] - 10\lg\left[k_{\mathrm{B}}(1+r)T_{\mathrm{D}}B\right] \tag{6-39}$$

当只考虑下行链路噪声时，有

$$\left[\frac{C}{N}\right]_{\mathrm{D}} = [\mathrm{EIRP}]_{\mathrm{S}} + [G_{\mathrm{RE}}] - [L_{\mathrm{D}}] - [L_{\mathrm{r}}] - 10\lg\left[k_{\mathrm{B}}T_{\mathrm{D}}B\right] \tag{6-40}$$

因此 $[C/N]_{\mathrm{D}}$ 与 $[C/N]_{\mathrm{E}}$ 之间的关系为

$$\left[\frac{C}{N}\right]_{\mathrm{E}} = \left[\frac{C}{N}\right]_{\mathrm{D}} - 10\lg(1+r) \tag{6-41}$$

式(6-41)表明，当考虑上行链路噪声和转发器交调噪声时，$[C/N]_{\mathrm{E}}$ 的值会减小。

3）地球站性能因数

当卫星转发器设计完成后，体现卫星发射性能的 $[\mathrm{EIRP}]_{\mathrm{S}}$ 的值也会确定。如果地球站的工作频率和通信容量等参数也已确定，则下行链路损耗以及工作带宽的值也是确定的，此时，地球站接收机输入端的载噪比将取决于 $G_{\mathrm{RE}}/T_{\mathrm{D}}$，即地球站接收天线增益与接收机噪声温度之比。

$G_{\mathrm{RE}}/T_{\mathrm{D}}$ 体现了通信系统的性能和品质，因此称为地球站的性能因数或品质因数，记作 G/T。地球站的 G/T 是进行卫星链路预算的重要指标，其能反映出通信链路和接收端的性能。显然，性能因数和载噪比之间成正比关系，二者的数值越大则代表系统的通信质量越高。

在计算地球站性能因数时，对于接收天线增益和接收机噪声温度都需要提前选定一个参考点。通常选取低噪声放大器的输入端作为参考点，但选取其他参考点也不会影响最终的计算结果。

2. 卫星通信链路的载温比

为保证通信质量，在数字通信系统当中，输出端的信噪比 S/N 需要满足一定的传输速率和误码率，这对接收机输入端的载噪比 C/N 提出要求。如果卫星通信链路的通信容量和传输质量等各个指标已经确定，那么接收机输入端所需要的载噪比也就确定了。

前面已经对载噪比 C/N 进行了推导，但由于其表达式中含有带宽 B，缺乏普适性，当带宽变化时不利于进行直观的比较。如果使用载波功率与等效噪声温度之比 C/T，表达式中不再含有带宽 B，不再受带宽的局限，即

$$\frac{C}{T} = \frac{C}{N} \cdot k_{\mathrm{B}} \cdot B \tag{6-42}$$

载温比 C/T 是除载噪比外，卫星通信链路的另一重要参数。如前所述，T_{t} 作为接收系统的等效噪声温度，它由上行链路的等效噪声温度 T_{U}、卫星转发器噪声温度 T_{I} 以及下行链路的等效噪声温度 T_{D} 组成。

1）上行链路的热噪声 $[C/T]_U$

由式（6-42）得 $[C/T]_U$ 为

$$\left[\frac{C}{T}\right]_U = \left[\frac{C}{N}\right]_S + [B_S] + 10\lg k_B \tag{6-43}$$

将式（6-33）代入式（6-43）得

$$\left[\frac{C}{T}\right]_U = [\text{EIRP}]_E - [L_U] - [L_r] + \left[\frac{G_{RS}}{T_S}\right] \tag{6-44}$$

由式（6-44）可以看出，在 $[\text{EIRP}]_E$、$[L_U]$ 和 $[L_r]$ 确定后，卫星接收端的载温比 C/T 将取决于 G_{RS}/T_S，即卫星接收天线增益与卫星接收系统的等效噪声温度之比。G_{RS}/T_S 也体现了卫星接收端的质量和性能，所以称为性能因数或品质因数，同样记作 G/T。显然，性能因数和载温比之间也成正比关系，二者的数值越大则代表系统的通信质量越高。

为了详细描述上行链路和卫星接收功率之间的联系，需要引进卫星转发器灵敏度这一概念。通常用单载波输入饱和功率通量密度（saturation flux density，SFD）表征卫星接收灵敏度。其含义是当卫星转发器处于单载波饱和工作状态时，其接收天线在辐射球体单位表面积上应输入的 EIRP，单位为 dBW/m^2。通常用功率密度 W_S 来表示转发器灵敏度。

$$W_S = \frac{\text{EIRP}_E}{4\pi d^2} = \frac{\text{EIRP}_E}{\left(\frac{4\pi d}{\lambda}\right)^2} \cdot \frac{4\pi}{\lambda^2} = \frac{\text{EIRP}_E}{L_U} \cdot \frac{4\pi}{\lambda^2} \tag{6-45}$$

改写为分贝（dB）形式为

$$[W_S] = [\text{EIRP}]_E - [L_U] + 10\lg\left(\frac{4\pi}{\lambda^2}\right) \tag{6-46}$$

通过调整卫星转发器中的可调衰减器，可以在一定程度上改变饱和功率通量密度的值。衰减越小，SFD 的值也越小，灵敏度得到提高，此时所需要的上行功率就越低，相当于降低了对上行功率的要求，转发器更容易进入饱和状态。但是过度提高灵敏度也不可行，因为灵敏度提高的同时也会相应导致上行链路载噪比降低，而且灵敏度太高也会导致更多噪声涌入。

上述所讨论的范围仅仅局限于卫星转发器只放大单载波的前提下，然而在频分多址通信系统中，涉及不同配置下功率调整的卫星行波管放大器的工作范围不再仅限于单载波，会涉及同时对多个载波进行放大的场景。

在卫星转发器上常见的功率放大器包括行波管放大器和固态功率放大器，二者在最大输出功率点附近的输入输出关系曲线都会呈现出非线性特性。当处于多载波工作情况时，非线性特性会导致产生多种组合频率成分，进而产生交调噪声，影响信道性能。因此必须控制转发器的输出功率，保证其工作在线性状态。降低交调噪声影响的途径是令放大器不再工作在饱和点，相比饱和点退回一定的数值，具体大小取决于工作状态，如图 6-4 所示。

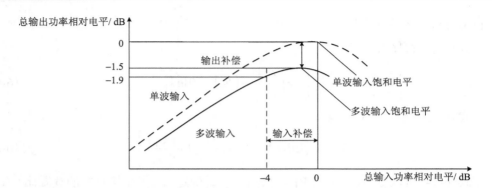

图 6-4　放大器输入输出关系曲线

当行波管被用来放大单个载波信号时，达到的最大稳定输出电平称为饱和输出电平。相比之下，当同一行波管被用于放大多个载波信号时，其在正常工作点的总输出电平通常低于单载波饱和时的输出电平。这种在输出电平上的差异，即多载波总输出电平相对于单载波饱和输出电平所减少的量，称为输出功率退回或输出补偿。

从输入角度看，行波管放大单载波信号达到饱和输出时所需的输入电平与放大多载波信号时所需的总输入电平之间也存在类似的差异，多载波情况下的输入总电平通常相对单载波饱和情况下较低，此差值被定义为输入功率退回或输入补偿。

为了适应多载波信号的传输特性并实现所需的输入补偿，必须对发射端的 $[\text{EIRP}]$ 进行适当调整，即令多载波模式下发射端的功率总和 $[\text{EIRP}]_{\text{EM}}$ 比处于单载波工作模式并达到饱和状态时的 $[\text{EIRP}]_{\text{ES}}$ 更低，此二者之间相应的差值即是输入补偿，记为 $[\text{BO}]_{\text{I}}$。此时功率总和 $[\text{EIRP}]_{\text{EM}}$ 应为

$$[\text{EIRP}]_{\text{EM}} = [\text{EIRP}]_{\text{ES}} - [\text{BO}]_{\text{I}} \tag{6-47}$$

因此，将式（6-46）代入式（6-47）可得

$$[\text{EIRP}]_{\text{EM}} = [W_{\text{S}}] - [\text{BO}]_{\text{I}} + [L_{\text{U}}] - 10\lg\left(\frac{4\pi}{\lambda^2}\right) \tag{6-48}$$

某一载波的 C/T 值表示为 $[C/T]_{\text{U}}$，当卫星上的行波管处于多载波放大状态时，与各个载波的总功率相对应的 C/T 值用 $[C/T]_{\text{UM}}$ 表示，即

$$
\begin{aligned}
\left[\frac{C}{T}\right]_{\text{UM}} &= [\text{EIRP}]_{\text{EM}} - [L_{\text{U}}] - [L_{\text{r}}] + \left[\frac{G_{\text{RS}}}{T_{\text{S}}}\right] \\
&= [W_{\text{S}}] - [\text{BO}]_{\text{I}} - [L_{\text{r}}] + \left[\frac{G_{\text{RS}}}{T_{\text{S}}}\right] - 10\lg\left(\frac{4\pi}{\lambda^2}\right)
\end{aligned}
\tag{6-49}
$$

显然，$[C/T]_{\text{UM}}$ 是 $[W_{\text{S}}]$、$[\text{BO}]_{\text{I}}$、$[L_{\text{r}}]$ 和 $[G_{\text{RS}}/T_{\text{S}}]$ 的函数。

此时整个转发器的输出功率将低于其最大功率。但如果是单载波工作状态下则无须进行退回，此时卫星转发器能以最大饱和功率进行输出。

为实现上述功率补偿的目的，可在卫星转发器上搭载衰减器用以调整其输入，使得

$[C/T]_{\text{UM}}$ 与地球站的 $[\text{EIRP}]_{\text{E}}$ 达到合理的数值。

2）下行链路的热噪声 $[C/T]_{\text{D}}$ 值

在下行链路中，同样可得

$$\left[\frac{C}{T}\right]_{\text{D}} = [\text{EIRP}]_{\text{S}} - [L_{\text{D}}] - [L_{\text{r}}] + \left[\frac{G_{\text{RE}}}{T_{\text{D}}}\right] \tag{6-50}$$

式中，$[G_{\text{RE}}/T_{\text{D}}]$ 为地球站的性能因数。

和上行链路类似，此处也需考虑卫星放大多载波时的情况。为有效减少由多个信号交互作用产生的交调噪声，必须在行波管放大器上施加适当的输入功率补偿。同时，为了保持信号的整体质量，输出功率也需要进行相应的调整和补偿。当卫星转发器处于多载波放大状态时，其 $[\text{EIRP}]_{\text{SM}}$ 为

$$[\text{EIRP}]_{\text{SM}} = [\text{EIRP}]_{\text{SS}} - [\text{BO}]_{\text{O}} \tag{6-51}$$

式中，$[\text{EIRP}]_{\text{SS}}$ 是卫星转发器在单载波饱和工作状态时的 $[\text{EIRP}]$；$[\text{BO}]_{\text{O}}$ 为输出补偿。

由式（6-50）和式（6-51）可得

$$\left[\frac{C}{T}\right]_{\text{DM}} = [\text{EIRP}]_{\text{SS}} - [\text{BO}]_{\text{O}} - [L_{\text{D}}] - [L_{\text{r}}] + \left[\frac{G_{\text{RE}}}{T_{\text{D}}}\right] \tag{6-52}$$

3）交调噪声的 C/T 值

卫星通信系统采用 FDMA 方式，由于卫星输出行波管放大器的非线性特性，当同时放大多载波时会产生交调噪声，其和热噪声共同影响通信质量。交调噪声的大小取决于行波管放大器的工作状态。

当各个载波均被调制时，频谱的分布较宽。为使用统计学原理简化分析过程，可假设交调噪声服从均匀分布，此时其分布特性和热噪声一致，因此可以采用同样的处理方法。此时交调噪声的 $[C/N]_{\text{I}}$ 和 $[C/T]_{\text{I}}$ 之间的关系为

$$\left[\frac{C}{T}\right]_{\text{I}} = \left[\frac{C}{N}\right]_{\text{I}} + 10\lg k_{\text{B}} + [B] \tag{6-53}$$

交调噪声的大小取决于行波管的非线性特性、行波管放大器的工作状态、各个载波的频谱分布以及带宽等因素。综合考虑这些因素会导致问题十分复杂。

在考虑行波管放大器的处理细节时，确定行波管饱和点的相对位置对于调整通信质量极为关键。一般来说，当输入补偿增大时，行波管状态更加远离饱和点，此时交调噪声的 $[C/T]_{\text{I}}$ 值也会增大。这是由于在远离饱和点的状态下，放大器的线性度更好，交调噪声干扰较小；相反，当输入补偿减小时，行波管状态更趋近于饱和点，此时其非线性特性增强，导致交调噪声 $[C/T]_{\text{I}}$ 值减小，信号质量受损。

然而，若再考虑 $[C/T]_{\text{U}}$ 和 $[C/T]_{\text{D}}$ 则会有截然不同的效果。当输入补偿减小时，$[\text{EIRP}]_{\text{S}}$ 会增大，此时 $[C/T]_{\text{D}}$ 性能会得到优化，信号质量得到提高。但这种操作会导致行波管工作接近其饱和点，因此加剧了非线性特性的影响，导致交调噪声增加，降低了交调噪声的 $[C/T]_{\text{I}}$。

因此在设计和优化卫星通信链路时，必须精心调整行波管的工作状态和考虑卫星系统的整体性能要求，仔细权衡输入补偿的大小，以便选择一个综合最佳工作点。此最佳工作点需要在保证下行链路质量的同时，尽量减少交调噪声的影响。

4）卫星链路的 C/T 值

由式(6-34)可推导出整个卫星链路的 C/T 为

$$\left[\frac{C}{T}\right]_{\mathrm{t}} = [\mathrm{EIRP}]_{\mathrm{S}} - [L_{\mathrm{D}}] - [L_{\mathrm{r}}] + \left[\frac{G_{\mathrm{RE}}}{(1+r)T_{\mathrm{D}}}\right] \tag{6-54}$$

当求出上行链路噪声、下行链路噪声和交调噪声 C/T 值之后，便可求得整个卫星链路的 C/T 值。即由式(6-36)可以推得

$$\frac{1}{\dfrac{C}{T_{\mathrm{t}}}} = \frac{1}{\dfrac{C}{T_{\mathrm{U}}}} + \frac{1}{\dfrac{C}{T_{\mathrm{I}}}} + \frac{1}{\dfrac{C}{T_{\mathrm{D}}}} \tag{6-55}$$

显然，当输入补偿 $[\mathrm{BO}]_{\mathrm{I}}$ 变化时，不但会使 $[C/T]_{\mathrm{U}}$ 和 $[C/T]_{\mathrm{I}}$ 变化，还会使 $[C/T]_{\mathrm{D}}$ 和 $[C/T]_{\mathrm{t}}$ 也发生变化，并且彼此变化规律不尽相同。因此当 $[\mathrm{BO}]_{\mathrm{I}}$ 变化时，会使得 $[C/T]_{\mathrm{t}}$ 出现一个最佳取值，此即卫星最佳工作点。因此在卫星转发器上实际选择最佳工作点时，需要综合考虑各种影响因素。

6.2.3 通信干扰与链路余量

在实际卫星链路计算应用中，为了保证通信质量，需要根据质量指标对系统的载温比提出一定的要求。系统所能接受的最低 C/T 值为门限值 $[C/T]_{\mathrm{th}}$。在进行卫星链路设计时，应合理地对收发端进行设计并配置系统中各部分电路和参数，以保证实际 $[C/T]$ 值超过门限值 $[C/T]_{\mathrm{th}}$，否则通信质量会下降，甚至无法实现通信。

在一条卫星链路建立完成后，其所处环境以及各项参数等会持续发生变化，例如，气象条件变化、卫星和地球站设备老化和不稳定以及天线方向偏差等各种不确定因素。为了保证通信质量和传输容量，确保整个通信系统即使在这些不确定因素之下仍然能够正常解码和处理信号，必须考虑保留一部分链路余量，即门限余量 $[M_{\mathrm{L}}]_{\mathrm{th}}$ 为

$$[M_{\mathrm{L}}]_{\mathrm{th}} = \left[\frac{C}{T}\right] - \left[\frac{C}{T}\right]_{\mathrm{th}} \tag{6-56}$$

式(6-56)说明 $[M_{\mathrm{L}}]_{\mathrm{th}}$ 为理想情况下的载温比和门限值之间的差值。

气候条件发生变化会对通信质量产生显著影响，其中影响最显著的是降雨和降雪引起的传播衰减和噪声增加。对于地球接收端而言，接收机往往会配备高增益天线以及低噪声放大器，这些设备的作用是最大限度地提升接收信号品质并显著降低系统的内部噪声。因此在没有外部干扰的正常条件下，这些设备能有效地抑制系统内部噪声，保证通信链路的稳定和有效。

然而，当降雨等气象因素出现时，雨滴对信号的散射和吸收作用增加了路径损耗，会引起明显的信号衰减和降雨噪声，这种因降雨导致的负面影响在下行链路中尤为明显。

因此，尽管地球站的接收系统在设计时已经尽可能地压低内部噪声，但对于降雨等环境因素引起的信号衰减还需要进一步处理来确保通信的可靠性。为此需要保留足够的降雨余量来解决这一问题。

降雨导致噪声增加的表现是下行链路载温比 $[C/T]_{\mathrm{D}}$ 减小。设降雨使得下行链路噪声增加到原来噪声的 M_{R} 倍后达到门限值 $[C/T]_{\mathrm{th}}$，即下行噪声温度由 T_{D} 增加到 $T'_{\mathrm{D}} = M_{\mathrm{R}} T_{\mathrm{D}}$，而其他载温比（$[C/T]_{\mathrm{U}}$ 和 $[C/T]_{\mathrm{I}}$）保持不变，显然 T'_{D} 为

$$T'_{\mathrm{D}} = T_{\mathrm{th}} - (T_{\mathrm{U}} + T_{\mathrm{I}}) \tag{6-57}$$

因此，降雨余量为

$$M_{\mathrm{R}} = \frac{T'_{\mathrm{D}}}{T_{\mathrm{D}}} = \frac{(C/T)_{\mathrm{th}}^{-1} - \left\lfloor (C/T)_{\mathrm{U}}^{-1} + (C/T)_{\mathrm{I}}^{-1} \right\rfloor}{(C/T)_{\mathrm{D}}^{-1}} \tag{6-58}$$

若将式(6-37)代入式(6-58)，可得出门限余量 $[M_{\mathrm{L}}]_{\mathrm{th}}$ 与降雨余量 M_{R} 之间的关系，即

$$[M_{\mathrm{L}}]_{\mathrm{th}} = \frac{M_{\mathrm{R}} + r}{1 + r} \tag{6-59}$$

此外，对于上行链路而言，由于卫星接收天线和接收机的噪声温度比较高，接近大气中降雨层的温度，而且由于地球站能够实时监控卫星的工作情况，地球站可以通过随时调整自身发射功率或者改变调制制式和编码方式以补偿链路雨衰等损耗，具有一定的自适应性。因此降雨衰减对上行链路载温比的影响比较有限。

6.3 卫星系统链路预算

在卫星通信系统的设计过程中，为满足一定的通信容量和传输质量，需要对通信链路的质量和性能进行预测和评估，这个过程实际上就是在进行系统链路计算。精确的链路计算不仅能帮助我们评估所需的发射功率和预测信号的传输距离，还能为维持通信链路的可靠质量提供理论基础。本节将介绍卫星系统链路预算的主要通信参数，包括有效全向辐射功率、大气衰减、路径损耗和接收天线增益等，并给出卫星系统链路预算的计算过程。

6.3.1 主要通信参数

目前国际卫星通信组织规定，将数字通信传输质量可靠性指标中的误码率 P_{e} 作为卫星通信链路标准，例如，传输话音的链路标准需要满足误码率 $P_{\mathrm{e}} \leqslant 10^{-4}$。由于数字卫星通信中大多采用相移键控(phase shift keying, PSK)调制方式，例如，常用的 2PSK 和正交相移键控(QPSK)，因此下面以 PSK 调制方式为例，阐述数字卫星通信链路中需要的主要通信参数。

1. 归一化信噪比

数字通信中，接收端载噪比 C/N 可以写成

$$\left[\frac{C}{N}\right]_t = \left[\frac{E_b R_b}{N_0 B}\right] = \left[\frac{E_s R_s}{N_0 B}\right] = \left[\frac{(E_b \log_2 M) R_s}{N_0 B}\right] \tag{6-60}$$

式中，E_b 为每比特信息携带的能量；R_b 为信息速率；R_s 为符号速率；假设通信系统采用 M 阶调制，则存在 $R_b = R_s \log_2 M$；N_0 为噪声单边功率谱密度；B 为等效带宽；E_s 为每符号携带的能量，且同样存在 $E_s = E_b \log_2 M$。

2. 误码率与归一化信噪比的关系

对于 2PSK 或 QPSK，存在如下关系：

$$P_e = \frac{1}{2}\left(1 - \mathrm{erf}\sqrt{\frac{E_b}{N_0}}\right) \tag{6-61}$$

设 $P_e = 10^{-4}$，此时归一化理想门限信噪比为

$$\left[\frac{E_b}{N_0}\right]_{th} = 8.4 \ (\mathrm{dB}) \tag{6-62}$$

此时载温比门限值 $[C/T]_{th}$ 为

$$\left[\frac{C}{T}\right]_{th} = \left[\frac{E_b}{N_0}\right]_{th} + 10\lg k_B + 10\lg R_b \tag{6-63}$$

3. 门限余量

假设通信系统中只存在热噪声，误码率指标为 $P_e = 10^{-4}$，归一化理想门限信噪比为 8.4dB，则门限余量 $[M_L]_{th}$ 可由式（6-64）来确定：

$$[M_L]_{th} = \left[\frac{C}{N}\right]_t - \left[\frac{C}{N}\right]_{th} = \left[\frac{E_b}{N_0}\right] - \left[\frac{E_b}{N_0}\right]_{th} = \left[\frac{E_b}{N_0}\right] - 8.4 \ (\mathrm{dB}) \tag{6-64}$$

地球站接收系统以及卫星转发器硬件的老化和不稳定性会不可避免地导致性能衰减，此外还有极端天气条件、太空辐射水平变化和地球大气层的扰动影响等。为了确保通信系统的可靠性与效率，在设计过程中必须精心设定和保留足够的门限余量，以在实际信号强度和系统所需最低信号强度之间留出缓冲区。

4. 最佳接收带宽

在系统设计中，为确保信号的有效传输和接收以及降低误码率，通常需要选择一个最佳接收带宽。在接收端选取最佳性能的接收带宽时，需要以系统误码率最低作为选取标准。根据无失真传输信号的最高符号速率——奈奎斯特速率，对于一个带宽为 B 的理想信道，若想要避免码间串扰，基带传输允许的最大符号传输速率应不高于两倍的信道频带宽度。

对于相移键控信号而言，由于它包含了两个对称的边带，其所需的带宽为基带信号的两倍，因此 PSK 系统的最优带宽应等于符号速率 R_s。在实际应用中为保证抗码间干

扰性能，需要采用比该理论值更大的带宽，通常取

$$B = (1.05 \sim 1.25) R_s = \frac{(1.05 \sim 1.25) R_b}{\log_2 M} \tag{6-65}$$

5. 载温比

满足传输速率和误码率要求所需的 C/T 值为

$$\left(\frac{C}{T}\right)_t = \left(\frac{C}{N}\right)_t \cdot k_B \cdot B = \frac{E_b}{N_0} \cdot k_B \cdot R_b \tag{6-66}$$

用分贝 (dB) 表示为

$$\left[\frac{C}{T}\right]_t = \left[\frac{E_b}{N_0}\right] + 10 \lg k_B + 10 \lg R_b \tag{6-67}$$

6.3.2 计算方法

进行链路预算是为了全面评估和优化通信系统中的性能，这一过程涉及整个通信链路中从发送端至接收端的所有可能增益和衰减因素，包括发送端的输出功率、链路中的各种传输损耗（如自由传输损耗、环境损耗、馈线损耗等）、接收机灵敏度等各项参数。通过这种核算能够对系统的接收信噪比进行详尽的分析，确保信号能在满足特定质量标准的情况下被成功接收。

此外，链路预算也强调链路的余量分析，在预定的系统性能阈值之上额外保留信号余量，以便应对不可预测的环境变化或设备性能波动。据此可以估算出信号在不同条件下能够稳定传输的最远距离，从而为通信系统的设计与实施提供科学的依据。通信收发机系统模型如图 6-5 所示，定量分析各个环节处信噪比的增益和损失，并计算最远传输距离。

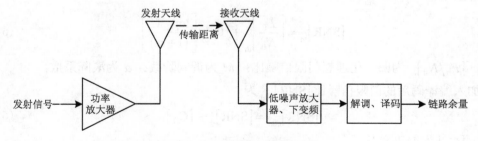

图 6-5　通信收发机系统模型

在发射端，发射机的有效全向辐射功率 [EIRP] (dBm) 为

$$[\text{EIRP}] = [P_T] - [L_{FT}] + [G_T] \tag{6-68}$$

式中，$[P_T]$ 为发射功率；$[L_{FT}]$ 为发射馈线损耗；$[G_T]$ 为发射天线的增益。

信号的自由空间路径损耗 $[L_P]$ 为

$$[L_{\mathrm{P}}] = 20 \cdot \lg\left(\frac{4\pi df}{c}\right) \tag{6-69}$$

式中，d 为信号的传输距离；f 为信号的工作频段；c 为光速。

信号的大气损耗 $[L_{\mathrm{a}}]$ 为

$$[L_{\mathrm{a}}] = A_{\mathrm{r}} \cdot d \tag{6-70}$$

式中，A_{r} 为每千米大气衰减值（dB/km）。

在接收端，接收机的接收功率 $[P_{\mathrm{R}}]$ 为

$$[P_{\mathrm{R}}] = [\mathrm{EIRP}] + [G_{\mathrm{R}}] - [L_{\mathrm{P}}] - [L_{\mathrm{a}}] \tag{6-71}$$

式中，$[G_{\mathrm{R}}]$ 为接收天线的增益。

接收机的带内噪声功率 $[N]$（dBm）为

$$[N] = 10 \cdot \lg(k_{\mathrm{B}} T_{\mathrm{R}} B) \tag{6-72}$$

式中，k_{B} 为玻尔兹曼常量；T_{R} 为接收机的等效噪声温度；B 为信号带宽。则接收机的信噪比 $[\mathrm{SNR}]$ 为

$$[\mathrm{SNR}] = [P_{\mathrm{R}}] - [N] \tag{6-73}$$

信号经过低噪声放大器后的信噪比 $[\mathrm{SNR}]_{\mathrm{LNA}}$ 为

$$[\mathrm{SNR}]_{\mathrm{LNA}} = [\mathrm{SNR}] - [N_{\mathrm{F}}] \tag{6-74}$$

式中，$[N_{\mathrm{F}}]$ 为低噪声放大器的噪声系数。

信号经过解调后的信噪比 $[\mathrm{SNR}]_{\mathrm{de}}$ 为

$$[\mathrm{SNR}]_{\mathrm{de}} = [\mathrm{SNR}]_{\mathrm{LNA}} - [D_{\mathrm{L}}] \tag{6-75}$$

式中，$[D_{\mathrm{L}}]$ 为解调损失，即同一误码率条件下，解调实际归一化信噪比与理论归一化信噪比之间的差值。

门限信噪比 $[\mathrm{SNR}]_{\mathrm{th}}$ 为

$$[\mathrm{SNR}]_{\mathrm{th}} = \left[\frac{E_{\mathrm{b}}}{N_0}\right]_{\mathrm{th}} + 10 \cdot \lg\left[\frac{\log_2 M}{(1+\alpha)}\right] \tag{6-76}$$

式中，$[E_{\mathrm{b}}/N_0]_{\mathrm{th}}$ 为归一化理想门限信噪比；M 为调制阶数；α 为滚降系数。

加入编译码后的门限信噪比 $[\mathrm{SNR}]_{\mathrm{cod}}$ 为

$$[\mathrm{SNR}]_{\mathrm{cod}} = [\mathrm{SNR}]_{\mathrm{th}} - [C_{\mathrm{G}}] \tag{6-77}$$

式中，$[C_{\mathrm{G}}]$ 为编码增益。

若要使得信号的传输距离能够达到最远，存在解调后的信噪比 $[\mathrm{SNR}]_{\mathrm{de}}$ 等于编译码后的门限信噪比 $[\mathrm{SNR}]_{\mathrm{cod}}$，即

$$[\mathrm{SNR}]_{\mathrm{de}} = [\mathrm{SNR}]_{\mathrm{cod}} \tag{6-78}$$

此时的链路余量 $[M_{\mathrm{L}}]$ 为

$$[M_{\mathrm{L}}] = [\mathrm{EIRP}] - [L_{\mathrm{a}}] - [L_{\mathrm{P}}] + [G_{\mathrm{R}}] - [N] - [N_{\mathrm{F}}] - \left([\mathrm{SNR}]_{\mathrm{th}} - [C_{\mathrm{G}}] + [D_{\mathrm{L}}]\right) \tag{6-79}$$

根据式 (6-78) 即可求得信号的最远传输距离 d ，此时链路余量为 0。

若根据带宽 B 和信息速率 R_b、符号速率 R_s 的关系，即

$$B = (1+\alpha) \cdot R_s = (1+\alpha) \cdot \frac{R_b}{\log_2 M} \tag{6-80}$$

对链路余量 $[M_L]$ 进行进一步化简，在计算过程中带宽 B 会被消除。

链路预算是卫星通信系统设计的重要基石，通过上述链路预算过程，可以评估整个卫星通信系统的质量和可靠性，以保证系统性能和主要指标满足国际规范标准，帮助确定卫星系统是否能够满足预期设计目标。根据链路预算可以得到地球站与卫星各设备之间的最佳接口电平，实现最佳资源配置和成本效益分析。

此外，通过计算链路余量还能说明系统是否能够充裕地满足通信要求。链路预算经常作为分析系统权衡、配置变化和相关性的参考依据，与具体硬件设备技术结合还有助于预测设备的重量、尺寸、功率要求、技术风险以及系统成本。

习　题

1. 为什么要进行噪声建模？在其过程中需要注意什么？

2. 带限高斯白噪声和理想高斯白噪声的关系是什么？有什么实际意义？

3. 什么是自由空间传输损耗，它由哪些因素决定？说明其对通信链路的影响。

4. 卫星通信链路中常见的噪声有哪些类型？描述几种噪声的来源和影响。

5. 设某卫星地球站的有效全向辐射功率为 50dBW，发射天线增益为 30dBi，发射馈线损耗为 2dB，试求该地球站发射机的发射功率。

6. 已知某卫星通信链路的上行链路载噪比为 24dB，下行链路载噪比为 21dB，卫星转发器交调噪声的载噪比为 26dB，试求整个链路的总载噪比。

7. 北斗卫星导航系统是中国自主研发和运营的全球卫星导航系统，能够在任何时间和气候条件下为北斗用户提供持续不断的高精度定位、导航、时间同步以及卫星通信等服务。已知某北斗卫星地球站 $[\text{EIRP}]_E = 33\text{dBW}$，天线增益为 28dBi，工作频率为 1.2GHz，某北斗卫星接收系统 $[G/T] = -5.3\text{dB/K}$，假设其他损耗为 1dB，试计算北斗卫星接收机输入端的载噪比和载温比。

8. 全球定位系统 (GPS) 是美国研制的高精度无线电导航定位系统，是全球应用最广泛的导航定位系统。已知某 GPS 卫星通信系统下行频率为 1.5GHz，带宽为 2MHz，卫星发射功率约为 26.8W，卫星发射天线增益为 15.2dBi，星地距离为 20000km，大气损耗设为 2dB，地球站接收天线增益为 20dBi，接收机噪声温度为 290K。试计算：(1) 自由空间传播损耗；(2) 地球站收到的 GPS 信号功率；(3) 信号的载噪比。

前 沿 篇

第 7 章

天地融合网络性能分析

微课视频

　　自苏联发射人类历史上第一颗人造卫星开始，卫星通信的发展经历了从模拟到数字、从窄带到宽带等多个阶段。与此同时，地面通信也正在向第六代移动通信系统演进，目的在于实现全球、全域覆盖。卫星通信的可持续发展依赖地面通信技术的发展，而地面通信系统的全时全域覆盖需要结合卫星网络的深化部署。事实上，早在 20 世纪末，美国和欧洲就已开展天地融合网络的相关研究，并在 Iridium 等典型的卫星通信系统中借鉴地面移动通信标准。21 世纪初，我国提出建设天地融合的一体化网络，加快空间技术与地面移动通信技术的融合发展。第三代合作伙伴计划（3rd Generation Partnership Project，3GPP）等标准化组织也陆续开展天地融合网络的相关标准研究工作，在 R17 标准中完成了非地面网络（non-terrestrial network，NTN）的标准版本，并进一步在 R18 标准中增强天地通信的移动性与业务连续性。

　　本章针对天地一体化的发展趋势，重点介绍天地融合网络的性能分析方法。首先介绍星地传播损耗的统计模型，概述天地融合网络中的系统间干扰和共道干扰分析方法。然后从卫星的可视区域的几何结构入手，介绍卫星过顶时间和会话时间（session duration）的分析方法。最后介绍多星系统的统计建模方法，并以直连通信为例，通过累积干扰的随机分析方法，分析了天地融合网络的覆盖性能。

7.1　传播损耗及干扰方式

　　与地面通信系统相比，卫星通信系统的通信距离更长、电磁干扰环境更加复杂，这些因素制约了星地通信能力。为了利用有限的资源提升信号的传输成功率和网络的覆盖质量，需要准确描述星地链路的传播特性。传统的经验性模型在信道测量数据的基础上，通过拟合得到具体的计算公式，无法揭示传播过程中的物理本质。相较而言，统计性模型通过简化实际环境，使用随机分布建模接收端信号包络，更易于计算，是目前星地信道建模的主流方法。本节首先介绍星地信道的统计传播模型，在此基础上详细分析卫星与地面网络间的干扰方式。

7.1.1 统计传播特性

无线电波从卫星到地面的传播过程中经历电离层效应、大气吸收、自由空间路径损耗和地表建筑遮挡的共同影响。地表 60km 以上的大气层处于部分电离状态，地表 100~800km 处的大气层处于完全电离状态，通过反射和折射影响高频电波的传播。另外，大气中的水分子和氧气分子对电波有吸收和散射作用，从而产生大气衰减。大气衰减随着传播距离的增加变得明显，且与仰角和频率有直接关系。ITU-R P.676-12 建议书提出通过大气分层的近似来计算大气吸收损耗的方法，图 7-1 展示了频率 f 和仰角 θ 对大气吸收损耗 $L_{\mathrm{A}}(f,\theta)$ 的影响。可以看出，10GHz 以下频段的大气吸收损耗较小，在 K 频段，约 22GHz 处出现大气吸收损耗波峰，随后在 Ka 频段约 30GHz 处出现波谷。此外，随着仰角的降低，大气吸收损耗逐渐提高。

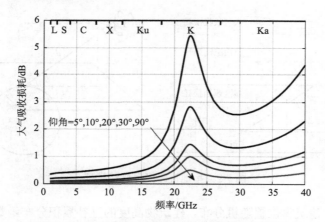

图 7-1 大气吸收损耗与载波频率和链路倾角的关系

无线电波在自由空间中传播时，信号强度会随着传播距离的平方反比减弱。自由空间传播损耗可以表示为

$$L_{\mathrm{FS}}(d) = \left(\frac{4\pi df}{c}\right)^2 \tag{7-1}$$

式中，d 是传播距离；f 是载波频率；c 是光速。若以分贝（decibel, dB）为单位，则 $L_{\mathrm{FS}}(d)$ 可以等价表示为

$$L_{\mathrm{FS}}(d)[\mathrm{dB}] = 10\lg\left[L_{\mathrm{FS}}(d)\right] \approx 20\lg d + 20\lg f - 147.55$$

式中，d 的单位为 m；f 的单位为 Hz。自由空间传播损耗只与传播距离 d 和载波频率 f 有关，当传播距离或载波频率增大一倍时，L_{FS} 将提高约 6dB。

在接近地面的传播过程中，由于信号与地面城市结构的相互作用，传播条件发生了显著变化。这一段传播的影响可以作为额外的路径损耗，3GPP 将其称为超额路径损耗（excess path-loss）。超额路径损耗通常建模为高斯混合模型（Gaussian mixture model），该模型综合考虑了视距(line-of-sight,LoS)和非视距(non-line-of-sight,NLoS)传播特性,将实际损耗的分布近似为两个高斯分布的加权和。具体而言,将仰角为 θ 的收发链路的视距概率记为 $p_{\mathrm{LoS}}(\theta)$,则超额路径损耗的分布可以表示为

$$L_{\mathrm{E}}(\theta) \sim p_{\mathrm{LoS}}(\theta)\mathcal{N}\left(\mu_{\mathrm{LoS}},\sigma_{\mathrm{LoS}}^2\right) + \left[1 - p_{\mathrm{LoS}}(\theta)\right]\mathcal{N}\left(\mu_{\mathrm{NLoS}},\sigma_{\mathrm{NLoS}}^2\right) \tag{7-2}$$

式中, $\mathcal{N}\left(\mu_k,\sigma_k^2\right)$ 表示均值为 μ_k、方差为 σ_k^2 的正态分布, μ_k 和 σ_k^2 分别表示对应于状态 $k \in \{\mathrm{LoS},\mathrm{NLoS}\}$ 的损耗均值和方差。在式(7-2)中,视距概率与仰角直接相关,而超额路径损耗的均值和方差与仰角的关系不大,在密集城市情景下,随仰角的变化不超过 $\pm 1\mathrm{dB}$,可近似为常量。

具体而言,需要考察收发链路的视距概率。考虑高度为 h_1 的接收机与高度为 h_2 的发射机构成的链路,收发机的水平距离为 r,倾斜距离为 d,收发链路与地面构成的夹角为 θ,如图 7-2 所示。

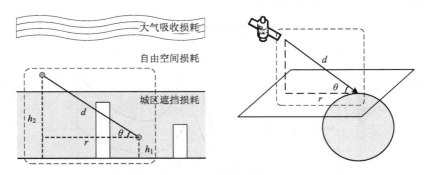

图 7-2   星地链路概率遮挡模型

假设环境中的建筑物位置随机分布,建筑物高度的互补累积分布函数(complementary cumulative distribution function,CCDF)为 $G(\cdot)$。无线电信号在传播过程中有可能受到建筑物的遮挡,现有研究指出,收发链路的视距概率可以表示为

$$p_{\mathrm{LoS}} = \exp\left\{-2a\int_0^r G\left[\frac{(h_2 - h_1)x}{r} + h_1\right]\mathrm{d}x\right\} \tag{7-3}$$

式中, a 是与环境有关的参数。国际电信联盟(International Telecommunication Union,ITU)在建议书 P.1410-6 中建议使用瑞利分布建模建筑物高度的随机性,记 μ 为建筑物的平均高度,那么建筑物的高度分布为

$$G(h) = \exp\left(-\frac{\pi h^2}{4\mu^2}\right)$$

于是,式(7-3)可以展开为

$$p_{\mathrm{LoS}} = \exp\left\{-\frac{2a\mu}{h_2 - h_1}\left[\varPhi\left(\frac{\sqrt{\pi}h_2}{2\mu}\right) - \varPhi\left(\frac{\sqrt{\pi}h_1}{2\mu}\right)\right]r\right\} \tag{7-4}$$

式中, $\varPhi(\cdot)$ 是标准正态分布的累积分布函数。

上述结果适用于城区范围内的收发链路，如无人机与地面终端建立的空地链路。对于卫星而言，即使是低地球轨道，其距离地面的高度也为几百公里。此时的高度 h_2 是卫星到用户下方的地表切面的距离(而非卫星的轨道高度)，r 是卫星到切面的投影点与地面观察点的距离。由于地面观察点的高度远小于卫星到水平面的投影距离，即 $h_1 \ll h_2$，有 $\varPhi\left[\sqrt{\pi}h_1/(2\mu)\right] \approx 0$ 且 $\varPhi\left[\sqrt{\pi}h_2/(2\mu)\right] \approx 1$。此时的视距概率可简化为

$$p_{\mathrm{LoS}} = \exp\left(-\frac{2a\mu r}{h_2}\right)$$

若使用仰角 θ 替代上式中的距离比值 r/h_2，则有

$$p_{\mathrm{LoS}}(\theta) = \exp\left(-\frac{2a\mu}{\tan\theta}\right)$$

综合以上结果，对于距离为 d、仰角为 θ 的星地链路，其路径损耗可以表示为

$$L(d,\theta) = L_{\mathrm{A}}(f,\theta) + L_{\mathrm{FS}}(d,f) + L_{\mathrm{E}}(\theta) \tag{7-5}$$

7.1.2　星地干扰方式

在卫星通信系统的设计中，干扰对通信链路的影响不容忽视。随着近年来宽带无线应用的快速普及，为了促进无线电频谱的高效利用，卫星系统和地面系统的部分应用之间共用频谱，同频干扰变得难以避免。对卫星通信系统而言，干扰直接影响接收机的工作性能。按照来源，干扰可分为射频干扰(radio frequency interference)和互干扰(mutual interference)。

(1)射频干扰：来自外部源的射频信号对卫星通信系统产生的干扰，具有外部来源、频谱广泛和不可预测等特性。

(2)互干扰：两个或多个卫星通信系统之间由于频率重叠、方向性冲突或其他技术原因而产生的干扰，具有内部来源、频率重叠和可预测等特性。

按照频段，干扰可分为带内干扰(in-band interference)和带外干扰(out-of-band interference)。

(1)带内干扰：出现在接收器正在使用的频带内的干扰。带内干扰通常由频率复用不足或其他通信系统的发射信号过强等原因产生，干扰信号出现在接收频带内，直接影响接收信号的质量。

(2)带外干扰：出现在接收器正在使用的频带之外的干扰。带外干扰通常由相邻频段的强信号、接收器设计缺陷或不充分的滤波产生，可能通过接收器的非线性响应、杂散响应或带外响应影响接收信号的质量。

在传统的卫星网络中，通常分配一个频段用于上行链路，另一个频段用于下行链路。由于对频谱需求的增加，国际电信联盟还为卫星服务分配了反向频段配置，即不同卫星网络的上行链路和下行链路的频段与传统配置相反。因此，卫星网络的潜在干扰源来自其他卫星网络或者使用相同频段的地面通信系统。图 7-3 展示了天地融合网络中的各种干扰路径，主要包括卫星-地面系统间干扰和卫星网络间干扰，下面将分别展开介绍。

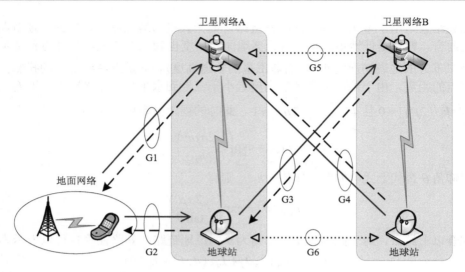

图 7-3   天地融合网络干扰类型

卫星-地面系统间干扰如图 7-3 中的链路 G1 和 G2 所示,其中 G1 表示地面基站与卫星之间相互干扰,G2 表示地面基站与卫星地球站之间相互干扰。这类干扰的产生原因在于卫星网络与地面通信系统共用频段,每种干扰模式可能间歇、连续或周期地发生,具体取决于卫星运行轨道和实际传输环境等因素。

卫星网络间干扰如图 7-3 中的链路 G3~G6 所示。其中,G3 和 G4 表示一个空间网络的卫星发送可能对另一个空间网络的地球站接收产生影响,反之亦然。若两个空间网络均为静止轨道系统,则这类干扰将一直存在;若至少一方为非静止轨道系统,则这类干扰将间歇产生。G5 和 G6 表示当空间网络存在反向频带分配,即一个空间网络的下行频段是另一个空间网络的上行频段时,不同系统间的卫星发送和接收,以及地球站的发送和接收均有可能造成干扰。

7.2   连通特性分析

终端在移动过程中为了保持业务的连续性,需要从当前基站切换到新的基站,以避免掉话。然而,低轨卫星高速运行,在单个地面观察点的可视范围内的停留时间短,使得终端与星载基站之间的切换相当频繁,控制信令开销大,进一步导致系统整体的掉话率与呼叫阻塞率较高。因此,低轨卫星移动通信系统的切换相较地面移动通信系统存在较大差异,是整个系统研究的重点。

7.2.1   可视区域

将地球近似成半径为 $R_\oplus$ 的球体,卫星相对于地表的轨道高度为 h。定义星下点(subsatellite point)为卫星到地球中心连线与地球表面的交点,天顶角(zenith angle)为地球中心到两点的向量所成的夹角。根据几何关系易知,对于地球表面上的任意点 A,该

点与可视卫星构成的最大天顶角为

$$\varphi_{\max} = \arccos\left(\frac{R_{\oplus}}{R_{\oplus}+h}\right) \tag{7-6}$$

　　事实上，判断地面观察点能否与卫星建立连接，还需要进一步考虑卫星波束的宽度。假设卫星波束垂直指向地面，波束宽度为 ψ，则波束覆盖区内任意点与卫星星下点构成的天顶角小于波束宽度。如图 7-4 所示，对于地球表面的任意点 A，该点与可以提供覆盖的卫星构成的最大天顶角为

$$\varphi_{\max}(\psi) = \begin{cases} \arcsin\left(\dfrac{1}{\alpha_0}\sin\dfrac{\psi}{2}\right)-\dfrac{\psi}{2}, & \psi \leqslant 2\arcsin\alpha_0 \\ \arccos\alpha_0, & \psi > 2\arcsin\alpha_0 \end{cases} \tag{7-7}$$

式中，$\alpha_0 \overset{\text{def}}{=\!=} R_{\oplus}/(R_{\oplus}+h)$。

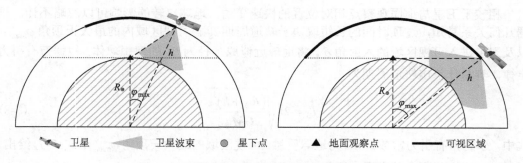

图 7-4　卫星波束宽度与最大天顶角的几何关系

　　随着卫星在非对地静止轨道上周期性地运行，卫星的通信覆盖区域也会周期性变化。若卫星通信覆盖区域的半径保持不变，则通过确定星下点位置即可判断该时刻卫星的通信覆盖区域。另外，对于卫星到地面的通信链路而言，其最小距离为卫星到星下点的距离，最大距离为可视区域边界到地面观察点的距离，即 $h \leqslant d \leqslant R_{\oplus}\sin\varphi_{\max}/\sin(\psi/2)$。因此，与天顶角判别方法类似，还可以利用卫星到地面观察点的距离，判断该点是否在卫星的覆盖区域内。

7.2.2　过顶时间

　　卫星的过顶时间（pass duration）定义为卫星运行过程中，在地面观察点的可视区域内的停留时长。如图 7-5 所示，卫星沿 $A \to B \to C$ 方向运行，在 B 点进入地面用户的可视范围，在 C 点离开可视范围。在 BC 段内，卫星能够为地面观察点提供通信服务，这段时间即为过顶时间。过顶时间的长短直接影响了地面观察点接收到的卫星通信服务质量。过顶时间的减小，意味着可视区域内更少的卫星数，将导致更加频繁的星地切换。

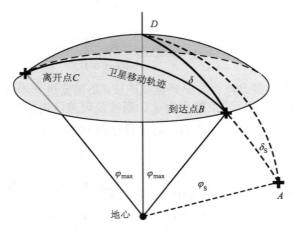

图 7-5　卫星过顶区间的几何关系

相较于卫星与地面观察点相对位置的快速变动，地球自转的影响可以忽略不计。根据几何关系易知，过顶时间的长短取决于轨道周期 T_S、可视区域内的最大天顶角 $\varphi_{\max}$，以及卫星进入可视区域的入射角 δ。将地球近似成半径为 $R_\oplus$ 的理想球体，根据万有引力定律，容易计算出轨道周期为

$$T_S = 2\pi \sqrt{\frac{(R_\oplus + h)^3}{GM_\oplus}} \tag{7-8}$$

式中，G 为万有引力常数；$M_\oplus$ 为地球质量。可视区域的最大天顶角 $\varphi_{\max}$ 由式 (7-7) 给出。对 $\triangle BCD$ 运用球面余弦定理，可知：

$$\cos\varphi_{\max} = \cos\zeta \cos\varphi_{\max} + \sin\zeta \sin\varphi_{\max} \cos\delta \Rightarrow \zeta = 2\arctan(\cos\delta \tan\varphi_{\max})$$

式中，ζ 是过顶弧线 $\overset{\frown}{BC}$ 的角度。根据上式可知，入射角 $|\delta|$ 越小，弧度角 ζ 越大。特别地，当卫星沿可视区域的边界法向进入时，弧度角最小，为二倍的最大天顶角；当卫星沿可视区域边界切向进入时，弧度角为零。事实上，即使在随机轨道假设下，入射角 δ 的分布也并非完全随机的。对 $\triangle ABD$ 运用球面正弦定理，可知：

$$\frac{\sin\delta}{\sin\varphi_S} = \frac{\sin\delta_S}{\sin\varphi_{\max}} \Rightarrow \delta = \arcsin\left(\frac{\sin\delta_S \sin\varphi_S}{\sin\varphi_{\max}}\right) \tag{7-9}$$

式中，$\varphi_S \sim \arcsin[U(-1,1)]$；$\delta_S \sim U(-\pi,\pi)$；$U(a,b)$ 表示 a 到 b 内的均匀随机分布。

于是，过顶时间可以表示为

$$T_{\text{pass}} = \frac{T_S \zeta}{2\pi} = \frac{T_S}{\pi} \arctan\left[\sqrt{1 - \left(\frac{\sin\varphi_S \sin\delta_S}{\sin\varphi_{\max}}\right)^2} \tan\varphi_{\max}\right] \in \left[0, \frac{T_S \varphi_{\max}}{\pi}\right]$$

7.2.3　会话时间

根据可视区域的几何结构，从卫星进入到离开可视区域的过程中，卫星与地面观察

点之间的星地链路长度先降后增。当卫星刚进入地面观察点的可视区域时，往往需要等待一段时间方可为目标用户提供服务。因此，卫星为目标用户提供服务的会话时间实际上会小于过顶时间。如图 7-6 所示，卫星在进入可视区域后，当运动到 A 点时开始为用户提供服务，当运动到 B 点时，用户根据连接策略切换到另一颗卫星，上一颗卫星的会话终止。

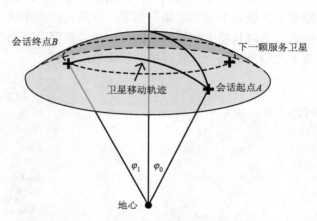

图 7-6　卫星会话区间的几何关系

根据球面几何关系，会话区间划过的天顶角 ξ 可表示为起始会话天顶角 φ_0、终止会话天顶角 φ_1 和曲面方位角 δ 的函数，如式 (7-10) 所示。

$$\xi = 2\arctan\left(\frac{\cos\delta\sin\varphi_0 + \sqrt{\cos^2\varphi_0 - \cos^2\varphi_1 + \cos^2\delta\sin^2\varphi_0}}{\cos\varphi_0 + \cos\varphi_1}\right) \tag{7-10}$$

于是会话时间可以写为

$$T_{\text{session}} = \frac{T_{\text{S}}\xi}{2\pi}$$

由上式可以看出，计算会话时间的关键在于得到切换边界点的方位角 φ_0 和 φ_1 的分布，而后者依赖于具体的切换准则。常见的切换依据包括最近卫星、最强信号、最长可视时间、最小星间跳数等，需要根据实际情况具体分析起止方位角的分布。

7.3　覆盖性能分析

在天地融合网络中，卫星节点数目众多、拓扑时变，如何准确建模分析天地融合网络的覆盖性能，对实际网络的部署设计具有重要意义。目前针对卫星通信系统的性能分析研究可大致分为两类。一类是基于具体的星座系统数据，采用系统级仿真方法评估网络的连通和覆盖性能，所得结果相对准确，但耗时明显。本节重点介绍另一类理论性能分析方法，针对单星和多星等场景构建卫星通信系统的空间分布模型，通过分析累积干扰的分布，评估网络的整体覆盖性能。

7.3.1 空间分布模型

目前的卫星网络性能分析往往依赖特定的星座配置,以常用的 Walker 星座为例,如图 7-7 所示,多个轨道平面的升交点沿赤道等间距排列,每个轨道平面内的卫星等间隔分布。尽管卫星网络的拓扑结构呈规律性变化,但是分析这类网络的性能通常需要借助大量的仿真模拟。随着未来低轨卫星的密集化部署,卫星网络的干扰呈现高度复杂化的趋势,星地网络性能的仿真时长将大幅增长。因此,亟须研究具有高度可分析性的卫星网络拓扑模型,并基于此给出星地一体化网络的理论性能刻画。

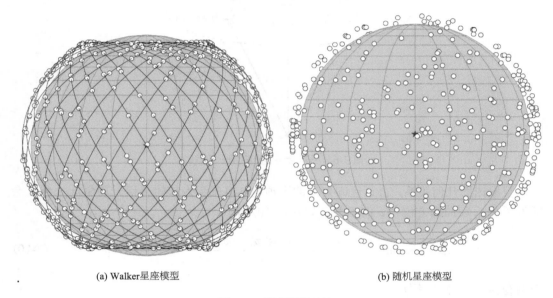

(a) Walker星座模型　　　　　　　　　　　　　(b) 随机星座模型

图 7-7　星座模型对比

将地球近似为半径为 $R_\oplus$ 的球体, N_S 颗低轨卫星围绕地球运转。假设卫星在距地面高度为 h 的球面上均匀随机分布,即卫星节点均可以看作半径为 $R_\oplus + h$ 的球面上的二项点过程(binomial point process,BPP)。在该模型下,每颗卫星相对于地心赤道坐标系的方位角和仰角均为随机变量,其中方位角在 $[0, 2\pi]$ 上均匀随机分布,仰角的累积分布函数为

$$F_\Theta(\theta) = \frac{1 - \cos\theta}{2}, \quad \theta \in [0, \pi]$$

对于卫星而言,其空间位置随时间规律变化。当卫星节点数目较少时,来自服务卫星以外的干扰相对较小,可以通过单星链路预算来分析卫星通信系统的性能。而随着节点数的增多,与 Walker 星座模型相比,点过程模型不依赖轨道和星座的形状,灵活性高且便于分析。在独立分布假设下,通过将同高度卫星的空间位置建模为球面上的点过程,容易得到卫星通信系统的性能下限。若在此基础上考虑倾斜轨道下卫星随纬度的非均匀分布特性,采用非齐次点过程建模卫星节点位置,则可以进一步提升点过程模

型的准确性。

无线电波在传输过程中经历大气吸收、自由空间路径损耗和地表建筑遮挡导致的路径损耗，以及多径效应导致的小尺度衰落。根据 7.1.1 节中的讨论，对于距离为 d、仰角为 θ 的星地链路，其路径损耗表示为

$$L(d,\theta) = L_A(f,\theta) + L_{FS}(d,f) + L_E(\theta)$$

注意到在本章的系统模型中，卫星的轨道高度固定，星地链路的距离、仰角、圆顶角可以相互转化。方便起见，后面取路径损耗的自变量为圆顶角 φ，即 $L(\varphi) = L(d,\theta)$。

另外，为了精确地拟合多径信号的包络和相位波动，考虑使用阴影莱斯（shadowed Rician，SR）分布建模卫星到地面的小尺度衰落。具体而言，将小尺度衰落的包络 g 表示为直达径分量 A_L 和多径分量 A_N 的矢量和，即

$$g = A_L \exp(\psi_L j) + A_N \exp(\psi_N j)$$

式中，直达径分量 A_L 服从形状参数为 m、扩散参数为 Ω 的 Nakagami-m 分布，相位 ψ_L 是固定值；多径分量 A_N 服从参数为 $\sqrt{b}$ 的 Rayleigh 分布，相位 ψ_N 在 $[0,2\pi)$ 内均匀随机分布。于是，小尺度衰落的增益 $|g|^2$ 服从平方阴影莱斯（squared shadowed Rician，SSR）分布，其概率密度函数可表示为

$$f_{|g|^2}(y;b,m,\Omega) = \frac{1}{2b}\left(\frac{2bm}{2bm+\Omega}\right)^m \exp\left(-\frac{y}{2b}\right){}_1F_1\left[m,1,\frac{\Omega y}{2b(2bm+\Omega)}\right]$$

式中，Ω 是直达径分量的平均功率；$2b$ 是多径分量的平均功率；${}_1F_1(\cdot,\cdot,\cdot)$ 是合流超几何函数。

于是地面用户接收信号的信干噪比可以表示为

$$SINR = \frac{\eta L(\varphi_0)|g_0|^2}{I+N_0}$$

式中，η 是等效全向辐射功率；I 是累积干扰；N_0 是噪声功率。

7.3.2 多星覆盖性能

1. 可视概率

根据 7.2.1 节的分析，能够为地面观察点提供覆盖的卫星所在区域是与观察点所成圆顶角小于 φ_{max} 的球冠 $\mathcal{R}$，该球冠的面积为

$$|\mathcal{R}| = |\mathcal{A}(\varphi_{max})| = 2\pi(R_\oplus+h)^2(1-\cos\varphi_{max})$$

式中，$R_\oplus$ 是地球半径；h 是卫星高度；φ_{max} 是从地球中心指向观察点和球冠边缘的夹角。特别地，当卫星波束宽度大于 $2\arcsin[R_\oplus/(R_\oplus+h)]$ 时，球冠面积取得最大值 $|\mathcal{R}|_{max} = 2\pi(R_\oplus+h)h$。

在泊松点过程分布假设下，记 $\Psi(\mathcal{R})$ 为区域 $\mathcal{R}$ 内的卫星数目，则有

$$\mathbb{P}\big[\varPsi(\mathcal{R})=n\big]=\frac{\big(\lambda|\mathcal{R}|\big)^{n}}{n!}\mathrm{e}^{-\lambda|\mathcal{R}|} \tag{7-11}$$

式中，$|\mathcal{R}|$ 表示区域 $\mathcal{R}$ 的面积。

若卫星的总数为 N，则卫星构成的点过程的平均密度可以近似为

$$\lambda=\frac{N}{4\pi\big(R_{\oplus}+h\big)^{2}}$$

式中，$4\pi\big(R_{\oplus}+h\big)^{2}$ 是卫星所在球面的表面积。

根据式(7-11)可知，地面观察点的可视区域内存在至少一颗卫星的概率为

$$\mathbb{P}\big[\varPsi(\mathcal{R})\geqslant1\big]=1-\exp\left[-\frac{N|\mathcal{R}|}{4\pi\big(R_{\oplus}+h\big)^{2}}\right]$$

$$=1-\exp\left[-\frac{\big(1-\cos\varphi_{\max}\big)N}{2}\right]\leqslant1-\exp\left[-\frac{Nh}{2\big(R_{\oplus}+h\big)}\right]$$

等价地，可以根据轨道高度 h 和可视概率 $\mathbb{P}\big(\varPsi(\mathcal{R})\geqslant1\big)$ 来确定合适的卫星数量 N，即

$$N\geqslant\frac{-2\ln\big\{1-\mathbb{P}\big[\varPsi(\mathcal{R})\geqslant1\big]\big\}}{1-\cos\varphi_{\max}}\geqslant-\frac{2\big(R_{\oplus}+h\big)\ln\big\{1-\mathbb{P}\big[\varPsi(\mathcal{R})\geqslant1\big]\big\}}{h} \tag{7-12}$$

或者根据卫星数目和可视概率确定轨道高度，即

$$h\geqslant-\left(\frac{1}{R_{\oplus}}+\frac{N}{2R_{\oplus}\ln\big\{1-\mathbb{P}\big[\varPsi(\mathcal{R})\geqslant1\big]\big\}}\right)^{-1} \tag{7-13}$$

图 7-8(a)展示了不同轨道高度下的可视概率随卫星数量的变化关系，波束宽度取值为 $\psi=60°$。

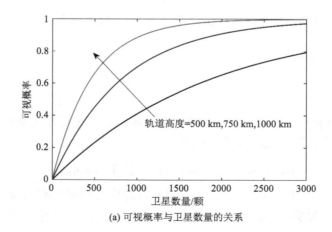

(a) 可视概率与卫星数量的关系

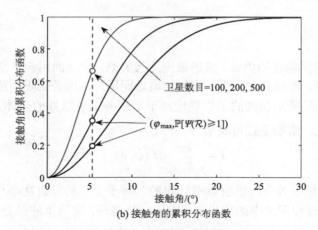

(b) 接触角的累积分布函数

图 7-8　随机点过程模型下的可视概率与接触角分布

2. 接触角

在平面随机几何中，接触距离（contact distance）定义为到观察点最近的节点距离。在球面随机几何中，类似地定义接触角（contact angle）为地面观察点与最近卫星构成的圆顶角。由于观察点上方的球冠面积随着圆顶角的增大而单调递增，根据概率论的知识，容易知道接触角 φ_0 的累积分布函数为

$$F_{\varphi_0}(\varphi) = \mathbb{P}(\varphi_0 \leqslant \varphi)$$
$$= 1 - \mathbb{P}(\text{区域} \mathcal{A}(\varphi) \text{内不存在卫星})$$
$$= 1 - \exp\left(-\lambda \big| \mathcal{A}(\varphi) \big|\right)$$

式中，$\big| \mathcal{A}(\varphi) \big|$ 是卫星所在的球面与地面观察点所成圆顶角小于 φ 的球冠面积。容易知道，$\big| \mathcal{A}(\varphi) \big| = 2\pi (R_\oplus + h)^2 (1 - \cos\varphi)$，于是有

$$F_{\varphi_0}(\varphi) = 1 - \exp\left[-2\pi\lambda (R_\oplus + h)^2 (1 - \cos\varphi) \right]$$
$$\approx 1 - \exp\left[-\frac{(1 - \cos\varphi) N}{2} \right]$$

对 $F_{\varphi_0}(\varphi)$ 求导得到接触角的概率密度函数如下：

$$f_{\varphi_0}(\varphi) = \frac{\mathrm{d} F_{\varphi_0}(\varphi)}{\mathrm{d}\varphi} = \frac{N}{2} \sin\varphi \exp\left[-\frac{(1 - \cos\varphi) N}{2} \right]$$

图 7-8（b）展示了不同卫星数目下的接触角的累积分布函数。可视区域内的接触角取值范围为 $0 \sim \varphi_{\max}$，对应的累积分布函数的取值为 $0 \sim 1 - \exp\left[-(1 - \cos\varphi_{\max}) N / 2 \right]$，该上界正是可视概率 $\mathbb{P}(\Psi(\mathcal{R}) \geqslant 1)$。

3. 累积干扰

记 Ψ 为全体卫星构成的集合，考虑最近连接策略，即地面用户 U 选取距离最近的卫星 S_0 作为服务卫星。根据几何关系，容易知道地面用户与服务卫星所成的圆顶角即为接触角。假设全体卫星采用相同的工作频段，于是服务卫星以外的全体卫星 $\Psi \setminus \{S_0\}$ 对用户 U 造成下行干扰，累积干扰可表示为

$$I = \sum_{S \in \Psi \setminus \{S_0\}} \eta L(\varphi_S) |g_S|^2 \tag{7-14}$$

式中，η 是干扰卫星等效全向辐射功率（EIRP），等于卫星的发射功率与发射天线增益的乘积。根据随机点过程理论中的坎贝尔（Campbell）定理，圆顶角的微分 $\mathrm{d}\varphi$ 对应的曲面微分为 $2\pi(R_\oplus + h)^2 \sin\varphi \mathrm{d}\varphi$，干扰卫星与地面用户构成的圆顶角范围为 $\varphi_0 \sim \varphi_{\max}$，于是累积干扰均值可表示为

$$\mathbb{E}[I] = 2\pi(R_\oplus + h)^2 \mathbb{E}[g] \lambda \int_{\varphi_0}^{\varphi_{\max}} \eta L(\varphi) \sin\varphi \mathrm{d}\varphi \tag{7-15}$$

干扰均值仅仅描述了累积干扰的统计平均，为了评估下行链路的成功传输概率，还需计算累积干扰的具体分布。干扰的累积分布函数（cumulative distribution function，CDF）无法由式（7-15）直接求得，但可以根据它的拉普拉斯（Laplace）变换间接计算出 CDF。根据定义，累积干扰的 Laplace 变换可以表示为

$$
\begin{aligned}
\mathcal{L}_I(s) &= \mathbb{E}\left[\mathrm{e}^{-sI} \middle| \varphi_0 \right] \\
&= \mathbb{E}\left[\exp\left(-s \sum_{S \in \Psi \setminus \{S_0\}} \eta L(\varphi_S) |g_S|^2 \right) \middle| \varphi_0 \right] \\
&= \mathbb{E}\left[\prod_{S \in \Psi \setminus \{S_0\}} \exp\left(-s\eta L(\varphi_S) |g_S|^2 \right) \middle| \varphi_0 \right]
\end{aligned}
$$

对于上式而言，假设干扰链路的随机衰落与空间点过程的具体分布无关，可以将上式的期望拆分为空间平均和时间平均两部分，也即

$$\mathcal{L}_I(s) = \mathbb{E}_\Psi\left[\prod_{S \in \Psi \setminus \{S_0\}} \mathbb{E}_{\eta,g}\left[\exp\left(-s\eta L(\varphi_S) |g_S|^2 \right) \right] \middle| \varphi_0 \right]$$

注意到上式可以看作点过程函数的连乘积。泊松点过程的概率母泛函（probability generating functional，PGFL）表明，对任意的可测函数 $f: \mathbb{R} \to [0,1]$，以下关系成立：

$$\mathbb{E}\left[\prod_{S \in \Psi} f(S) \right] \equiv \exp\left\{ -\int_{\mathbb{R}} [1 - f(S)] \Lambda(\mathrm{d}S) \right\} \tag{7-16}$$

式中，$\Lambda(\cdot)$ 是泊松点过程 Ψ 的概率测度。

对于星地下行链路而言，干扰卫星的位置在三维空间中构成泊松点过程。由于干扰链路的强度仅与干扰卫星和地面用户所成的圆顶角唯一确定，可以将干扰卫星的空间分

布集合映射到圆顶角集合。映射后的圆顶角集合构成一维空间上的泊松点过程，概率密度为 $\lambda(\varphi)=2\pi(R_\oplus+h)^2\sin\varphi, \varphi\in[\varphi_0,\varphi_{\max}]$。于是 $\mathcal{L}_I(s)$ 可以进一步表示为

$$\mathcal{L}_I(s)=\exp\left(-2\pi(R_\oplus+h)^2\eta\lambda\int_{\varphi_0}^{\varphi_{\max}}\left\{1-\mathbb{E}_{\eta,g}\left[\exp\left(-sL(\varphi)|g|^2\right)\right]\right\}\sin\varphi\mathrm{d}\varphi\right)$$

最后，CDF 可以通过对 Laplace 变换求逆得到，即

$$F_I(x)=\mathcal{L}^{-1}\left[\frac{1}{s}\mathcal{L}_I(s)\right] \tag{7-17}$$

4. 传输成功概率

衡量无线链路传输质量的关键指标之一是传输成功概率，定义为接收信号 SINR 达到给定门限 γ 的概率，表示为 $\mathcal{C}(\gamma)=\mathbb{P}(\text{SINR}>\gamma)$。在无线网络中，传输成功概率又称覆盖概率（coverage probability）。由于干扰链路和服务链路的功率分布都依赖于接触角 φ_0，因此可以将期望的条件成功概率表述为

$$\begin{aligned}\mathcal{C}(\gamma)&=\mathbb{E}_{\varphi_0}\mathbb{E}_{\eta,g}\left[\mathbb{P}\left(\frac{\eta L(\varphi_0)|g_0|^2}{I+N_0}>\gamma\right)\right]\\&=\mathbb{E}_{\varphi_0}\mathbb{E}_{\eta,g}\left[\mathbb{P}\left(I<\frac{\eta L(\varphi_0)|g_0|^2}{\gamma}-N_0\right)\right]\\&=\mathbb{E}_{\varphi_0}\mathbb{E}_{\eta,g}\left[F_I\left(\frac{\eta L(\varphi_0)|g_0|^2}{\gamma}-N_0\right)\right]\end{aligned} \tag{7-18}$$

最后对接触角度去条件化，即可得到全局平均覆盖概率：

$$\mathcal{C}(\gamma)=\int_0^{\varphi_{\max}}\mathbb{E}_{\eta,g}\left[F_I\left(\frac{\eta L(\varphi_0)|g_0|^2}{\gamma}-N_0\right)\right]f_{\varphi_0}(\varphi)\mathrm{d}\varphi \tag{7-19}$$

7.3.3　系统间干扰分析

根据 7.1.2 节中的讨论，当卫星网络与地面通信系统共用频段时，地面基站与卫星地球站之间会产生干扰。本节以图 7-9 所示的天地融合网络为例，考察地面系统干扰对星地通信性能的影响。注意到地面终端的移动性和随机分布特性，采用密度为 λ 的泊松点过程建模其位置分布。假设目标地球站位于 X_0，其除了接收来自服务卫星的信号，还受到来自地面系统的干扰影响，累积干扰功率表示为

$$I_\mathrm{G}=\sum_{X\in\Phi\setminus\{X_0\}}\eta_\mathrm{G}|g_X|^2\|X-X_0\|^{-\alpha}$$

式中，η_G 是地面干扰源的 EIRP；$|g_X|^2$ 是小尺度衰落增益；α 是路径损耗系数。目标地球站接收信号的 SINR 可以表示为

$$\mathrm{SINR} = \frac{\eta \left| g_{X_0} \right|^2 L(\varphi_0)}{I_{\mathrm{G}} + N_0}$$

于是，星地下行链路的通信成功概率可以表示为

$$\mathcal{C}(\gamma) = \mathbb{P}(\mathrm{SINR} > \gamma)$$

式中，γ 是 SINR 门限，与接收机的物理特性有关。当且仅当地球站接收信号的 SINR 高于 γ 时，地球站能够正确接收并解调信号。

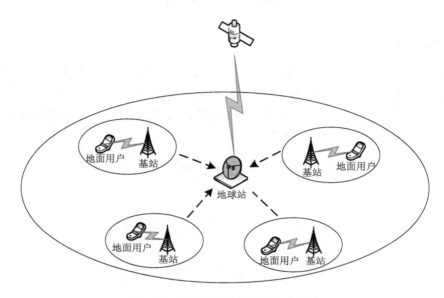

图 7-9　地面通信系统干扰星地传输

在现有的星地统计信道模型研究中，Lutz 模型是一类典型的多状态信道模型，通过将信道按照不同的状态分类，能够描述终端快速移动时的非平稳信道特性。在 Lutz 模型中，信道能够在良好状态和不良状态之间转化。在良好状态下，接收信号由直射分量和多径分量组成，此时功率的包络服从因子为 K 的莱斯分布，即

$$f_{\mathrm{Rician}}(x) = (1+K)\exp\left[-K - (1+K)x\right] I_0\left[2\sqrt{K(K+1)x}\right]$$

式中，$I_0(\cdot)$ 表示第一类零阶贝塞尔函数。在不良状态下，接收信号不包含直射分量，此时功率的包络服从参数为 ω 的瑞利分布，即

$$f_{\mathrm{Rayleigh}}(x) = \frac{1}{\omega}\exp\left(-\frac{x}{\omega}\right)$$

相比之下，对于地面移动信道而言，由于收发端的高度差不明显，通信链路往往难以建立直达径，因此小尺度衰落可以用瑞利信道来描述。

1. 无直射分量时

当星地信道处于不良状态时，星地通信成功概率 $\mathcal{C}_1(\gamma)$ 表示为

$$C_1(\gamma) = \mathbb{P}\left(\frac{\eta |g_{X_0}|^2 L(\varphi_o)}{I_G + N_0} > \gamma\right)$$

根据小尺度衰落增益 $|g_{X_0}|^2$ 与点过程 Φ 的独立性有

$$C_1(\gamma) = \mathbb{P}\left(|g_{X_0}|^2 > \frac{\gamma(I_G + N_0)}{\eta L(\varphi_o)}\right)$$

进一步，根据指数分布特性，有

$$C_1(\gamma) = \exp\left(-\frac{\gamma N_0}{\eta L(\varphi_o)}\right)\mathbb{E}_I\left[\exp\left(-\frac{\gamma I_G}{\eta L(\varphi_o)}\right)\right] = \exp\left(-\frac{\gamma N_0}{\eta L(\varphi_o)}\right)\mathcal{L}_I\left(\frac{\gamma}{\eta L(\varphi_o)}\right)$$

累积干扰的 Laplace 变换可以展开表示为

$$\mathcal{L}_I(s) = \mathbb{E}_{\Phi,g}\left[\prod_{X\in\Phi\setminus\{X_0\}}\exp\left(-s\eta_G |g_X|^2 \|X-X_0\|^{-\alpha}\right)\right]$$
$$\overset{(a)}{=} \mathbb{E}_\Phi\left[\prod_{X\in\Phi\setminus\{X_0\}}\mathbb{E}_g\left[\exp\left(-s\eta_G |g_X|^2 \|X-X_0\|^{-\alpha}\right)\right]\right]$$
$$\overset{(b)}{=} \mathbb{E}_\Phi\left[\prod_{X\in\Phi\setminus\{X_0\}}\frac{1}{1+s\eta_G \|X-X_0\|^{-\alpha}}\right]$$

式中，步骤 (a) 的依据是点过程 Φ 与移动信道小尺度衰落增益 $|g_X|^2$ 相互独立；步骤 (b) 的依据是指数随机变量的概率母函数。注意到上式是关于泊松点过程的连乘函数形式，与 7.3.2 节类似，借助泊松点过程的 PGFL，可以进一步将干扰的 Laplace 变换表示为

$$\mathcal{L}_I(s) = \exp\left\{-2\pi\lambda\int_0^\infty\left[\frac{1}{1+\frac{r^\alpha}{s\eta_G}}\right]r\,\mathrm{d}r\right\} = \exp\left[-\frac{\pi\lambda(s\eta_G)^{2/\alpha}}{\frac{\sin\left(\frac{2\pi}{\alpha}\right)}{\left(\frac{2\pi}{\alpha}\right)}}\right]$$

由此可得不良状态下星地通信成功概率 $C_1(\gamma)$ 的闭式解为

$$C_1(\gamma) = \exp\left[-\frac{\gamma N_0}{\eta L(\varphi_o)} - \frac{\pi\lambda(s\eta_G)^{2/\alpha}}{\sin(2\pi/\alpha)/(2\pi/\alpha)}\right]$$

图 7-10 展示了在星地服务链路无直射分量时，星地通信成功概率随信干噪比门限 γ 的变化情况。随着地球站接收机对干扰容忍能力的增强，以及干扰源分布密度的减小，通信成功概率逐渐提高。

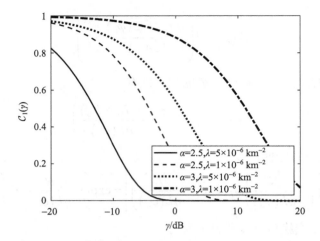

图 7-10   无直射分量时单星下行传输成功概率

2. 有直射分量时

当星地信道处于良好状态时，星地通信成功概率 $C_2(\gamma)$ 表示为

$$C_2(\gamma) = \mathbb{P}\left[\frac{\eta\left|g_{X_0}\right|^2 L(\varphi_o)}{I_G + N_0} > \gamma\right] = \mathbb{P}\left[\left|g_{X_0}\right|^2 > \frac{\gamma(I_G + N_0)}{\eta L(\varphi_o)}\right]$$

由于此时地球站接收信号由直射分量和多径分量共同组成，而干扰信号受阴影效应的影响，总功率偏弱。因此，可以通过忽略干扰项来得到通信成功概率的理论上界，如下式所示：

$$C_2(\gamma) \leqslant \mathbb{P}\left[\left|g_{X_0}\right|^2 > \frac{\gamma N_0}{\eta L(\varphi_o)}\right] = 1 - F_{\left|g_{X_0}\right|^2}\left[\frac{\gamma N_0}{\eta L(\varphi_o)}\right] = \overline{C}_2(\gamma)$$

根据良好信道状态下的衰落增益分布函数

$$F_{\text{Rician}}(x) = 1 - Q_1\left(\sqrt{2K}, \sqrt{2(1+K)x}\right)$$

可知：

$$\overline{C}_2(\gamma) = 1 - Q_1\left(\sqrt{2K}, \sqrt{\frac{2(1+K)\gamma N_0}{\eta L(\varphi_o)}}\right)$$

式中，$Q_1(\cdot,\cdot)$ 表示一阶 Marcum Q-函数，即

$$Q_1(a,b) = \int_b^\infty x\exp\left(-\frac{x^2 + a^2}{2}\right)\text{I}_0(ax)\text{d}x$$

式中，$\text{I}_0(\cdot)$ 表示第一类零阶贝塞尔函数。

图 7-11 展示了在星地服务链路有直射分量时，星地通信成功概率随信噪比门限 γ 的变化情况。可以看出，在噪声受限的情况下，通信成功概率的上界 $\overline{C}_2(\gamma)$ 随信噪比门限 γ 的增大而逐渐降低。

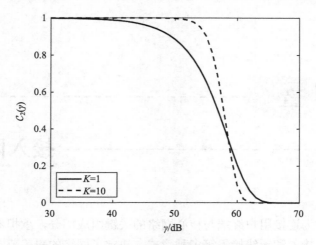

图 7-11　有直射分量时单星下行传输成功概率

习　题

1. 请分析和讨论实现全球覆盖的天地融合网络所面临的主要技术挑战，包括但不限于终端移动速度的支持、传输时延的管理和边缘频谱效率的提升。请结合实际案例或现有技术提出可能的解决方案或改进措施。

2. 卫星通信系统与地面移动通信系统之间的干扰问题在天地融合网络中具有重要意义，请探讨卫星通信系统和地面移动通信系统之间干扰的特点和影响因素。

3. 已知 GEO 卫星高度约为 36000km，若地面站到 GEO 卫星的仰角为 30°，计算星地链路距离。若下行链路采用 12GHz 的 Ku 波段，试计算自由空间路径损耗。

4. 使用 Lutz 模型描述卫星信道时，为什么将不良状态下的接收信号瞬时功率建模为瑞利分布，而将良好状态下的接收信号瞬时功率建模为莱斯分布？请解释两种分布的区别与联系。

5. 以 7.3.2 节的模型为例，计算单星天地融合网络中的信干噪比均值，并定量分析发射功率等参数的影响。

6. 请简述在密集星座场景中使用空间点过程建模卫星节点瞬时分布的依据，当网络中包含高度不同的多层卫星节点时，点过程模型是否仍然适用？

7. 影响星地通信连通性的主要因素有哪些？假设卫星距离地面的高度为 500km，请试着计算卫星的过顶时间。

第 *8* 章

接入网体制

微课视频

接入网体制作为连接用户终端与核心网络的关键组成部分,承担着重要的职责。接入网体制包括有线接入和无线接入等多种形式,决定了网络的覆盖范围、传输速率和服务质量等核心性能指标。卫星通信作为一种特殊的无线通信形式,具有广覆盖、高带宽、快速部署等优点,适用于地面通信设施难以到达的偏远地区、海上以及航空通信等场景。然而,卫星通信也面临信号传播延时长、带宽有限、频谱资源紧张等挑战。在此背景下,高效的接入网体制能够有效提升卫星通信的整体性能,拓展卫星通信的应用场景和服务能力,对卫星通信的未来发展具有重要的研究意义。

本章首先介绍星地接入的物理层信道,包括广播信道、随机接入信道和控制信道(control channel, CCH)与共享信道(shared channel, SCH),接着介绍可适配于卫星通信的几种星地接入空口波形,并引入了同步补偿、切换管理和时序增强等关键技术。为进一步探索提高网络传输能力和接入容量的方法,本章还对跳波束技术的发展历程、基本原理和容量分析进行了阐述,并根据不同业务需求探讨了有效的波束资源调度策略。

8.1 星地接入空口波形

随着 5G 网络的广泛部署和应用场景的不断扩大,其服务范围已向空中和水下延伸。通过将非地面网络(NTN)与地面 5G 网络相融合,能够有效地覆盖地面、空中及海洋,从而实现空天地一体化的通信服务。5G NTN 技术融合了传统卫星通信与地面移动通信的双重优势,根据卫星通信的特点对二者进行适应性改造,实现对空、天、地、海等多场景的统一服务。随着市场的不断变化和技术的迭代发展,对接入的需求也在不断提升。传统的接入方式已经难以满足日益增长的通信数据需求和多样化的应用场景。在这种背景下,星地接入空口波形作为实现地面终端与卫星之间数据传输的关键技术之一,其设计与优化成为一种备受关注的解决方案。星地接入空口波形是指在卫星通信系统中,地面终端与卫星之间的无线接入部分所采用的波形和信号调制方式。考虑到卫星通信场景下的特殊环境,如多普勒频移、大时延等因素,星地接入空口波形通常需要具有高效的频谱利用率、抗多径衰落能力以及适应不同的信道条件等特性,以确保在卫星通信系统中能够实现可靠的数据传输。下面,首先介绍 NTN 的星地接入的几种物理层信道,然后介绍星地空口技术,以及 NTN 相关的几种关键技术。

8.1.1 星地接入

NTN 的星地接入的物理层信道主要包括广播信道、随机接入信道和控制信道与共享信道。

1. 广播信道

下行链路物理广播信道(physical broadcast channel,PBCH)是 5G 信道中构成同步信号块的一个重要组成部分,在卫星通信中主要用于终端(user equipment,UE)的下行链路时频同步,以确保信号的稳定性和可靠性。卫星通信中的 PBCH 与 5G 有着类似的特性,下面介绍 PBCH 的组成。PBCH 承载了多项关键信息,包括主信息块(master information block,MIB)、主同步信号(primary synchronization signal,PSS)、辅同步信号(secondary synchronization signal,SSS)以及 PBCH 解调时使用的专用解调参考信号(demodulation reference signal,DMRS)。以上这些信息共同组成了物理广播信道块(synchronization signal and PBCH block,SSB)。PBCH 的核心作用是为 UE 提供 MIB,帮助终端获取接入网络的必要系统信息,实现初始化同步接入。除此之外,PBCH 与控制信道紧密结合,还承担着时间和频率同步的重要任务。

MIB 是 PBCH 在 UE 的初始访问过程中传输的基本数据,对于 UE 的正确接入和信号接收起着至关重要的作用。MIB 的作用包括获取系统信息块 1(system information block 1,SIB1)以及资源在物理下行控制信道(physical downlink control channel,PDCCH)中的位置。

在 5G 中,MIB 被嵌入同步信号块中,为了帮助终端解码,它以突发的方式发送。在大多数配置中,突发的周期为 20ms,每次突发由多次重复的同步信号块组成,重复次数也由系统配置控制。信号捕获过程如图 8-1 所示。因此,UE 的首要任务是在资源网格(resource grid,RG)中找到 SSB 的位置。在 5G 信号中定位 SSB 的过程中,首先基于全局同步信道编号(global synchronization channel number,GSCN)光栅对主同步信号和从同

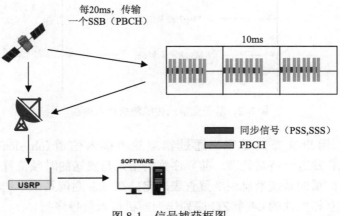

图 8-1　信号捕获框图

步信号进行盲寻,一旦找到了主同步信号和从同步信号,接收器就知道了 SSB 在资源网格内的时间和频率位置以及载波频率偏移(carrier frequency offset,CFO)的粗略估计。通过这些信息,接收方能够定位与 MIB 对应的资源元素(resource element,RE)和用于解调参考信号的资源元素。接收器的下一步是估计信道。在 5G 中,这是通过使用解调参考信号导频来完成的。

2. 随机接入信道

随机接入技术作为无线通信的关键技术在卫星通信系统中发挥着巨大作用,是建立通信链路完成数据的上行与下行传输的前提。用户通过随机接入实现与基站之间的时间同步,通过获得小区无线网络临时标识(cell radio network temporary identifier,C-RNTI)实现基站对不同用户的识别,另外还可以申请上行资源进行后续控制信息的发送。实现低时延与高成功率的随机接入是建立通信系统的基础。

其中,上行随机接入的流程有以下几种。

1) 传统随机接入过程

根据随机接入的用户业务种类不同,在卫星通信系统中随机接入可以分为基于竞争的随机接入与基于非竞争的随机接入。在传统通信系统中,用户初始接入、无线资源控制(radio resource control,RRC)连接重建与调度请求(scheduling request,SR)资源等业务一般采用基于竞争的随机接入方式,用户的跨区切换与检测到上行失步情况下的下行数据传输等业务则采用基于非竞争的随机接入方式。基于竞争的传统随机接入实现如图 8-2 所示。

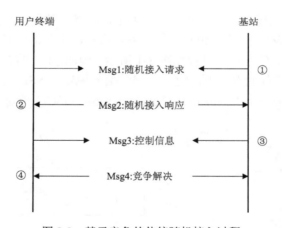

图 8-2　基于竞争的传统随机接入过程

第一步中,用户选择前导序列通过物理随机接入信道(physical random access channel,PRACH)发送给基站处理。前导序列的格式与发送的时频位置等信息由随机接入前基站向用户广播的系统消息块配置查表确定,在 5G 通信系统中选择具有理想周期自相关性与最小互相关性的 64 个 ZC 序列作为随机接入前导序列。

第二步中,基站向用户发送随机接入响应(random access response,RAR)。用户在完成第一步前导码的发送之后，在设定的时间窗内监听由基站在物理下行共享信道(physical downlink shared channel，PDSCH)上发送的 RAR。RAR 中包括基站根据用户发送前导序列计算得到的定时提前(time advance，TA)与用户前导序列 ID、退避参数(backoff indicator，BI)等其他用于控制信息 Msg3 发送的调度信息，使用用户的随机接入无线网络临时标识(random access RNTI，RA-RNTI)进行加扰。其中，RA-RNTI 计算公式为

$$\text{RA-RNTI} = 1 + s\_\text{id} + 14 \times t\_\text{id} + 14 \times 80 \times f\_\text{id} + 14 \times 80 \times 8 \times \text{ul\_carrier\_id} \tag{8-1}$$

式中，s_id 为 OFDM 符号索引；t_id 为时隙索引；f_id 为频率索引；ul_carrier_id 代表前导序列传输中选择的正常载波或补充上行载波。若用户在 RAR 窗口内未能监听到 RAR 信息或检测到前导序列 ID 与发送不符，则代表随机接入失败，在前导序列未达到最大重传次数的情况下，根据 BI 随机选择退避时间并抬升发射功率进行前导序列的重新传输。

第三步中，用户发送包含用户 ID 或其他用户标识、RRC 连接请求或重连请求等其他调度请求的信息给基站。根据第二步流程中基站为不同用户分配的 TA、BI 等其他资源分配信息，用户在物理上行共享信道(physical uplink shared channel，PUSCH)上发送 Msg3 信息实现上行同步。对 Msg3 的传输采用混合重传技术提高传输效率，媒体访问控制(medium access control，MAC)层还需要保存公共控制信道业务数据单元用于第四步的校验。

考虑到不同用户在相同时频资源上选择相同前导序列发起随机接入，并都收到 RAR 信息完成 Msg3 发送的情况，此时需要基站通过最后的竞争解决步骤决定接入系统的用户。第四步中，基站使用用户 ID 信息加扰，在 PDSCH 上向用户发送竞争解决信息。当用户采用自身 ID 对收到信息进行解码，并在初始接入与 RRC 重建情况下，将 PDSCH 中的 MAC 协议数据单元与第三步中公共控制信道业务数据单元进行匹配，若匹配成功，则完成随机接入过程建立 RRC 连接，用户获得与自身 ID 对应的 C-RNTI。

对于基于非竞争的传统随机接入，由于加入了基站的调度解决了用户在前导序列选择时的冲突问题，因此不需要进行竞争接入过程中的竞争解决步骤，一般只需要通过两步过程实现，如图 8-3 所示。

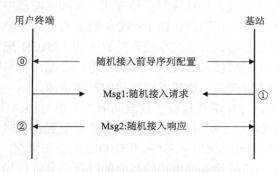

图 8-3　基于非竞争的传统随机接入过程

第一步中，用户在 PRACH 指定的时频资源上向基站发送预先分配的随机接入前导序列，若基站在对用户进行前导序列分配时出现资源缺乏的问题，则应调整该用户接入方式为基于竞争的随机接入。

第二步中，基站在 PDSCH 向用户发送 RAR，用户获得 TA、C-RNTI 等接入信息，完成基于非竞争的随机接入过程。

2) 增强随机接入过程的研究

通过传统随机接入方式能保证用户具有较高的接入成功率，然而在部分场景下，采用多轮信令交互会造成资源浪费，降低接入效率。例如，对于半径较小的小型小区，不同用户的往返时延（round-trip time, RTT）在 CP 持续时间之内，因此即使不进行 TA 的获取，基站也能对 Msg3 信息进行正确解码，同用户与基站在建立上行同步后的传输具有相同效果，不再需要用户与基站之间进行的第一次交互流程。另外，对于卫星通信系统等其他单向传播时延较大的场景，采用多轮信令交互所累积的多个传播时延严重影响了系统的接入性能。因此，3GPP 在 Release 16 中提出了用于接入增强的两步随机接入过程对传统随机接入进行简化，如图 8-4 所示。

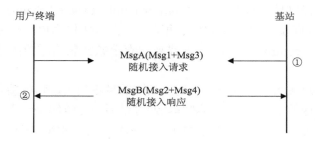

图 8-4　基于竞争的增强随机接入过程

第一步中，用户将传统四步随机接入的 Msg1 与 Msg3 合并为随机接入请求 MsgA 发送给基站。其中 MsgA 在 PRACH 上的传输对应四步随机接入中的 Msg1 传输，在 PUSCH 上的传输对应 Msg3 的传输。MsgA 在 PRACH 上的传输包括前导序列与时频资源的配置。其中，前导序列采用和四步接入相同的生成方式，时频资源配置有独立配置和通过前导序列索引与四步接入共享资源两种方式。在独立配置中发起的随机接入信道传输机会配置方式与四步接入相同，包括 PRACH 配置周期、子帧个数与随机接入信道传输机会在 PRACH 中的分布。对于共享资源配置下的 PRACH 配置方式，需要提前对用于四步随机接入与两步随机接入的前导序列索引进行分配，再对随机接入信道传输机会的前导索引所处区间进行判断，选择发送使用的时频资源。

MsgA 在 PUSCH 上的传输需要根据子载波间隔的大小与 PRACH 上的传输间隔至少 2 或 4 个符号，防止造成时序上的冲突，PUSCH 的资源配置包括时域资源偏移的时隙数目、PUSCH 中的时隙数目与时隙内 PUSCH 传输机会的分布情况。对 PUSCH 中传输的数据采用前导序列索引与随机接入信道传输机会的时频信息进行加扰，加扰 ID 的生成公式可表示为

$$c_{\text{init}} = n_{\text{id}} + 2^{10} n_{\text{RAPID}} + 2^{16} n_{\text{RNTI}} \tag{8-2}$$

式中，n_{id} 为用户所在小区 ID；n_{RAPID} 为用户选择前导序列索引值；n_{RNTI} 为用户发起接入的 RA-RNTI 信息。不同于四步随机接入过程中 Msg3 信息在分配好的正交 PUSCH 传输，两步随机接入过程中整个 MsgA 的发送都是基于竞争的，因此需要采取资源换取效率的方式，在对 PRACH 中传输的前导序列进行分配的同时，将不同前导序列与 PUSCH 建立映射关系，使用户可以在正交 PUSCH 资源上发送信号。

第二步中，基站将传统四步随机接入的 Msg2 与 Msg4 合并为随机接入响应 MsgB，通过 PDSCH 与 PDCCH 发送给用户终端。在 MsgB 中采用 MsgB-RNTI 对信号进行加扰，其计算方法不同于传统四步接入中的 RA-RNTI，而是加入了传输机会所在帧的最低位信息，用于对收到相同随机接入响应的不同用户进行区分；另外，对于配置两种不同随机接入过程的小区，在增强随机接入的 MsgB-RNTI 计算中，需要加入固定的常数，防止与传统四步接入的 RA-RNTI 计算数值出现在相同的区间。MsgB 是基站对多个用户随机接入响应的打包发送，除了 BI 外，还包含回退随机接入响应（fallback RAR）或成功随机接入响应（success RAR）等其他组成部分。

用户在发送 MsgA 后，在特定时间窗内监听 MsgB 信息，若能监听到用 C-RNTI 加扰的 MsgB 并解码成功，则认为两步随机接入完成。若用户收到的用 MsgB-RNTI 加扰的 MsgB 竞争解决标识与其发送的 MsgA 中信息对应，即用户收到了含有其 C-RNTI 标识的 Success RAR，则判定该用户竞争解决成功。若用户收到用 MsgB-RNTI 加扰的 MsgB 中 Fallback RAR 的 TC-RNTI 标识与自身相同，则代表竞争解决失败，需要回退为传统的四步随机接入过程，并根据 Fallback RAR 中的定时提前命令完成与基站在时间上的同步，根据上行授权信息发起 Msg3 的传输。在其他情况下，用户需要在时间窗内继续监听，若在规定时间窗内一直监听失败，则进行 MsgA 的重传。

考虑到两步随机接入的高效性与四步随机接入的可靠性，小区应该建立包含两种随机接入方式的增强过程，为不同工作环境下的用户提供可靠接入服务。对于 RTT 小的用户，采用传统随机接入的第一轮信令交互完成时间同步是不必要的，直接发送控制信息完成竞争解决对接入性能几乎没有影响，而对于 RTT 大的用户，则需要在竞争解决前完成时间的同步。因此随机接入基站可以根据小区中服务的不同用户参考信号接收功率的大小设定门限，用户根据自身特性选择不同的接入方式，并可以在接入过程中完成接入方式的切换，系统整体流程如图 8-5 所示。

对于增强两步随机接入过程，若基站对 MsgA 前导序列检测失败，即用户未能收到 MsgB 信息，或 MsgA 前导序列传输成功，但由于多个用户选择相同的前导序列时只能有一个用户可以接入，其他用户收到的 MsgB 信息中没有自身的控制信息，在这些情况下，用户需要调整发射功率进行 MsgA 重传。而当重传次数达到基站在随机接入前为用户设定的阈值时，改变随机接入方式为四步随机接入，提升接入的可靠性。对于成功完成竞争解决的用户，在向基站反馈混合自动重传请求确认信息后，结束随机接入过程进行后续数据包传输等操作。

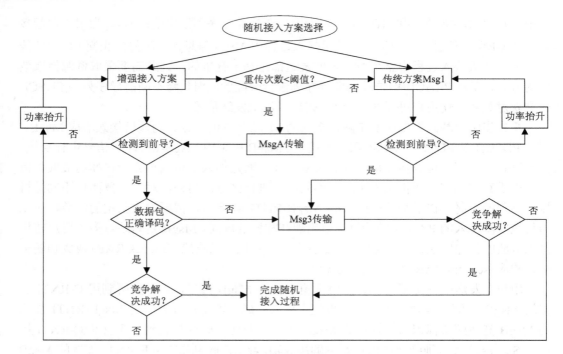

图 8-5　一种典型的随机接入整体流程

3. 控制信道与共享信道

控制信道承载着系统级别的控制信息，包括资源分配、接入过程管理等，为网络提供了关键的管理和调度功能；共享信道则承载着用户数据传输，为用户提供了高效的通信服务。控制信道与共享信道分别包括物理上行（physical uplink，PU）和物理下行（physical downlink，PD）两大类。

1）控制信道

物理上行控制信道（physical uplink control channel，PUCCH）用于承载上行控制信息（uplink control information，UCI），NR 支持以下类型的 UCI。

（1）混合自动重复请求确认（hybrid automatic repeat request-acknowledgement，HARQ-ACK）：用于反馈下行传输分组（transport block，TB）是否成功接收，作为重传的依据。

（2）调度请求（SR）：用户终端通过发送 SR 信号向基站请求上行发送资源的分配。

（3）信道状态信息（channel state information，CSI）：反映基站与用户终端之间信道的质量状况，如信噪比、层集群情况等，供基站做相应的适配调度。

对于有下行控制信息（downlink control information，DCI）调度的 PDSCH，HARQ-ACK 反馈通过配置的 PUCCH 资源进行传输，具体资源的选择取决于 UCI 负载大小和 DCI 中的指示。而针对无 DCI 调度的 PDSCH，每个 PDSCH 都分别配置单独的 PUCCH 资源用于 HARQ-ACK 反馈。当多个 PUCCH 资源出现时间重叠时，UCI 在 PUCCH

上复用传输。如果 PUCCH 与 PUSCH 存在时间重叠，UCI 则复用在 PUSCH 上传输。

物理下行控制信道(physical downlink control channel，PDCCH)用于传输下行控制信息的物理信道，它承载了系统信息、调度信息、资源分配、功率控制等控制信令。PDCCH 的作用是告知 UE 如何解析 PDSCH 的数据，即告知 UE 在哪个子帧、哪个子载波上收到 PDSCH 数据。PDCCH 的传输格式和资源分配由物理层和 MAC 层共同决定，以确保网络的灵活性和效率。

2)共享信道

物理上行共享信道(PUSCH)的主要功能是上行传输数据分组。PUSCH 遵循 PDCCH 中携带的 DCI 中指示的各项参数在对应的时隙和子载波资源上发送数据，包括时域和频域的资源映射、跳频方式、调制和编码模式等。DCI 通过指示 DMRS 的配置，实现对 PUSCH 传输的调度控制。同时，PUSCH 支持 HARQ 的操作，以提高上行传输的可靠性。当 PUSCH 传输的 TB 接收失败时，可基于 HARQ 反馈请求重传。

物理下行共享信道(PDSCH)是用于传输用户数据的物理信道，它承载了来自基站向 UE 发送的下行链路数据。在卫星通信中，PDSCH 通常采用 OFDM 或者 OFDMA 技术，将数据分割成多个子载波进行传输。PDSCH 的传输依赖于 PDCCH 的控制，PDCCH 通过携带控制信息，指示 UE 如何解析 PDSCH 的数据。PDSCH 接收定时完全是从下行定时角度定义的，不受 UE 的下行和上行帧定时中较大偏移量的影响，因此不需要做额外的增强。

8.1.2　空口波形

随着卫星通信的不断发展，星地的空口技术正走向融合共通。空口，可以认为是无线通信的协议接口。在卫星通信系统中，空口波形的选择需要考虑频谱效率以及抵抗热噪声和相位噪声的鲁棒性。虽然传统的 OFDM 技术具有较高的频谱利用率，可以对抗多径衰落，但其较高的峰均比(peak to average power ratio，PAPR)容易使得信号在经过功率放大器时产生非线性失真。针对非线性失真问题，常用的解决途径是采用功率回退方法使功放工作在线性区；然而，卫星功率受限，星上功放的工作点需要尽可能接近功放饱和点。为了避免功放非线性引起信号畸变，传统卫星通信通常采用低阶调制方案。但是，随着频谱资源的日益紧缺，低阶调制技术已不能满足现代卫星通信系统的容量需求。

为了进一步提升卫星通信系统的频谱效率，多载波技术、幅度和相位结合的调制方式成为研究关注点。本节介绍 OFDM、离散傅里叶变换扩展正交频分复用(discrete Fourier transform spread OFDM，DFT-S-OFDM)、多载波恒包络 OFDM(constant envelope OFDM，CE-OFDM)、正交时频空(orthogonal time frequency space, OTFS)四种卫星通信重点考虑的空口波形。

1. OFDM

正交频分复用是一种改进的多载波调制(multi carrier modulation，MCM)技术，其通过将宽频带信道划分为多个较窄且正交的子载波来实现高速串行数据的并行传输。这种技术在 5G 通信系统中得到广泛应用，因为它不仅可以有效地抗多径衰落，而且支持多用户同时接入，提高了频谱利用率和系统的传输效率。尽管 OFDM 有许多优点，但它对频率偏差非常敏感。频率偏差可能由多种因素引起，包括本地振荡器的频率误差或多普勒效应(在移动通信中尤为常见)。这些频率偏差可以导致子载波之间的正交性破坏，产生称为子载波间干扰的现象，进而影响通信的性能。

OFDM 在卫星通信中的应用需有效对抗残余频偏带来的不利影响，可采取变化子载波带宽的策略。对于频带较窄的 L 频段，由于其主要用于承载话音业务，且这些业务的码率相对较低，因此推荐使用 15kHz 或更窄的子载波带宽。相反，在主要进行宽带数据传输的 Ka 频段，该频段的频偏较大，因此采用较宽的子载波带宽。这样做不仅能够适应宽带上网的需求，还能有效减少多普勒效应对信号传输的影响，从而提高通信质量。

2. DFT-S-OFDM

传统 OFDM 波形的 PAPR 通常较高，对于功放受限的用户终端，上行发射采用 OFDM 波形受到功放工作范围的限制。为了解决这个问题，业界采用基于 OFDM 的改进波形 DFT-S-OFDM，DFT-S-OFDM 在 OFDM 的基础上进行预扩展处理，即在发射机快速傅里叶逆变换(inverse fast Fourier transform，IFFT)处理前对信号进行离散傅里叶变换，从而使得信号的动态范围变得更加均匀，降低 PAPR。通过这种改进，可观察到用户的信号从传统 OFDM 的频域多载波信号形态，转变为类似于单载波系统的时域信号，从而有效地降低了信号的 PAPR。

3. CE-OFDM

CE-OFDM 是一种特殊的 OFDM 技术，它的特点是每个 OFDM 符号的发射信号都具有恒定的包络(constant envelope)，即无论数据载荷如何变化，信号的幅度都保持不变。在 CE-OFDM 中，为了实现恒定包络，通常会采用相移键控(PSK)或者正交幅度调制(QAM)来调制数据，而不是传统的幅度和相位同时调制。上述对实值多载波信号的非线性相位调制，使得信号的幅度保持不变，得到的恒包络传输信号的 PAPR 为 0dB，可以有效抵抗非线性失真、避免功率补偿的不利影响，提高了系统的功率效率，同时能够抵抗频率选择性衰落，自适应信道变化，可作为卫星通信 EHF 频段的有效波形方案。

CE-OFDM 技术的缺点是一半的子载波用于传递共轭冗余信号，因此与传统 OFDM 相比，频谱效率较低。为了保证系统的频谱利用率，同时有效降低信号的 PAPR 并增强系统抵抗多路径衰落的能力，一种改进的技术为多载波准恒包络 OFDM(quasi-constant envelope OFDM，QCE-OFDM)技术。该技术通过在发射端将两路 CE-OFDM 信号移相合并为一路，并对信号泰勒级数展开进行解调，从而实现了与 OFDM 相同的频谱效率，同时确保了低 PAPR。

4. OTFS

卫星高移动性的特点使得系统面临着严重的多普勒效应，极大地降低了链路的可靠性。由于 OFDM 的调制发生在时频域，它对多普勒效应引起的载波间干扰特别敏感。在高速移动情景中,信号经历较大的多普勒频移可能严重影响 OFDM 的子载波之间的正交性。与 OFDM 不同,正交时频空在时延-多普勒(delay-Doppler,DD)域进行二维调制。具体来说,通过辛有限傅里叶变换(symplectic finite Fourier transformation,SFFT),将时频(time-frequency,TF)域的双色散信道转换为 DD 域的近似静态信道,从而有效克服了多普勒效应,实现可靠传输。OTFS 的可靠性随帧长增加而增强,这一特性使其在低轨卫星通信中的应用尤为有利。另外,LEO 卫星信道的稀疏性和较少的散射特性,更有助于 OTFS 接收器向低复杂度设计的转变。

与传统的 OFDM 相比,OTFS 在应用于实际 LEO 卫星通信系统方面还具有一系列优势。例如,传统的 OFDM 方案所需的导频数量会随着多普勒效应增强而大量增加,给信道估计带来了巨大的负担;相比之下,OTFS 方案在 DD 域中呈现出准静态且可能稀疏的信道响应,大大简化了信道估计开销。此外,在具有严重多普勒效应的 LEO 卫星通信中,OTFS 方案的频谱利用率远高于 OFDM。

OTFS 通过二维逆辛有限傅里叶变换(inverse symplectic finite Fourier transform,ISFFT)将时延-多普勒域的信号映射到时频域。这个转换过程确保了信号在整个传输过程中经历近似恒定的信道增益,增强了系统的鲁棒性。接收端则通过 SFFT 将信号从时频域映射回时延-多普勒域,进行检测译码。ISFFT 和 SFFT 的表达式如下:

$$H(t,f) = \iint h(\tau,v) e^{j2\pi(vt-f\tau)} d\tau dv \tag{8-3}$$

$$h(\tau,v) = \iint H(t,f) e^{-j2\pi(vt-f\tau)} dt df \tag{8-4}$$

编码 OTFS 调制系统的原理如图 8-6 所示。

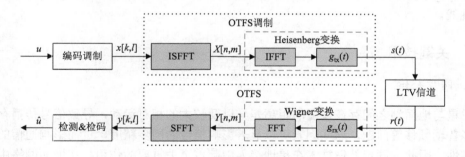

图 8-6 OTFS 调制技术原理框图

假设一个数据突发包的总时长为 NT ,总带宽为 $M\Delta f$,OTFS 符号数量 N 和子载波数量 M 分别指定了在时延-多普勒域中网格的维度,即多普勒维度和时延维度的大小。符号间隔时间 T 和子载波间的频率间隔 Δf 分别决定了时间轴和频率轴上的分辨率。将信息序列通过适当的信道编码技术增强其抗干扰能力,然后通过星座映射转换成调制符号,调制符号的长度为 NM。将调制符号排列成一个二维矩阵 $\boldsymbol{X}$,即为 DD 域上的信息符号向量。对 DD 域的信息符号矩阵 $\boldsymbol{X}$ 做 ISFFT,将其转换为时频域上的传输信号,即

$$X[n,m] = \text{SFFT}^{-1}(x[k,l]) = \frac{1}{\sqrt{NM}} \sum_{k=0}^{N-1} \sum_{l=0}^{M-1} x[k,l] e^{j2\pi\left(\frac{nk}{N} - \frac{ml}{M}\right)} \tag{8-5}$$

式中，$x[k,l] \in X$，$0 < k \leqslant N-1$，$0 < l \leqslant M-1$ 表示时延-多普勒网格上的第 k 个多普勒和第 l 个时延网格点处的信息符号。随后，$X[n,m]$ 再经过 Heisenberg 变换，得到时域发射信号 $s(t)$，即

$$s(t) = \sum_{n=0}^{N-1} \sum_{m=0}^{M-1} X[n,m] g_{\text{tx}}(t-nT) e^{j2\pi m\Delta f(t-nT)} \tag{8-6}$$

式中，$g_{\text{tx}}(t)$ 为脉冲成形滤波器。

虽然 OTFS 波形在对抗严重多普勒效应和实现高可靠 LEO 卫星通信方面展现出了巨大潜力，但是其仍然存在问题和挑战。例如，随着未来移动网络数据量的快速增加，不可避免地会使用更高的频段，如毫米波段，这可能会导致更严重的多普勒效应和对信道估计的更高要求。再如，基于导频和保护间隔的 OTFS 传输的信道估计方法需要利用 DD 域信道的稀疏特性，然而，未来的 LEO 卫星通信系统的无线信道在 DD 域不再稀疏，信道估计的准确性将受到严重影响。为解决这个问题，需要更多的导频来跟踪信道，势必会增加信道估计的开销成本，在开销和准确度之间进行权衡得到新估计方法是 OTFS 波形面临的一大挑战。另外，由于长距离和开放性的链路特点，LEO 卫星通信的安全性也面临严峻挑战。在 OTFS 调制下，DD 域无线信道的时不变特性为设计物理层安全方案提供了便利，例如，基于信道状态信息生成密钥的复杂度较低。尽管 DD 域 LEO 卫星信道的一致性增加降低了密钥不匹配率（key mismatched rate，KMR），但也降低了密钥生成率（key generation rate，KGR）。所以，找到 KGR 和 KMR 之间的最佳权衡也仍然是一个挑战。

8.1.3 关键技术

1. 同步补偿

卫星与地面站之间存在显著的距离差异以及较大的相对运动，导致信号传播存在延迟和多普勒频移等问题，这些因素可以显著影响信号的同步精度，进而影响通信的质量和可靠性。因此，同步补偿技术在星地接入中起着至关重要的作用。在地面网络中，终端根据网络的 TA 命令确定 TA 值。基于透明转发的 NTN，终端与地面网关之间的链路分为从终端到卫星的服务链路和从卫星到地面网关的链路。时频同步补偿方法如下：当参考点位于地面网关时，由于信号需要从终端通过卫星传输到地面网关，终端需要补偿从其自身到地面网关的全部延迟。这包括了从终端到卫星的上行延迟以及从卫星到地面网关的下行延迟。当参考点位于卫星时，在这种配置下，终端仅需补偿到卫星的部分延迟，即从终端到卫星的上行链路延迟。这是因为信号从卫星传输到地面网关的延迟由地面设备处理，终端不需要对此部分进行补偿。为了确保补偿的准确性，终端将使用由网络提供的延迟指示值，结合其自身通过测量得到的延迟估计值来精确确定 TA 值。这种方法使得终端能够适应不同的网络配置和传输条件，确保信号的时频同步精确，从而提

高整个通信系统的性能和可靠性。终端的上行 TA 补偿示意图如图 8-7 所示。

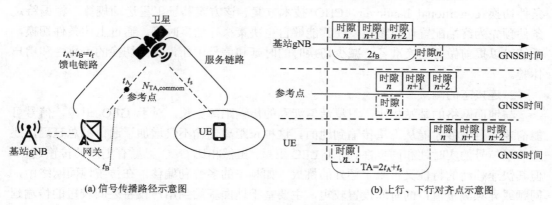

图 8-7 UE、UL、TA 补偿示意图

经过 TA 补偿后，上行信号和下行信号对齐，参考点位于卫星和地面基站之间。在信令设计时，当 $N_{\text{TA,common}} = 0$ 时，定时参考点在卫星上；而当 $N_{\text{TA,common}} > 0$ 时，通常在地面网关配置参考点。

在低轨卫星移动系统中，卫星的高速移动会产生严重的多普勒效应，使得信号的频率产生偏移，造成通信中的误差和不稳定性，因此，多普勒频率补偿技术的应用对于保障通信的可靠性和效率至关重要。对于服务链路，根据星历信息和终端位置信息可以计算和补偿多普勒变化。星历信息提供了卫星的精确轨道数据，结合 UE 的地理位置信息，可以准确计算出预期的多普勒偏移，并据此调整接收机的频率，以匹配传输信号的实际频率。然而，对于馈电链路，当地面站缺乏网关的准确位置信息时，难以精确计算多普勒效应导致的频率偏移量，需要基站进行多普勒偏移补偿。

进行补偿过程中，网络必须向终端广播精准且格式正确的星历信息。这些信息的准确性直接影响补偿算法的效果，进而影响通信质量。为确保通信的准确性和稳定性，时间同步误差必须控制在循环前缀(CP)一半的范围内，频率误差也需要严格限制在 10^{-7} 以内。这要求系统定期更新星历信息，以适应动态变化的环境和确保通信链路的稳定。

2. 切换管理

连接态的移动性管理也是卫星通信中的重要技术之一，主要包括切换技术和连接态的测量。

1) 切换技术

对于低轨卫星系统，由于其动态性质，波束覆盖的管理变得尤为复杂，特别是在处理固定波束和移动波束的切换问题上。不同的波束类型各有其特定用途，固定波束主要对准地面的特定区域提供连续服务，而移动波束则可以随卫星的轨道移动调整其覆盖范围，以适应不同的服务需求和地理位置。

传统地面系统主要依赖无线资源管理(radio resource management, RRM)测量数据作出切换决策，而 NTN 系统在进行切换决策时，还必须考虑额外的信息，如卫星轨迹预测、用户位置动态以及波束覆盖策略。为了优化切换过程，3GPP Release 17 NTN 引入了条件切换（conditional handover，CHO）技术方案。该方案基于卫星运动规律，根据特定条件预先为终端配置切换参数，使其能够自主决策执行切换时机。通过上述条件切换，系统可以提前做好切换准备，减少切换时的时延和信号中断，提高切换的可靠性和用户体验。

2）连接态的测量

与地面网络的基站相比，卫星通信涉及的传输距离更长，对于 GEO 卫星，信号可能需要几百毫秒才能从卫星传输到地面。这种长距离传输不仅增加了通信的总延迟，还影响了信号的实时性和同步性。对于 LEO 卫星，虽然相比 GEO 卫星有更短的传输延迟，但其快速移动的特性又带来了额外的挑战，如频率的多普勒偏移。在传统地面网络中，同频或异频测量窗口的时间设置较短，主要基于地面基站到用户设备之间较短的传输延迟设定。然而，在 NTN 环境下，由于卫星和用户设备之间的延迟显著增加，这些传统的测量窗口时间可能不再适用。如果测量窗口时间过短，用户设备可能无法有效捕捉到目标小区的同步信号和物理广播信道块，从而影响用户设备的网络接入和性能。

3GPP Release 17 中更新了测量方案，考虑小区到用户设备之间存在的显著传播时延差异，如图 8-8 所示，从而可以确保用户设备能够准确地检测到目标小区的同步信号和物理广播信道块。同时，考虑到卫星的高速移动特性，增强了测量配置的容错性，以减少由此导致的测量误差。具体配置包括如下几种。

（1）每个载波信道可配置 2~4 个并行的同步块测量时序配置（SS/PBCH block measurement timing configuration，SMTC），具体配置数量取决于终端的能力。

（2）SMTC 包括测量时隙偏移和周期性等参数，其设定会考虑终端上报的定时提前信息、馈线链路时延以及传播时延差等参数。

（3）在连接状态下，网络可以根据实际需求对 SMTC 进行调整；而在空闲或非活动状态下，终端也可以自主地调整 SMTC 的参数。

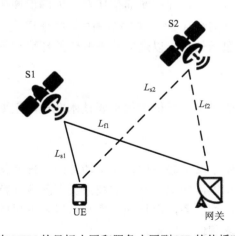

图 8-8　面向 NTN 的目标小区和服务小区到 UE 的传播时延差示意图

3. 时序增强

时序增强分为定时关系增强和 HARQ 重传。

1) 定时关系增强

定时关系增强旨在优化卫星与地面站之间的信号传输时间。在 NTN 中，星地之间存在显著的信号传输时延，通常远远超出传统地面网络中定义的各种定时参数的最大范围。在 3GPP Release 17 标准中，为了适应这种挑战并确保 NTN 系统的标准兼容性，引入了 K 值偏移量（K_offset）。偏移量 K 可用于调整受星地通信大时延影响的定时关系，以补偿由于星地链路长距离传输引起的时延。这些定时关系如下。

（1）PUSCH 的 RAR 传输：通过调整 K 值，可确保即使在卫星通信环境下，从随机接入响应到物理上行共享信道的调度的各个环节能够及时有效。

（2）非周期 SRS（sounding reference signal）：SRS 用于测量上行链路的质量。在 NTN 中，适当的 K 值调整可以保证 SRS 在最佳时机被发送，确保上行链路质量评估的准确性。

（3）PUSCH 的 DCI 传输：通过 K 调整 DCI 到 PUSCH 传输的时延，可以保证数据包在正确的时间窗口内被发送，从而优化通信效率。

（4）PDSCH 的 HARQ 反馈：K 值偏移量的引入使得反馈机制的时机可调，符合长距离卫星通信的特点。

（5）参考 CSI 资源：通过 K 值调整 CSI 资源的使用时机，可以更好地捕捉到信道的实际状态，从而优化资源分配和调度策略。

（6）MAC CE（control element）承载的 TA 命令生效时间：通过 K 值调整 TA 命令的生效时间，可以确保即使在动态的卫星环境中，也能保持有效的连接。

（7）PDCCH 调度 PRACH 传输：通过 K 值调整 PDCCH 到 PRACH 的调度，确保用户设备可以在最佳时机接入网络。

2) HARQ 重传

HARQ 结合了前向错误纠正（forward error correction, FEC）和自动重传请求（automatic repeat request, ARQ）的特点，不仅可以在检测到错误时重传数据，还可以利用之前错误传输中的信息来增加后续传输的成功率。然而，在 NTN 环境中，尤其是涉及 GEO 和 MEO 卫星的系统，HARQ 面临额外的挑战。例如，GEO 卫星位于大约 35786km 的高度，导致其与地面站之间的双向传输时延高达 272.4ms；600km 高度的 LEO 卫星，其单向传输时延也至少为 2ms。这种长时延显著增加了 HARQ 循环的总持续时间，特别是在高速动态通信环境中，传播时延可能导致数据包重传过程中的不一致和同步问题，进而影响整个通信系统的响应速度和数据吞吐量。针对这些挑战，3GPP Release 17 中对 NTN 的 HARQ 实施策略进行了优化，引入了能够根据 UE 的缓存能力和处理能力，配置关闭 HARQ 反馈和重传功能的选项。这一灵活的配置方案允许网络根据实际的传输时延和终端能力，调整 HARQ 过程的数量和行为，最大限度地减少由时延过长而引起的通信问题。此外，为了适应不同的网络需求、终端能力和资源限制，3GPP Release 17 规定了最多支持 32 个 HARQ 进程。这一决策权衡了网络性能和终端处理能力，同时考虑到了在复杂的卫星通信环境中进行有效的资源管理和错误控制的需求。面向 NTN 的 HARQ

过程增强如下。

(1)在下行链路中，HARQ 反馈可根据实际需求灵活启用或禁用。然而，在特定情况下，如半持久调度激活时，需要持续发送 HARQ 反馈。

(2)在上行链路的动态调度中，网络对每个 UE 的 HARQ 过程进行个性化配置，确定其是否支持重传功能。同时，特定的上行 HARQ 状态被分配给各个逻辑信道，以便控制数据传输。这要求所有逻辑信道的数据必须正确地映射到相对应的 HARQ 进程，以避免数据处理时发生错误。

8.2　跳波束技术

为了进一步提升星地一体化通信网络的传输和接入容量，跳波束技术作为卫星通信系统中一项重要的技术，经过多年的发展，能够通过灵活的波束资源调度策略动态调整波束方向，提高系统的频谱利用率和系统容量。考虑到卫星通信系统自身时频资源的有限性、用户业务分布的非均匀性以及卫星的高速移动特性，多波束卫星通信系统需要跳波束技术的支撑，通过高效的波束资源管理和切换策略来保证系统资源的充分利用，以提供持续的高质量服务。

1. 研究意义

多波束卫星通信系统是一种利用多个波束进行数据传输的卫星通信系统。相比传统的单波束系统，多波束系统能够大幅度提高频谱利用率和系统容量。如图 8-9 所示，其工作原理是将卫星覆盖区域划分为多个小的波束区域，每个波束独立地传输和接收信号，从而实现频率复用。通过这种方式，多波束系统不仅提高了频谱的利用效率，还能有效地减少信号干扰，提升通信质量。

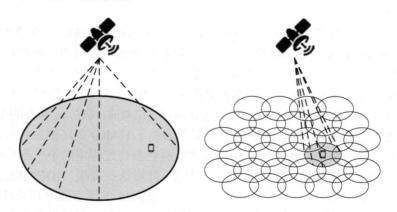

图 8-9　传统卫星通信系统与多波束卫星通信系统的对比

当前卫星系统建设及应用中，主要存在以下两个技术瓶颈：其一，随着通信容量需求的显著增长，系统复杂度不断提升。现有系统的设计主要依赖于用户波束数量和信关站数量的增加来提升通信总容量，系统复杂度逐步上升。其二，系统灵活性不足。目前采用的卫星模拟转发技术决定了信关站与用户波束之间的对应关系是固定的，难以满足不断变化的用户业务需求，且初期建设成本高，投资风险大。尽管数字信道化技术在一定程度上提高了系统灵活性，但对提升通信容量的贡献有限，且无法支持时间域的灵活变化。

为提高卫星时空频资源的利用率，提升多波束卫星系统的性能，并满足空间分布不均且随时间变化的业务需求，能够动态调整多波束的卫星跳波束技术引起广泛关注。与传统卫星通信系统固定波束通信的方式不同，跳波束通信基于时间分片技术，在卫星覆盖范围内按照一定跳变规则调整波束方向，利用更少的波束覆盖更大的范围。另外，跳波束的使用也有利于提高卫星多波束天线的信干比，从而提高整个系统的通信容量。通过对空间、时间、频率和功率等多维资源的多域灵活配置，多波束卫星系统仅需使用部分波束便可以完成通信覆盖任务，避免了资源浪费，优化了卫星系统的工作效率。总之，跳波束技术为卫星资源的灵活分配和高效利用奠定了基础，被认为是新一代卫星通信的关键技术。

2. 发展历程及现状

1993 年 9 月，NASA 成功发射了基于 TDMA 的现代通信技术实验卫星(advanced communication technology satellite，ACTS)。作为第一颗实现"跳波束"的通信卫星，ACTS 具有更高的通信频段和先进的数字处理技术，并且能够动态调整其波束方向，从而为不同地理位置提供高效的通信服务。

2007 年 8 月，美国休斯网络系统公司研发的 Spaceway3 卫星首次在实际系统中使用跳波束技术，该卫星配备的无线资源管理模块可以根据业务需求和分布情况对无线资源进行动态调整，有效提高了系统容量和频谱利用率。如图 8-10 所示，Spaceway3 系统中，终端在指定的时隙和频率上发送业务数据，卫星接收上行信号，进行数据处理后将数据包传送到交换模块，再根据其目的放入相应的下行链路队列中排队，等待传输至下行波束。

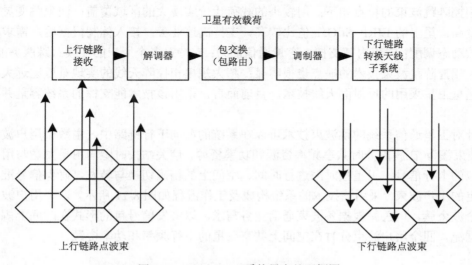

图 8-10　Spaceway3 系统星上处理框图

2010 年，欧洲航天局（European Space Agency，ESA）支持巴塞罗那自治大学联合德国宇航中心开展相关的研究工作，提出了跳波束的设想并从理论上证明了利用跳波束提升系统容量的可行性。这一结果引起了业界的注意，随后对该技术开展了研究，但多数成果只关注某一环节或停留在某些场景的对比分析上，在系统层面和具体实现技术上研究不多。ESA 发射的欧洲量子卫星（Eutelsat-Quantum，EQ）同样采用了跳波束的工作模式，并基于软件无线电实现多维资源的配置重构。EQ 采用相控阵天线，能够实现软件定义"空分+时分"的覆盖范围跳变，提高通信系统的容量利用率。DVB-S2X 标准中提出了支持未来跳波束卫星系统的多种超帧规格，表明工业界对跳波束技术应用前景的认可。

3. 基本原理

跳波束技术的灵活性一方面源自相控阵天线技术，相控阵天线技术通过馈电相位以实现波束横扫。另一方面，由于星上资源十分宝贵，通过灵活的星上处理载荷将星上功率和带宽优化分配给有业务需求的波束是至关重要的。基于相控阵天线及星上处理载荷的跳波束系统主要应用于采用星上组网（如基于 IP 组网）的宽带卫星通信系统，在星上采用再生解调以及 IP 路由转发技术，结合星间链路传输，可以有效实现全球覆盖的宽带通信网络，提升多类型终端及业务的互联互通能力，同时减小对大规模地面布站的依赖。

由于地面宽带业务的动态变化特性以及不同区域业务的不一致性，常采用相控阵天线实现波束的灵活变化，同时结合跳波束通信技术，实现整个卫星载荷的优化设计以及业务的灵活调配，例如，美国的 Spaceway3 卫星下行采用跳波束体制。

相控阵跳波束系统的波束跳变范围大，自由度高，可以根据用户需要灵活跳变，对高动态目标的跟踪通信服务支持能力强，但同时能够形成的波束数目有限。相控阵跳波束主要用于用户容量较小但空间区域跨度大的用户通信，例如，多个低轨航天器的接入通信。

相控阵跳波束的特点如下：用较小的载荷代价实现大的区域覆盖；波束跳变灵活，自由度高；星上的 EIRP 和 G/T 值比较高，支持高速业务；接入体制根据用户需求支持波束的动态调配；波束内部支持大容量通信能力；支持对多个用户的连续跟踪服务能力。同时，相控阵跳波束技术的缺点也很明显：超大规模相控阵天线的实现难度远远大于目前高通量卫星采用的反射面天线技术。目前而言，采用该技术能支撑的系统容量并不占优势。

针对卫星通信系统的跳波束技术可以在系统的前向下行链路中，由数个用户波束形成"波束簇"，在簇内分时共享频率资源和功率资源，信关站按时隙向卫星发送与用户波束对应的上行信号，卫星按时隙进行时间、空间上的精确切换与转发，确保信号准确到达预定的用户波束。采用该技术的系统构成及工作流程如图 8-11 所示，四个用户波束构成一个波束簇，信关站根据各波束通信业务需求，以突发信号包的形式在时间上规划通信数据流，四个用户波束分时在空间上共享卫星的下行频率和功率资源。

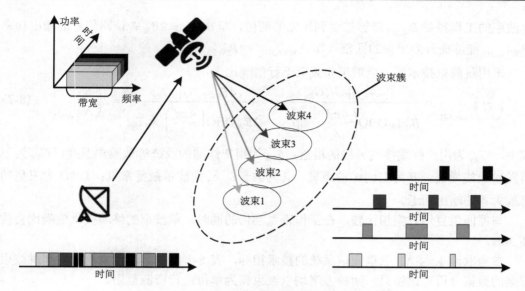

图 8-11　前向下行链路采用跳波束技术的示意图

4. 系统容量分析

下面综合前面所述的跳波束原理,以四色复用的卫星通信系统为参照,给出一种跳波束方案,并对其性能进行对比。如图 8-12 所示,在前向下行链路中,每四个波束分时工作形成一个簇,占用系统提供的全部频带资源,并且采用不同的极化方式在相邻簇之间进行隔离。

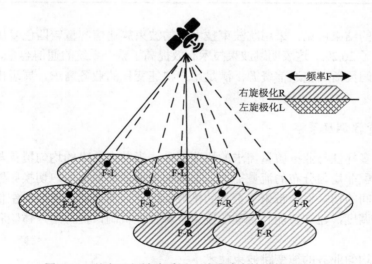

图 8-12　前向下行链路采用一种跳波束技术的复用方案

采用跳波束技术可以显著降低卫星前向链路下行载荷的设计复杂度,该技术允许一路宽带信号在一簇内的四个波束间进行分时复用,若保持卫星载荷的输出功率近似不变,

单波束的工作频带 $B_{\text{W,BH}}$ 能够扩宽到原先的两倍，即 $B_{\text{W,BH}} = 2B_{\text{W}}$；该路信号的输出功率 $P_{\text{TWTA,BH}}$ 能够提升为原来的四倍，即 $P_{\text{TWTA,BH}} = 4P_{\text{TWTA}}$。

采用跳波束技术后，当前工作波束下行信噪比为

$$\left(\frac{S}{N}\right)_{\text{down,BH}} = \frac{P_{\text{TWTA,BH}} G_{\text{Tx}} G_{\text{Rx}}}{B_{\text{W,BH}} \text{OBO}\left(\dfrac{4\pi d}{\lambda}\right)^2 k_{\text{B}} T_{\text{sys}}} = \frac{4P_{\text{TWTA}} G_{\text{Tx}} G_{\text{Rx}}}{2B_{\text{W}} \text{OBO}\left(\dfrac{4\pi d}{\lambda}\right)^2 k_{\text{B}} T_{\text{sys}}} = 2\left(\frac{S}{N}\right)_{\text{down}} \tag{8-7}$$

式中，G_{Rx} 为用户终端接收天线的增益；T_{sys} 为用户终端的系统等效噪声温度；G_{Tx} 为卫星发射天线增益；d 为空间传输距离；λ 为波长；k_{B} 为玻尔兹曼常量；OBO 为卫星功率放大器的输出回退。

与原四色复用方案相比较，在工作带宽翻倍的同时，单波束的终端接收信噪比会提高 3dB。

参考欧洲 Ka-SAT 卫星通信系统的技术指标，表 8-1 给出了四色复用方案和跳波束方案的数据分析对比结果，两种方案均以波束簇为单位进行资源复用。

表 8-1　四色复用方案与跳波束方案的计算结果对比

复用方案	波束簇参数		单波束参数		单波束通信容量	波束簇通信容量
	带宽	功率	带宽	功率		
四色复用 （双频双极化）	500MHz	400W	250MHz	100W	385Mbit/s	1540Mbit/s
两色复用 （双极化）+跳波束	500MHz	400W	500MHz	400W	簇内分时 灵活分配	1943Mbit/s

由表 8-1 的结果可见，采用跳波束技术后的波束簇通信容量较四色复用方案波束簇通信容量提高了 26.2%，这表明跳波束技术有效提高了整个系统的通信容量，并使系统能够在不同波束间灵活调整通信资源，满足用户快速变化的业务需求，展现出跳波束技术的显著优势。

5. 波束资源调度策略

随着业务多样性与业务质量需求的快速提升，当前点波束的均匀覆盖与用户被动切换策略难以匹配非均匀分布的流量需求。卫星的快速移动导致用户切换频繁、网络动态复杂，为波束间的切换设计带来了更大的挑战。因此，需要研究多维时空信息辅助的自适应卫星波束调度，建立智能且合理的波束资源管理机制，提升用户体验和网络资源利用率。

1）面向非均匀业务的捷变跳波束技术

当前卫星通信系统常采用在各用户波束间平均分配通信容量的方案，然而由于地理环境、人类生活密集程度、经济发展程度、用户通信活跃程度等客观差异，不同波束间通信容量的需求差异巨大，导致部分波束通信容量不足而部分波束通信容量过剩的问题突出。因此，为了满足不同用户的动态业务需求，可以采用面向非均匀业务的捷变跳波

束技术，进一步对卫星时空频资源进行合理调度，通过研究能够同时满足高优先级任务需求和低功耗需求的多域灵活跳波束资源高效调度技术方案，最大化资源利用效率。

2) 基于星历预测的星内波束鲁棒切换技术

低轨卫星的星内波束切换是指终端在连接态下，因信道质量恶化等原因与当前单星波束断开连接，搜索并接入星内其他波束的过程。现有的卫星通信切换方案大多没有考虑卫星轨迹的周期性和可预测性。因此，针对低轨卫星通信系统中频繁切换的问题，可以采用基于星历预测的星内波束鲁棒切换技术，建立基于斜投影模式下的多波束覆盖模型，基于星历轨迹预测设计波束切换方案，减少切换次数的同时提升切换成功率。

3) 基于分布式智能协同的星间波束切换技术

当单颗卫星的波束范围不足以覆盖所有终端用户时，需进行星间的波束切换，使其覆盖区域被星座中的其他卫星接管。现有的集中式星间切换方案将显著增加计算复杂度和信令开销，且依赖于低轨卫星网络的全球信息，给容量有限的终端带来了沉重负担。针对卫星通信系统的高度动态环境，可以采用基于分布式智能协同的星间波束切换技术，使每个终端能够根据簇信息独立执行切换过程，通过结合终端传输速率要求和卫星可用信道数，设计终端效用函数，并进一步开发智能算法，解决总体长期效用最大化问题，显著降低状态空间的维数，并以分布式方式有效制定星间快速波束切换的方案。

习　题

1. 分别阐述基于竞争和非竞争的传统随机接入过程的具体步骤。
2. 多载波恒包络 OFDM 波形具有什么特点？适合什么样的环境和信道条件？
3. 在 5G NTN 系统中，对于同步精度的要求是什么？有哪些方法能够进行同步补偿？
4. 简述跳波束技术的概念及其在卫星通信中的意义。
5. 与传统四色复用方案相比，跳波束技术具有怎样的优势？并解释其技术原理。
6. 结合本章内容，谈谈跳波束技术未来可能的发展和应用前景。

微课视频

第 9 章

典型卫星系统

在全球卫星通信领域几十年的发展历程中，先后诞生了众多典型的卫星系统。卫星通信星座可以根据其设计原理、服务目的和使用场景的不同，划分为两个主要类别和一种特殊星座：窄带通信星座、宽带互联网星座以及受保护通信星座。

窄带卫星系统一般工作在较低的频段，支持的服务速率也相对较低，主要面向个人移动通信、简单数据传输以及物联网等业务。宽带互联网卫星系统通常工作在较高频段，支持高速率、大容量的信息传输业务，因此也被称作高通量卫星系统。这类系统在支持传统通信业务的同时，也支持接入地面广域互联网，能为地面用户提供高速网络连接。

窄带通信星座主要应用于低成本和简单数据传输，适用于远洋航行、偏远地区通信以及紧急响应场景，为移动用户的文本语音等低速通信提供持续且稳定的服务。本章将介绍典型的铱星系统、海事系统、天通卫星以及移动用户目标系统（mobile user objective system，MUOS）。宽带互联网星座则更注重通信容量和速度，主要目的在于提供广覆盖、低时延、高速率的互联网接入，为全球用户提供宽带互联网、高速流媒体以及高速通信等服务，以满足全球用户日益增长的数据需求，推动全球信息化进程。本章将介绍经典的星链互联网星座、亚太系统以及一网卫星电信网络。此外，还有强调保密和抗干扰能力的受保护军用卫星通信系统。本章详细介绍上述卫星系统的基本概况、发展历程、应用场景以及技术规格，以全面了解这些典型卫星系统。

9.1 窄带通信星座

在卫星通信发展早期，由于卫星普遍星体质量大、研制周期长、制造成本高，短时间内难以完成大规模低轨星座部署。20 世纪 80~90 年代开始，小型低轨道窄带卫星星座得到普及，世界范围内出现十几个卫星通信星座计划，这极大地推动了后续卫星星座研发的进程。窄带通信星座具备处理低速率、低成本通信的优势，通常用于语音传输等简单数据通信。本节介绍几种典型的窄带通信星座，包括以全球覆盖和支持极地服务闻名的铱星系统，专注于服务远洋船只和海上作业平台的海事系统，为中国及周边地区提供稳定移动通信服务的天通卫星系统以及美国军用窄带卫星通信系统。

9.1.1　铱星移动通信系统

第一代铱星卫星系统最早由美国摩托罗拉公司于 1987 年提出构想,铱星早期的设计思路是部署 77 颗低轨道卫星实现地表全覆盖,而 77 是铱元素的原子序数,故名铱星。1990 年对外发布设计计划,1997 年开始实际部署,并于 1998 年正式上线运营。然而在此后不到一年的时间,由于与地面网之间的市场竞争等经济原因,铱星公司入不敷出,累计债务一度达数十亿美元,2000 年铱星公司被迫申请破产保护,但是所有铱星卫星依旧保持在轨状态。第一代铱星卫星起初的设计服务寿命只有 5~8 年,但实际在轨寿命已经接近 30 年。

2001 年铱星公司被收购重组,美军成为铱星的重点服务客户。2007 年铱星公司宣布重新启动星座计划,在延续现有星座体系的同时替换第一代卫星。2019 年铱星公司部署完成了星座系统,即"下一代铱星"(Iridium Next)。该系统的通信容量和通信速率都得到了升级,同时引入了多项革命性的新技术和新服务。

1. 铱星星座系统概述

下一代铱星星座总共包括 81 颗卫星,其中有 66 颗在轨工作卫星、9 颗在轨备用卫星以及 6 颗地面备用卫星。工作卫星运行于低轨道,高度为 780km,倾角为 86.4°。备用卫星运行于储备轨道,高度为 667km,倾角为 86.4°,在该轨道倾角下,卫星能够覆盖地球的南北两极。

下一代铱星延续星座原本的网状架构,66 颗卫星均匀分布在 6 个圆轨道面上,轨道面间隔 27°,结合在轨备用卫星能保证每颗卫星都和邻近卫星之间存在星间链路,由星间链路连接的低地球轨道卫星在地球的近地轨道上编织了一张卫星基站网络,为包括各大洲大洋、航空飞行在内的整个地球表面的用户提供高质量话音和数据通信。

下一代铱星在保留第一代铱星星座优势的同时,实现了更高的带宽覆盖和通信速率,从而适配新型设备以及支持更多用户。下一代铱星网络中的每一颗卫星都与另外 4 颗卫星组成星间链路,同轨道面内有 2 颗卫星,相邻轨道面内各有 1 颗卫星,如此形成一个动态的网状网络。铱星网络通过星间链路在卫星间传递数据,以保证通信业务不间断进行以及整个星座持续稳定运转,避免了地面自然灾害对系统的影响。

2. 铱星系统的性能及组成

下一代铱星在卫星性能和系统功能上相比第一代铱星系统均有较大提升。

1)铱星卫星平台

下一代铱星卫星采用泰雷兹航天公司的 ELiTeBus-1000 卫星平台,采用三轴稳定方式,发电功率为 2200W,单星质量为 860kg,太阳电池翼展开长度为 9.4m,设计在轨使用寿命为 15 年,比第一代卫星更加耐用、稳定,能确保服务持续至 2030 年以后。

ELiTeBus-1000 卫星平台搭载星载计算机,内部核心是 LEON3 微处理器。星载计算机负责指挥控制有效载荷以及卫星平台所有子系统。卫星上配备有 Ka 频段交叉链路天线、Ka 频段馈电链路天线以及主任务天线等，星上采用 1553B 数据总线，实现平台通信等系统与计算机的连接。此外，下一代铱星 66 颗在轨工作卫星和 9 颗在轨备用卫星的发射工作全部由 SpaceX 公司的猎鹰 9 号运载火箭负责。第一代铱星与下一代铱星的指标对比见表 9-1。

表 9-1　第一代铱星与下一代铱星指标对比

指标	第一代铱星	下一代铱星
卫星平台	洛克希德·马丁公司 LM-700A	泰雷兹航天公司 ELiTeBus-1000
发射质量/kg	689	860
功率/W	1200	2200
设计寿命/年	5~8	15

2）铱星通信性能

下一代铱星系统不仅支持上一代系统的全部功能，同时提升了卫星通信能力。星座采用星上 IP 交换技术，网络传输速率更高并且能够灵活分配带宽。下一代铱星通信终端的核心是 L 频段相控阵天线，以蜂窝模式覆盖地表直径 4700km 的区域。卫星终端具有 48 个发射和接收波束用于与用户终端通信，采用时分双工（time division duplex，TDD）通信模式，在同一频段中通过时隙分配使上下行链路分开，因此可根据上下行链路的即时需求对时隙进行动态调整，最大化系统效能。

每部天线包括一个专用的天线控制单元、一个波束形成网络以及 168 个收发模块。在通信有效载荷部分采用了软件定义技术，能够灵活适应多样需求并可定制多种服务。其中，泰雷兹航天公司研制的 L 频段收发模块是下一代铱星主任务天线的前端部分，提供 1616~1626.5MHz 带宽的通信业务。

下一代铱星的 L 频段用户服务具有以下几种数据速率：话音通信为 2.4Kbit/s，L 频段手持设备数据服务及突发短数据服务为 64Kbit/s，采用铱星专用通信终端的数据速率可达 512Kbit/s~1.5Mbit/s。

除 L 频段服务外，下一代铱星也为大型固定或可搬移终端提供 Ka 频段服务，数据速率可达 8Mbit/s。每颗卫星有两条方向可控馈电链路，上行频段为 30GHz，下行频段为 20GHz，实现卫星与地球站之间的连接，以及 4 条 23.18~23.38GHz 的星间链路，连接每颗卫星与同一轨道面相邻两颗卫星及相邻轨道面的两颗卫星，星间链路数据速率为 12.5Mbit/s。卫星测控通过卫星上的全向天线实现。

下一代铱星是首个在星座内每颗卫星上均保留搭载有效载荷位置的商业卫星系统，每颗卫星平台在设计阶段就预留 54kg 的有效载荷搭载余量。星上搭载有效载荷的安装空间为 30cm×40cm×70cm，提供平均 90W、峰值 200W 的功率，数据速率最高可达 1Mbit/s。有效载荷的数据通过星间链路构成的全球卫星网实时传送到地面网关，再由网关通过国际互联网等地面网转发给用户。

目前，下一代铱星所搭载的有效载荷主要包括安瑞恩（Aireon）公司的广播式自动相关监视接收机，用以提供覆盖全球的实时高精度飞机位置监视；哈里斯公司和精确地球

(ExactEarth)有限公司的自动识别系统，用以提供持续、实时、广覆盖的船舶追踪；以及美国国家科学基金会的科学有效载荷，用以获取环境监测和气候科学数据。

3. 铱星发展历史及应用

下一代铱星卫星的主承包商是欧洲的泰雷兹航天公司，卫星的地面支持、有效载荷集成、实验测试和运输由美国轨道 ATK 公司负责，卫星发射升空由 SpaceX 公司的猎鹰9 号火箭完成，75 颗卫星将分 8 次运抵太空。

2017 年 1 月 14 日，首批 10 颗下一代铱星卫星在加利福尼亚州范登堡空军基地由猎鹰 9 号火箭发射升空。随后，这批卫星经过了严格的在轨测试验证，证明其性能满足需求后集成到已有的卫星星座，开始为全球用户提供服务。

2017 年 6 月、10 月、12 月和 2018 年 3 月，第 2、3、4、5 批各 10 颗下一代铱星卫星依次成功发射。2018 年 5 月，第 6 次发射将 5 颗下一代铱星与 2 颗 GRACE-FO 卫星一起送抵太空。2018 年 7 月，第 7 批 10 颗下一代铱星成功发射。2019 年 1 月 11 日，第 8 批也是最后一批 10 颗下一代铱星卫星发射成功，这意味着下一代铱星星座的部署工作全部完成。

从市场定位来看，下一代铱星将从以前与地面网络的竞争转为与地面网的相互合作和补充。从商业逻辑来看，下一代铱星在提供窄带服务的同时开拓宽带业务，并逐步向宽带业务转变。除军事用户外，铱星公司将用户主要定位为矿业、林业、建筑业、资源勘探、公共事业、重工业、交通、公共安全、灾害应急部门等偏远地区的专业用户。根据不同用户的特质和需求，下一代铱星将充分发挥其全球实时覆盖和星间链路传输这一系统优势，提供更多新型应用和服务。

66 颗在轨工作卫星通过星间链路构建交互星座网络，形成几乎可以覆盖全球任何角落的网络系统。铱星公司不仅提供传统的卫星移动电话服务，还作为有效载荷搭载联盟的关键参与者，依托其独特的星座网络优势，将服务搭载在下一代铱星卫星上建设全球星座网络，服务提供商无须自行开发卫星星座，就可实现全球覆盖并提升重访频次。此外，通过搭载各种有效载荷，下一代铱星能为用户提供包括飞机和舰船的定位与管理、大气和海洋监测、地球辐射检测、环境监控以及灾情监控等多项服务。

9.1.2 海事卫星系统

1. 海事卫星系统的历史背景

针对美国海军关于卫星通信的需求，美国在 1976 年发射了三颗能覆盖三大海洋区域的海事卫星，形成了世界上第一个以海事通信为主要应用场景的星座。其中大部分通信容量供美国海军使用，小部分通信容量向商用船舶开放。1979 年 7 月，国际海事卫星组织(International Maritime Satellite Organization，INMARSAT)成立，总部设在英国伦敦。国际海事卫星组织最初是一个运营全球海事卫星通信的政府间的国际合作组织，最早提供的业务是为航行在世界各地的海上船舶用户提供海事救助、安全通信和商业通信服务，该组织拥有中国在内的众多成员。

1982 年 2 月，该组织租用美国的海事通信卫星、欧洲航天局的欧洲海事通信卫星和国际通信卫星组织的卫星，利用其通信容量，沿用海事通信卫星的技术体制，形成并开始运营第一代国际海事卫星通信系统(简称第一代海事卫星系统)，该系统可覆盖全球大部分海洋区域。随着通信业务不再局限于海上用户，该系统开始向陆地移动用户以及航空领域扩展，1994 年组织改名为国际移动卫星组织(International Mobile Satellite Organization)，但仍保留了 INMARSAT 的英文简称。

2. 海事卫星系统的发展概况

海事卫星系统自推出以来，先后已迭代更新发展到第五代海事卫星系统。1982 年，第一代海事卫星系统开始投入使用。在海事卫星发展早期尚没有自主独立的卫星可供使用，只能借助其他卫星实现海事服务。

1990 年，4 颗海事卫星组成了第二代海事卫星系统，意味着海事系统首次具有了属于自己完全独立的卫星资源。第二代海事卫星净重 700kg，发射总重量 1500kg，太阳能电池板长 14.5m，处理带宽 20MHz，同时实现了对全球的广泛覆盖，可为海事用户提供话音通信服务。第二代海事卫星相比第一代海事卫星显著提升了通信容量，最大可达 2.5 倍。

1996 年，5 颗卫星构成第三代海事卫星系统，分别为 4 颗工作星和 1 颗备份星。卫星净重 1000kg，发射总重量 2050kg，太阳能电池板长 20.7m，处理带宽 60MHz，可为用户提供话音、传真和数据传输等多项服务。第三代海事卫星系统相比第二代海事卫星系统更进一步，将通信容量扩充了 8 倍，同时第三代海事卫星上不仅搭载了全球波束，还增设了 7 个处在 L 频段的宽点波束，可覆盖全球大部分范围的海洋。

第四代海事卫星系统于 2008 年建设完成，共发射了 3 颗卫星。卫星净重 3000kg，发射总重量 6000kg，太阳能电池板长 48m，可提供话音等多项综合数字业务服务，数据速率可达 700Kbit/s，具有 126MHz 带宽的处理能力。第四代海事卫星系统与众不同的特点在于装载了一台可展开的多波束相控阵天线，其口径为 20m，其中配置有 1 个全球波束、19 个宽点波束以及 228 个窄点波束。三种波束应用场景不一，对于现有的通信服务所需宽点波束提供支持，未来新兴服务则使用窄点波束，全球波束负责普通的信号传输。

第五代海事卫星系统于 2015 年建设完成，具有 4 颗新型卫星，其中 3 颗卫星分别覆盖三大海洋区域，第 4 颗卫星主要覆盖中国及其周边以开展中国区业务。第五代海事卫星系统开始向高带宽、大容量的方向发展，系统采用 Ka 频段，是第一个全球高速宽带网络，被人们称为 Global Xpress "全球特快"。第五代海事卫星系统在通信速率、网络切换、覆盖度等方面均具有强大的竞争力，是促进全球移动宽带卫星持续发展的重要推动力量。

3. 海事卫星系统的组成结构

海事卫星系统能覆盖地球南北纬 76° 之间的所有区域，承担了海上作业用户绝大部分的通信业务。如图 9-1 所示，海事卫星系统主要由三大部分组成：空间段，包括海事卫星、跟踪遥测与控制站(test and control，TT&C)以及卫星控制中心(satellite control center，SCC)；地面部分，包括地面站或岸站(land earth station，LES)、网络协调站(network coordination station，NCS)、网络控制中心(network operations center，NOC)和操作控制中心(operation control center，OCC)；移动站，包括空用(aero)、海用(maritime)、陆用(land)以及个人移动站。

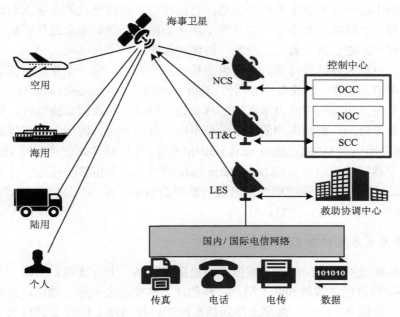

图 9-1　海事卫星系统的组成结构

　　跟踪遥测与控制站是卫星与地面进行联系的直接窗口，是保持星地通信的关键地面设施。其意义在于对卫星进行实时定位与监控，并且及时记录卫星下行传输的星体状态数据，同时根据卫星控制中心做出的指令对卫星发出调整信号。

　　卫星控制中心设在位于英国伦敦的海事移动卫星总部。在全球各个跟踪遥测与控制站记录并传输星体状态参数后，卫星控制中心根据这些数据对卫星所处状态进行判断，以及通过跟踪遥测与控制站对卫星进行必要的修正，保证卫星处于最佳工作状态。

　　地面站，也常常称为岸站，承担着移动站与地面通信网之间转发连接的重要任务。所有卫星用户终端和地面用户之间的通信以及用户终端彼此之间的通信都需要经过地面站转发。地面站的主要作用包括：响应移动地球站的通信请求；分配卫星通信信道；建立、维护和关闭卫星通信及地面通信线路；为陆上的电信用户提供进入海事卫星通信网络的接口；对信道状态(如空闲、申请受理、忙碌和排队等)进行监视和控制；受理最新移动地球站的识别码以及进入系统前的启用申请；对移动地球站进行性能测试(如启动实验、链路测试)；对用户使用过的通信记录进行费用计算；监控移动地球站的灾害遇险报警；为移动地球站提供国内/国际电信网的接口及多种通信服务；充当备用网络协调站，当网络协调站无法工作时，地面站可临时充当网络协调站。

　　在海事卫星系统中，每个海洋区域均设有一个网络协调站，负责对本区域内的地面站和移动站的通信进行监视、协调和控制。其主要作用包括：当多用户多终端共同使用时，负责管理和协调通信信道的分配和占用；在海事用户中发布系统群呼信息、业务信息等广播服务；发送用于卫星追踪的公共信息；发生海事灾情、险情时处理警告和救援等。

网络控制中心是海事卫星系统的核心，它同样位于英国伦敦的海事卫星总部，整个卫星系统只有一个网络控制中心，它与四个洋区的网络协调站建立通信连接，可以对整个海事卫星网络的通信进行监视、控制、协调和管理。

移动站，也称为移动地球站，是海事卫星的用户终端。每一个移动站都需向海事卫星系统进行申请，配置一个或多个专用的识别码（INMARSAT mobile number，IMN）才能正常使用该系统，识别码用来表示不同的移动站、移动站所属国家或地区、移动站所连接的终端设备等信息。根据用户的使用场景不同，分为空用、海用、陆用以及个人移动站。移动站通常用缩写 MES（mobile earth station）表示，海用移动站使用缩写 SES（sea earth station），航空移动站用缩写 AES（aero earth station）表示。海用移动站通常称为船舶地球站，简称船站。海事卫星系统相继推出过一系列的船站：A、C、M、B、Mini-M、E、D/D+、Mini-C、F77、F55、F33、FB 等。

4. 海事卫星系统的应用情况

移动站和陆上用户之间的卫星通信线路包括移动站、上行链路、卫星、下行链路、地面站、国际/国内网络线路和陆上用户，移动站与移动站之间进行通信，必须经过地面站路由转发。如图 9-2 所示，海事卫星通信系统中，移动站工作在 L 频段的 1.6/1.5GHz 频段，上行频率为 1.6GHz，下行频率为 1.5GHz。地面站工作在双频段，当地面站与移

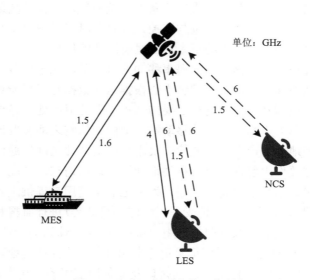

图 9-2　海事卫星系统的工作频段

动站通信时，地面站工作在 C 频段的 6/4GHz 频段，上行频率为 6GHz，下行频率则为 4GHz；当地面站与网络协调站通信时，地面站工作在 C/L 频段，上行频率为 6GHz，下行频率则为 1.5GHz。

为了使卫星移动通信能够适应全球通信技术的迅速发展，满足全球用户多种服务需求，海事卫星相继开发了一系列适合于海、陆、空使用的通信系统。

海事卫星 C 系统专为海上船舶和作业平台等海事用户设计，具备低速率（1.2Kbit/s）和双向通信能力。C 系统支持多种海上通信服务，包括但不限于基本数据通信、信息传输转发、增强型群呼、灾险紧急报警救援、信息集中分配、调度传呼等、路径规划、天气预警等。对于海事用户而言，C 系统在提高海上作业安全、助力航海决策和增进作业效率方面发挥着重要作用。

海事卫星 F 系统采用最新的增强型信令技术，不仅与第四代海事卫星系统兼容，还引入了新型呼叫优先级区别方案，旨在更有效地处理紧急灾险报警。系统能够快速响应并优先处理紧急信号，提高救援效率和成功率。此外，F 系统还采用了升级的卫星接口和先进的功率发射端，配合更加精确的波束选择功能，使得即便在恶劣天气条件下也能保持高质量的稳定通信，显著提高了在复杂海事环境下的通信效率和可靠性。

海事卫星 FB 系统基于第四代海事卫星系统，为船舶提供一系列全面的通信服务，旨在满足现代航海中不断提高的标准。该系统支持多种通信服务，包括清晰的语音通话服务、稳定的 IP 数据通信（432Kbit/s）、物流/船舶精确定位、与地面通信网之间的短信传输等。海事卫星 FB 系统在提高海上作业安全性和效率的同时，保障船员在远洋区域的生活和工作质量。

9.1.3　天通卫星移动通信系统

1. 天通卫星移动通信系统发展历程

天通卫星移动通信系统是我国首个完全自主研制建设的卫星移动通信系统。2011年，我国立项天通一号卫星移动通信系统研制建设；2016 年 8 月 6 日，天通一号 01 星在西昌卫星发射中心成功发射。01 星搭载长征三号乙运载火箭，这是天通卫星系统的首颗卫星，同时标志着我国完全自主移动通信卫星系统建设与应用的第一步；2020 年 11 月 12 日和 2021 年 1 月 20 日，我国分别成功发射天通一号 02 星和天通一号 03 星，二者与 01 星共同组网，实现完善网络、扩充容量、扩大卫星覆盖范围的功能。天通系统与地面系统共同构建了整合航空、卫星以及地面三位一体的通信网，填补了我国自主卫星移动通信服务的空白。

中国空间技术研究院基于东方红四号卫星平台研发天通一号卫星，并在设计与技术应用上进行了多项创新升级，包括使用新型塑性材料制成的天线、采用三维数字化技术进行精确设计、实现单机集成化设计以及混合集成电路的应用。新技术的应用提升了卫星的性能和能效比，通过这些技术革新，东方红四号平台的潜能被充分挖掘，使得该平台的功能性得到了显著提升。这些改进还为将来的卫星设计和制造提供了宝贵的经验和技术积累，对我国卫星技术进一步发展起到推动作用，为中国在全球卫星移动通信领域带来竞争力。

2. 天通卫星移动通信系统基本概述

天通一号卫星发射重量 5400kg，设计在轨寿命 12 年，部署在 36000km 高度的地球同步轨道。单颗卫星可以覆盖地球 1/3 的面积，三颗卫星在理论上可以实现全球覆盖。天通一号 01 星定点于东经 101.4°，天通一号 02 星定点于东经 80°，天通一号 03 星定点于东经 125°。从定点位置看，天通系统以中国国土为核心，辐射覆盖周边区域。

天通一号搭载了 109 个国土点波束，其覆盖区域主要为中国领土和领海，以及第一岛链以内的战略区域。这种覆盖模式极大地增强了国土周边关键地区的通信保障能力，确保在这些战略区域内通信畅通无阻。此外，为提升中国在全球范围内远洋航海和国际救援的战略通信能力，卫星还配备了 2 个专用海洋点波束，覆盖区域为第二岛链以内的太平洋西部，北印度洋(孟加拉湾和安达曼海)以及中东、非洲等相关地区。覆盖地区响应中国"一带一路"倡议。

天通卫星移动通信系统对标国际上领先的第四代海事卫星系统，二者均提供高轨道窄带卫星通信，天通卫星的基本功能和服务性能与其基本相当甚至更优，被誉为"中国版的海事卫星"。天通一号卫星移动通信系统的用户波束链路为 S 频段，馈电波束链路为 C 频段，用户链路和馈电链路的上下行传输均为 FDD/TDMA/FDMA 方式，借鉴了 GSM 的通信制式。数据终端和手持设备支持语音、数据和短消息等各项业务，语音的业务速率为 1.2~9.6Kbit/s，数据的业务速率为 64~384Kbit/s，同时支持 5000 个语音信道，系统容量可支持的用户数量达到百万级别。天通终端设备预置北斗卫星模块，便于用户使用北斗卫星定位导航服务。

天通系统由三大部分构成，包括卫星段、地面段以及用户段。卫星段包括多颗地球同步卫星，这些卫星协同提供广泛可靠的信号覆盖。中国电信负责地面段的基础设施搭建、商业运营维护以及网络架构搭建，确保天通系统与现有地面通信无缝衔接。天通卫星移动通信系统属于军民共建系统，不仅在国家安全、军事部署等战略意义上举足轻重，同时在政府治理、民间商用和灾难应对等领域发挥重要作用。此外，天通卫星系统的研发和应用标志着中国在卫星领域具有自主创新能力，减少了对外国卫星系统的依赖，增强了中国通信卫星的独立性和安全性。

中国电信将卫星移动通信与地面移动通信系统结合互补，共同构成移动通信网络，充分发挥天通卫星业务的差异化优势，融合移动、固定和光宽带网络，构建空天地一体化的泛在信息网络基础设施。目前已经形成芯片设计、终端制造、系统建设、应用开发的完全自主可控，具有完备、完整的卫星移动通信自主产业链，广泛应用于应急、消防、公安、海洋、边防等领域，天通卫星的民用市场初步实现了规模发展。

3. 天通卫星移动通信系统的优势

(1)覆盖范围广。天通卫星移动通信系统实现我国领土、领海的全面覆盖，即使在沙漠戈壁、森林海洋、边远山区等地面移动通信网络覆盖匮乏的区域，也能为移动用户提供全天候、全天时、稳定可靠的移动通信服务。即使在偏远地区或远洋地区，天通用户使用小型终端设备即可在覆盖区域内使用通话、短信、定位等基本通信服务。

(2)兼容连通性强。在无地面网络支持的情况下，用户也能通过终端与其他固定或移动用户联系，极大地拓宽了通信的边界。此外，天通终端还能够直接接入广域互联网，获取访问网页、收发电子邮件等互联网服务。天通卫星用户主要包括渔民、海上作业人员、森林警察、野外救援队、水利地质工作者、消防武警、藏区牧民、无人区游客、偏远地区司机、无信号区工地工作者、野外探险者等，保障多重行业中大量用户的通信需求和人身安全。

(3)安全可靠。天通卫星移动通信系统是中国首个完全自主研发的卫星移动通信系统，包括自有卫星、自有系统、自有网络、自有硬件以及自有终端。该系统整个工作流程完全处于自主控制状态之下，具有军用级保密防护能力，无须担心涉外泄密问题。从国家信息网络安全的立场出发，自主实现卫星通信是关键战略决策，关乎国家利益与国家安全。

(4)使用成本低。长期以来，由于国外的技术壁垒和市场垄断，在拥有独立自主的卫星移动通信系统之前，我国的卫星移动通信服务主要依赖于国外的卫星通信系统，包括铱星移动通信系统、海事卫星系统等，不仅没有自主控制权，在使用过程中还需要缴纳高昂的租金和资费等各种费用，缺乏经济适用性。而天通一号使用国内号段，使得经济性上更具竞争优势，相比先前的国外卫星系统，大大降低了使用成本。

(5)自主可控。如果遇到威胁国家与人民安全的紧急时刻，在抢险救灾工作时能够立即现场指挥协调卫星资源，保障人民的生命财产安全和国家安全。将捍卫自身权利的国之重器牢牢掌握在自己手中，摆脱长期以来对国外卫星移动通信服务的依赖，在关键时刻不受制于人。

(6)终端保障。天通系统支持多维度、多种类的集成终端，包括移动式、固定式、手持便携式等，多种终端适配多种复杂应用场景，并且与地面通信系统相互兼容，终端之间没有通信壁垒。同时，天通卫星基本实现全流程硬件国产化，用户使用的终端以及配件均为国产，在维护售后时效性上便捷高效，在服务保障上稳定可靠。

9.1.4　美国军用窄带卫星通信系统

1. MUOS 系统概述

1996 年，美国启动新一代窄带军事通信卫星 MUOS 的研发，以在未来替代即将退役的美国上一代军用窄带卫星通信系统——特高频后继卫星(ultra high frequence-follow-on satellite，UFO) 系统。MUOS 对原有窄带卫星网络体系结构和波形进行了优化设计，实现了网络化战术通信，是美军现役窄带军用卫星通信的核心系统。MUOS 包含 5 颗卫星，其中 1 颗为备份卫星，2012~2016 年每年发射一颗工作卫星，现已完成组网并投入使用。

MUOS 系统的总承包商是美国洛克希德·马丁公司，MUOS 卫星基于其 A2100 卫星平台研发，卫星在轨质量 3812kg，发射质量 6740kg，尺寸 6.7m×3.66m×1.83m。MUOS 在澳大利亚、意大利、美国弗吉尼亚和夏威夷四个地区拥有地面接收站，每个地面站通过 Ka 频段馈电链路服务于四个有源卫星中的一个，下行链路频段为 20.2~21.2GHz，上行链路频段为 30.0~31.0GHz，卫星运行轨道位于地球同步轨道。

MUOS 卫星采用三轴稳定装置，自身配备的姿态稳定和控制系统可为卫星提供精确的指向能力。卫星推进系统以 IHIBT-4 主机为核心，BT-4 由日本 IHI 航空航天公司研发，质量为 4kg，长度为 0.65m。除主发动机外，MUOS 还配备了反应控制推进器，安装在反应发动机组件上。发动机燃料为肼混合物，用于 BT-4 燃烧期间的姿态控制以及 GEO 中较小的轨道调整和漂移操作。

2. MUOS 技术特点

MUOS 卫星网络覆盖着地球两极之间的广阔区域，除基础卫星功能外，还采用先进的加密技术确保信道安全。备用卫星具备机动属性，能灵活调动至需求急剧增加的地区以提升当地的信道容量。MUOS 高度兼容其前身 UFO 系统，保证了不同代用户之间的无缝衔接。MUOS 在设计阶段充分考虑了极端天气和各种复杂地形的挑战，特别是在通信条件艰难的深山、峡谷、高原和远洋环境中，MUOS 也能提供持续可靠的窄带通信连接，为地面部队、军舰潜艇、空军等多种军事部署提供关键的实时通信能力，确保军事作战单元在全球任何角落执行任务时，都能保持与指挥系统及其他单位的高效通信。

MUOS 采用 BPSK 调制技术，结合宽带码分多址（wideband code division multiple access，WCDMA）技术和多蜂窝体系结构，以及跨频带的组合带宽技术，不仅大幅提升了通信容量，也极大地改善了链路的可用性。MUOS 兼容联合战术无线电系统（joint tactical radio system，JTRS），使其广泛支持特高频动态多址接入（dynamic assigned multiple access，DAMA）终端和新型移动终端。MUOS 的信息容量较前代有了十倍以上的提升，拥有高达 97%以上的信道可用率，总传输速率达到 39Mbit/s，窄带语音通信速率可达 9.6Kbit/s，宽带数据通信可达 64Kbit/s。单颗 MUOS 卫星能同时支持超过 7000 个通信会话，涵盖视频、通话与数据传输。

MUOS 系统的另一特点是提高了总部级以下人员的卫星通信能力。在传统卫星通信技术下，这部分人员往往难以获得稳定的通信能力，而 MUOS 系统的灵活性使得卫星通信不再是高层人员的专属，为基层作战部队提供了更为平等的通信条件，用户数量的增加为战术边缘提供了稳定的指挥控制和任务机动性。

3. MUOS 应用情景

MUOS 系统专为美国军队设计，致力于提高全球军用通信的效率和广度。其主要功能包括支持行进中的紧急联络、战区内部的信息交流、战术情报的广泛分发以及扩展战斗通信范围。MUOS 系统能连接不同级别的战术指挥中心，实现高效的指挥控制和信息流动。该系统对处于偏远地区的边防部队和特种部队尤为重要，他们常常需要远离主力部队执行任务，因此依赖稳定而可靠的卫星通信系统以保持信息互通和指挥协调。

MUOS 系统极大地优化了作战人员在移动状态下的通信能力，确保各级单位即时获取战场上实时变化的重要信息。这强化了美军的作战机动性和战术灵活性，有助于提升战场上的决策效率和执行力。

MUOS 可实现与各级接收站以及 JTRS 之间的互联互通,与美国海、陆、空军的内部网络无缝融合,可整合成为高效联合系统。该系统提升各战区多军种之间的通信效率,允许军事指挥官和部队在全球范围内进行实时指挥与控制操作,加强了战斗协同反应速度。联合系统支持各种军事操作,包括但不限于前线指挥、远程打击、战术执行、搜索救援等。MUOS 不仅支持美国及其盟友的需求,还能扩展到美国的非军事部门机构。

MUOS 特别强调其在战术通信领域的应用能力。该系统能为地面车载终端、移动手持终端以及空中机载终端提供安全稳定的连接,也支持蜂窝无线网络连接。在实战环境中,单兵可携带 JTRS 开发的移动携带式终端与 MUOS 卫星进行连接,在极为复杂的动态战场,如城市战斗或山区作战也能实时接收关键信息和指令。

针对不同应用场景,JTRS 为 MUOS 定制了两种终端,JTRS HMS(小型可携带)和 JTRS AMF(海陆空固定站)。2012 年 2 月,美国通用动力的 C4 系统成功交付了首个集成 MUOS 信号的 JTRS HMS 型双通道网络电台 AN/PRC-155,标志着 AN/PRC-155 电台成为首个成功研发并应用于单兵携带的 MUOS 通信终端。

通用动力 AN/PRC-155 单兵背负式电台的上端面板配备有 3 个天线接口、2 个手持接口、简易操作键盘、液晶显示屏、电源开关及 2 个音量调节旋钮。设备操作简单,可增强士兵的战势感知和实现战况实时交互能力。AN/PRC-155 单兵背负式电台在完成小批量生产试点之后,成为美国陆军列装的第一种双信道无线电台。

9.2　宽带通信星座

随着通信技术和微小卫星技术的快速发展,低轨卫星通信星座的应用场景得到了扩展。宽带通信星座是卫星通信系统的另一重要类型,是为了满足全球范围内对高速互联网的需求而设计的。宽带通信星座通过部署大量卫星提供覆盖全球的宽带服务,为全球消费者和商业用户提供高带宽、高速率、稳定的互联网接入。本节将重点介绍星链卫星互联网星座、亚太卫星系统以及 OneWeb 卫星电信互联网络。

9.2.1　星链卫星互联网星座

近年来,随着卫星发射技术和通信技术的发展,制造和发射卫星的成本均显著降低,卫星生产已能够形成规模化、产业化和市场化,低轨道互联网卫星逐渐成为卫星领域的热点。根据美国 SIA 的统计数据,预计到 2040 年,全球太空经济估值将达到万亿美元级别,其中,低轨互联网卫星将占据大部分市场。

在全球范围内众多提出互联网卫星发展计划的公司当中,美国太空探索技术(SpaceX)公司发展最为迅猛。其提出的低轨道卫星互联网项目"星链"(Starlink)于 2018 年 3 月得到美国联邦通信委员会(Federal Communications Commission, FCC)批准进入美国市场运营。SpaceX 公司提出了多种新型关键火箭发射技术以及商业卫星模式,其希望通过星链计划为全球任何地方的住宅用户、政府、专业机构、社会机构等用户提供类似光缆的超宽带、低时延、高速率卫星通信以及互联网接入。

1. 星链系统概述

星链计划在不同高度的低轨道总共部署约 1.2 万颗小型卫星，预计星链的开发成本将达 100 亿美元。星座的总容量将达到 200~280Tbit/s，单个用户数据传输速度可达 1Gbit/s，每颗卫星容量可达 17~23Gbit/s，链路延迟控制在 20ms 以下。

星链作为一个地球低轨道星座，具备低时延、高动态和大规模的特点。星链包含 LEO 和 VLEO 两个星座联合作用，LEO 星座可提供宽带互联网和电视直播等服务，具有较高的传输速率和传输质量。

VLEO 星座由于工作在 V 频段，易受气候影响，但低轨道可以减少这一影响，同时提供更低的时延和更高的带宽。这种低轨设置使得 VLEO 星座通信更加流畅，适应如远程手术、自动驾驶等对实时性要求极高的应用。卫星之间采用激光链路，星座采取天星天网架构。两个星座将协同工作，VLEO 主要用于解决人口密集地区较高的带宽需求，侧重信号的增强实现以及针对性的服务。LEO 星座则为更广大地区的用户提供广泛覆盖。地面段包括相关的地面测控站、网关站和用户终端。

星链使用的卫星主要是 100~500kg 量级的小型卫星，由于实现了产业化批量生产，星链卫星的成本单价相比先前卫星要低得多。卫星的有效载荷、地面网关站和用户终端都采用先进的相控阵天线技术、波束成形技术以及数字处理技术，以保障用户在多颗卫星之间的高效切换。

2. 星链系统组成及特点

星链系统将由两个子星座及相关地面控制设施、网关站和用户终端地面站组成。两个星座相辅相成，共同为全球用户提供连续、稳定的高速宽带服务。

1）星座构成

星链系统的空间段包括 2 个星座：LEO 星座和 VLEO 星座。总卫星数达到 11943 颗。

LEO 星座由 4425 颗卫星组成，运行轨道高度为 1110~1325km，共分布在 83 个轨道面上，采用 Ku 和 Ka 频段通信。整个星座的具体配置如表 9-2 所示。

表 9-2　LEO 星座配置

轨道参数	初期部署（1600 颗）	终期部署（2825 颗）			
轨道面数/个	32	32	8	5	6
卫星数/颗	50	50	50	75	75
轨道高度/km	1150	1110	1130	1275	1325
轨道倾角/(°)	53	53.8	74	81	70

2018 年 3 月，FCC 批准了 SpaceX 公司向 LEO 轨道发射 4425 颗卫星的申请。同年 11 月，FCC 批准了 SpaceX 公司继续向轨道发射 7518 颗卫星的请求。星链原计划在 1150km 轨道上部署 1600 颗卫星，后来申请减少首批发射卫星数量并且降低运行轨道，改为在 550km 轨道上部署 1584 颗卫星，轨道平面改为 24 个。

VLEO 星座包括 7518 颗卫星，运行在 340km 左右的极低地球轨道，工作频段为 V 频段。卫星在该区间几乎均匀地分布在 3 个轨道面，SpaceX 精确决定了每个高度的卫星数量，以最大化卫星之间的间隔，降低彼此发生碰撞的风险。VLEO 星座的配置如表 9-3 所示。

表 9-3 VLEO 星座的配置

卫星数/颗	2547	2478	2493
轨道高度/km	345.6	340.8	335.9
轨道倾角/(°)	53	48	42

LEO 星座与 VLEO 星座共同组成协同系统，为全球提供连续的宽带通信服务。星座采用相比 IPv6 更简便的 P2P 协议。

2）工作频率

星链星座在通信结构上的部署将通过两个阶段实现。在第一阶段，星链主要使用 Ku 频段实现馈电链路，包括卫星与地面站及用户端之间的通信。Ku 频段能提供较高的通信容量和较强的抗干扰能力，这个阶段在地面设置抛物面天线，这种天线虽然成本较高，但有助于实现高质量的通信连接。

随着计划向第二阶段过渡，SpaceX 计划发射 7518 颗 VLEO 卫星，以实现更密集的网络覆盖和更低的通信延迟。这一阶段 SpaceX 计划使用 Ku/Ka 双频段芯片组，虽然 Ka 频段更易受天气影响，但可提供更高的带宽和速率。随着系统的发展，星链逐步引入相控阵天线技术，使得信号定向更加快速精确，支持快速的信号切换和多目标通信。

卫星与网关的连接将通过 Ka 频段实现，而卫星与用户终端的通信则采用 Ku 频段。此外，系统中还集成了星间激光链路技术，以便实施无缝网络管理和提供持续服务。SpaceX 申请授权的工作频率如表 9-4 所示。

表 9-4 星链星座的工作频谱

LEO 星座的频谱		VLEO 星座的频谱	
链路类型与传输方向	频率范围/GHz	链路类型与传输方向	频率范围/GHz
用户下行链路 卫星至用户终端	10.7~12.7	下行信道 卫星至用户终端 卫星至网关	37.5~42.5
网关下行链路 卫星至网关	17.8~18.6 18.8~19.3 19.7~20.2		
用户上行链路 用户终端至卫星	12.75~13.25 14.0~14.5	上行信道 用户终端至卫星 网关至卫星	47.2~50.2 50.4~52.4
网关上行链路 网关至卫星	27.5~29.1 29.3~29.5 29.5~30.0		

LEO 星座的频谱		VLEO 星座的频谱	
链路类型与传输方向	频率范围/GHz	链路类型与传输方向	频率范围/GHz
TT&C 下行链路	12.15~12.25 18.55~18.60	测控下行链路 信标	37.5~37.75
TT&C 上行链路	13.85~14.00	测控上行链路	47.2~47.45

3）地面系统

星链系统的地面架构包含三种类型的地球站：测控站、网关站和用户终端。

测控站在卫星发射前、变轨、在轨运行及紧急情况下与卫星进行通信。测控站的直径约为 5m，设置数量较少，其主站和副站将分别位于美国东海岸和西海岸的两个地点，同时在国外也会分散布设若干测控站。

采用相控阵天线技术的 Ka 频段网关站负责建立卫星与全球互联网之间的通信链路。SpaceX 计划在美国及全球其他地区设置数量足够多的网关站，以确保所有轨道面的卫星都能直接在可视范围内与网关站通信。网关站的具体数量将根据用户需求和系统的部署进展进行调整。最终可能在美国部署数百个网关站，这些站点将与主要的互联网节点相邻或共址，为星座提供所需的互联网接入。

Ku 频段用户终端则是大小与笔记本电脑相仿的平板设备，也使用相控阵天线来追踪卫星。由于终端的小型化和便携性，终端几乎可安装在任何位置。

4）卫星波束

星座中每个卫星的下行链路波束都能够独立调整其对地波束的方向和宽度，以最大化地面覆盖和通信效率。这种灵活性使得卫星可以根据地面用户的分布和需求动态调整。然后，由于地面用户受所连接卫星仰角的限制（必须为 35°以内），LEO 星座中轨道高度为 1150km 的卫星只会在视轴（朝向地球的方向）两侧的 43.95°范围内提供服务；在 VLEO 星座中，轨道高度为 335.9km 的卫星则只在视轴两侧的 51.09°范围内提供服务。

用户和网关的波束宽度较窄，分别为 1.5°和 1°，波束被分配到多个信道。每个卫星能在相同频率上发射两个波束，但在特定情况下只能使用其中一个。

同时，两个星座的卫星都将使用一部分固定的 Ka 频段作为信标，有助于地面站快速定位和跟踪卫星并实现卫星间的平滑过渡。由于该信标频谱与 TT&C 信道以及用户/网关通信信道有所重叠，在使用时需要进行细致的协调，以避免传输所使用的频段同时也被其他链路所使用，从而防止发生自干扰。

系统利用每颗卫星上搭载的全向天线实现跟踪测控功能，这些天线能在几乎所有方位上与地面站进行通信。每颗卫星在 250MHz 频谱范围内实现 TT&C 功能，其中上行链路为 37.5~37.75GHz，下行链路为 47.2~47.45GHz。每个 TT&C 波束支持在每个极化上（一个左旋圆极化和一个右旋圆极化）实现多个 1MHz 的调制信道，这些信道有时会被合并形成 10MHz 的信道。因此同样需要精心协调 TT&C 信道的使用，以防止与信标信道或用户/网关通信信道发生干扰。

　　5）地理覆盖

　　根据 FCC 的要求，星链系统将满足以下条件：首先，在北纬 70°~南纬 55°的任何地区，每天至少有 18h 在仰角不低于 5°的情况下能看到一颗卫星；其次，在美国 50 个州、波多黎各和美属维尔京群岛，任何时段在仰角不低于 5°的情况下至少能看到一颗卫星。

　　3. 星链发展历史

　　2018 年 2 月 22 日，SpaceX 公司发射 2 颗实验卫星并成功入轨。

　　2018 年 3 月 29 日，FCC 批准了 LEO 星座加入美国卫星体系的申请，但是拒绝了该公司关于延长星座完工时间限制的请求。

　　2018 年 11 月 12 日，SpaceX 公司调整星链计划，减少第一阶段的卫星发射数量以及降低运行高度。

　　2018 年 11 月 16 日，星链项目得到了 FCC 的批准，FCC 允许 SpaceX 向轨道发送 7518 颗卫星。作为获得此许可的条件之一，SpaceX 必须在 2024 年之前成功发射 6000 颗互联网卫星。

　　2019 年 4 月，FCC 同意了 SpaceX 提出的申请，将原本计划在 1150km 高度运行的 1600 颗卫星的运行高度调整到 550km。SpaceX 还获得了其他授权，包括将大约 7500 颗卫星部署在距地 340km 的轨道上，以及将约 2800 颗卫星部署在 1110~1325km 的轨道上。5 月 23 日，SpaceX 使用"猎鹰 9 号"火箭成功发射了首批 60 颗星链卫星。

　　截至 2024 年 6 月，SpaceX 已累计发射近 6600 颗卫星，其中正常服务的卫星达到 4800 颗，星链的覆盖能力和通信容量得到进一步增强。

9.2.2　亚太卫星系统

　　亚太通信卫星有限公司（APSTAR）总部位于中国香港，是亚太地区主要的卫星运营商之一。APSTAR 于 1994 年成功发射了其第一颗通信卫星亚太一号。结合后续发射的卫星所组成的亚太卫星系统将覆盖亚欧大陆、非洲以及大洋洲，这些区域合计涵盖全球约 3/4 的人口。亚太卫星将为上述广大地区提供全面的一站式服务，满足广播和通信行业的多种需求。

　　1. 亚太六号卫星

　　亚太六号卫星于 2005 年 4 月 12 日在中国西昌卫星发射中心搭载长征三号运载火箭发射，定点于东经 134°地球同步轨道，取代之前在此轨道上工作的亚太 1A 号通信卫星。亚太六号卫星由法国阿尔卡特•阿莱尼亚宇航公司制造，基于空间客车 Spacebus-4000C2 卫星平台研制，质量 4600kg，设计寿命 15 年，卫星配置有 38 路 C 频段转发器和 12 路 Ku 频段转发器，C 频段转发器覆盖东亚、东南亚、太平洋群岛、澳大利亚、新西兰以及美国夏威夷等国家和地区，Ku 频段转发器则专注于中国地区，为用户提供直播到户、卫星新闻采集及其他的通信与广播业务服务。

亚太六号卫星是中国拥有的第一颗采用空间隔离上行信号技术、使得 C/Ku 频段载荷具有抗干扰能力的商用通信卫星，这种技术能有效阻挡来自地面非法信号的恶意干扰，从而使卫星信号传输更加安全可靠。

2. 亚太九号卫星

2015 年 10 月 17 日，长城集团与亚太通信卫星有限公司签订的首颗卫星——亚太九号卫星在西昌发射中心成功升空入轨，2016 年 1 月 20 日投入运营。

亚太九号卫星由中国空间技术研究院采用东方红四号卫星平台研制，发射质量为 5250kg，设计寿命 15 年，卫星配置 C 频段和 Ku 频段共 48 路转发器，有效全向辐射功率为 35~54dBW，定点在东经 142°，主要用于亚太地区、印度洋、大洋洲等区域的卫星通信和卫星广播服务，从印度洋至马六甲海峡再至南海海域，自西向东全面覆盖了海上丝绸之路，服务"一带一路"国家。

亚太九号卫星采用了大功率供配电技术、高效热控技术、大容量信息系统技术、一体化抗辐照防护技术、大容量锂离子蓄电池组系统集成与应用技术、具有复杂切换功能的大规模有效载荷设计技术、基于矢量运算的快速转发器测试技术等，具有区域内覆盖宽、性能稳定的特点。

3. 亚太六号 C/D/E 卫星

2018 年 5 月 4 日，亚太 6C 卫星在西昌发射中心搭载长征火箭进入预定轨道，这是继亚太九号卫星后签约的第二颗卫星。

亚太 6C 卫星研发平台与亚太九号卫星一致，在轨寿命 15 年，搭载 C、Ku、Ka 频段多路转发器，有效全向辐射功率为 33~59dBW，计划定点于东经 134°地球同步轨道，以替代亚太六号卫星。亚太 6C 卫星的部署是对亚太地区卫星通信基础设施的显著加强，它将提供多样化的通信和媒体服务。此外，亚太 6C 卫星还促进了区域间的经济合作，对中国的"一带一路"倡议提供重要支持，"一带一路"国家和地区将享受到更可靠的通信服务。

亚太 6D 卫星同样是由长城集团负责研制的一颗地球静止轨道高通量宽带通信卫星。这颗卫星基于东方红四号增强型卫星平台构建，属于亚太卫星系统中的第三颗国产卫星。其总质量约为 5550kg，设计在轨寿命为 15 年，定点于东经 134°，2020 年 7 月 9 日在西昌发射中心成功升空。

亚太 6D 通信卫星采用 Ku/Ka 频段进行高通量信息传输，有效载荷功率为 9500W，有效载荷质量为 981kg，有效全向辐射功率为 52~68dBW。通信总容量达到 50Gbit/s，采用 90 个用户波束，8 个信关站波束，可实现静止轨道可视范围下的全球覆盖，单波束带宽最大为 468MHz（前向）/117MHz（反向）。

亚太 6E 卫星是中国空间技术研究院基于全电推进平台——东方红三号 E（DFH-3E）平台研制的第一颗国际商业高通量通信卫星，也是首颗全自主飞行变轨的地球同步轨道通信卫星。亚太 6E 卫星于 2023 年 1 月 13 日在西昌卫星发射中心搭载长征二号火箭发射升空，顺利进入预定轨道，与亚太 6C/6D 卫星共轨运营。

亚太 6E 卫星起飞质量为 4300kg，其中卫星 2090kg，独立推进舱 2210kg，设计寿命 15 年。卫星配置 25 个 Ku 频段用户波束和 3 个 Ka 频段信关站波束，通信总容量超过 30Gbit/s。

亚太 6E 卫星专为东南亚市场设计，其卫星载荷针对印度尼西亚市场进行了特殊定制，主要用于为东南亚地区提供高性能和高性价比的宽带通信服务，从而有效地填补该地区在宽带卫星通信市场的需求空缺。印度尼西亚复杂地理特征使得地面网络部署面临着巨大挑战，亚太 6E 卫星深度适配岛屿众多的国家，通过覆盖印度尼西亚全境的波束设计，亚太 6E 卫星能够提供包括偏远地区在内的全面宽带网络覆盖，极大改善了这些地区的通信服务质量和网络接入能力，能够服务于该国从偏远农村地区到繁忙都市区域的各种通信需求，大幅提升了印度尼西亚及整个东南亚地区的通信基础设施水平。

9.2.3 一网卫星电信互联网络

1. 一网（OneWeb）卫星公司概述

英国通信网络卫星公司 OneWeb 是一家由英国政府部门持有的互联网卫星初创公司，旨在通过发射大量低轨道小型卫星进行组网，实现全球范围内的高速电信网络覆盖，特别是为边缘地区或通信基建欠发达的地区提供经济实惠的网络接入。OneWeb 于 2012 年成立，2017 年获得了 FCC 的入网批准。OneWeb 于 2020 年开始构建其卫星星座并发射了 74 颗卫星，之后公司一度动荡破产，2021 年底，OneWeb 重新复出并继续其星座项目。

OneWeb 星座应用场景包括提供高质量通信服务、抢险救援、高空低延迟宽带、海上作业平台通信、车载蜂窝网络、偏远地区网络覆盖等，目前正借助巴蒂电信、休斯公司、Intelsat 等分销商向终端用户提供服务。2023 年 3 月，OneWeb 星座组网完成，2023 年底开始提供商业服务。

2. OneWeb 卫星技术规格

OneWeb 星座采用可更新的动态结构，后续发射的卫星能够扩大星座体系。OneWeb 采用三个阶段实施其星座：第一阶段发射 648 颗预定轨道在 1200km 的低轨卫星。这些卫星每 36 颗为一组，以相邻 9° 的间隔分布在 18 个轨道面上，工作在 Ku 和 Ka 频段。第一阶段星座具有 Tbit/s 级别的网络容量，在极低延迟的同时最大宽带速率可达 500Mbit/s。此阶段完成于 2023 年。

第二阶段增设了 720 颗运行于更高频 V 频段的卫星，工作轨道与第一阶段相同。这极大地扩展了网络总容量，达到上百 Tbit/s，支持更多用户和更高数据需求的场景。第三阶段进一步扩大规模，在中地球轨道（8500km）上增设 1280 颗卫星，运行频段同样为 V 频段。此时的星座容量将激增至上千 Tbit/s，为全球用户提供前所未有的数据处理能力。预计在 2026 年部署一半卫星，2029 年部署完毕。

为高效管理庞大的卫星网络，星座采用灵活的流量分配机制。这一机制根据卫星负责区域内业务流量数据，智能地在轨道间和卫星间调配流量，极大地优化了网络资源和用户体验。

OneWeb 采用天星地网的结构，并未设置星间链路。这种结构依赖地面信关站进行数据中转处理，OneWeb 卫星星座在全球共设置 44 个信关站帮助卫星联网，每个信关站配备多个大口径天线以确保全球范围内的覆盖和连续服务。

OneWeb 星座用户链路采用 Ku 频段，馈电链路(卫星和信关站之间的链路)采用 Ka 频段。每颗卫星的覆盖区域边长约为 1000km，具有多个 Ku 频段波束，保证用户与卫星的连通性。每颗卫星设置为上行 50Mbit/s、下行 200Mbit/s 的接入速度，单星吞吐量为 7.5Gbit/s，星座部署完毕后可覆盖两极在内的全球范围。

OneWeb 可为个人或机构提供互联网接入点(access point, AP)，AP 周边用户均可接入网络。OneWeb 用户终端具备多样性和集成性，在多场景下综合提供卫星通信、地面通信以及互联网服务。由于系统采用 Ku 频段且卫星工作在低轨道，用户终端能够实现小型化和低成本化。终端同时支持多种天线类型和口径，从而满足不同用户的宽带需求，下行链路发射 EIRP 为 29.9dBW。

OneWeb 在轨设计寿命为 5 年，星体重约 150kg，星上载有两个测控天线和 Ku/Ka 频段天线，卫星供能系统采用太阳能加锂电池，在升空后采用氙气电推进精确入轨。电推系统也负责在卫星退役后的去轨操作。

3. 一网与星链的联系与区别

一网星座与星链星座均属于低轨道宽带互联网卫星星座，二者提出较早，发展较快，并且均已进入实际星座部署阶段。截至 2024 年，一网也已完成第一阶段星座部署，星链已升空卫星总数达到 6000 余颗。二者星座网络结构不同，分别采用天星地网和天星天网架构，区别在于是否支持星间链路以及是否需要地面站转发支持。

此外，二者在星座搭建和运营模式上存在显著不同。星链星座从卫星研发、制造生产、火箭发射到运营管理等各方面均由 SpaceX 公司独立承担，而且 SpaceX 公司拥有自主的火箭可重复回收技术，具有强大且成熟的卫星研发及部署能力。而一网星座侧重于联合发展，垂直整合全产业链要素，采用模块化的设计制造思想实现工业化流水线生产，在卫星研发、制造生产、发射运行、商业营销等多方面和其他企业形成强强联合，形成共同利益集团。

9.3　受保护通信星座

美国军用通信卫星根据工作带宽和使用场景，通常分为宽带、窄带和受保护三种。宽带系统侧重于高通信容量和高通信速率，窄带系统强调针对小型终端和移动用户的话音文本等低速率通信，受保护系统则重点强调通信的抗干扰、抗截获以及抗核打击能力。

顾名思义，军用受保护通信卫星是指在传统卫星通信功能以外，特别强调卫星稳定性与安全性。受保护系统的设计目标是在电子干扰或敌军打击的复杂环境中，确保卫星能正常运转，保护己方通信安全。为此采取了多项保障技术，包括通过提高发射功率和天线口径来提高系统链路预算、增强卫星定向性、采用扩频通信等，降低敌方探测和截获己方通信的可能，提高通信的隐蔽性和安全性。

在战时环境中，常规卫星可能会面临无法运转的风险，但受保护卫星通信能一定程度上抵抗这种外界影响。受保护卫星通信专门设计了防止通信中断、截获和篡改的防御功能，适用于战略战术指挥和前线资源调配，是其实施战略战术指挥控制的基本保障手段。但也因为受保护卫星的这种鲁棒能力，其通信速率比常规通信要低。

美军目前主要利用军事星（MilStar）系统和先进极高频（advanced extremely high frequency，AEHF）卫星通信系统提供安全抗干扰通信。其中，先进极高频卫星通信系统将逐步替换军事星系统，不过"替换"并非一蹴而就，存在新旧军用通信卫星共存期。

9.3.1　军事星

1. 军事星基本概况

军事星的全称是美国军事战略技术中继卫星通信系统，工作在极高频段和地球同步轨道。20 世纪冷战时期的核威胁对军用通信提出了抗核打击要求，因此军事星系统应运而生。军事星系统可为美国陆军、海军、海军陆战队、空军以及国防部等多联合军种提供实时、安全、抗干扰的全球通信，实现指挥机构和战时资源链接，以满足高优先级军事用户的基本战时要求。

2. 军事星技术规格

军事星卫星星座位于地球同步轨道，共具有 6 颗卫星：1994 年首颗 MilStar 卫星发射入轨，次年第二颗卫星升空入轨。前两颗卫星为第一代军事星，上行链路工作频率为 44GHz 极高频（EHF），下行链路工作频率为 20GHz 超高频（SHF）。第一代军事星具有坚固可靠的有效载荷，以 75~2400bit/s 的速率为太平洋至大西洋的美军部队提供低数据速率通信。第一代军事星载有全球覆盖天线、增益更高的捷变波束天线以及调零点波束天线。每颗卫星可同时支持近 200 个信道。

第二代军事星包含 4 颗改进卫星，在第一代的基础上扩展了中数据速率载荷，能以 4.8Kbit/s~1.544Mbit/s 的数据速率提供加密通信。有效载荷在第一代卫星的基础上增加了 32 个 1.5Mbit/s 的中速率信道。第二代军事星具有 8 副可控点波束天线，6 副分布式用户覆盖天线，2 副调零点波束天线，能针对上行链路干扰自动调零。军事星通信的频段、信号波形以及信号处理算法都具有鲁棒性，在冲突情况下能保证军事星用户保持连接。

军事星星座的覆盖范围是自南纬 65°至北纬 65°，并且设有星间链路，卫星彼此之间能在脱离地面辅助的条件下实现互相通信，降低地面截获概率。

9.3.2　先进极高频卫星通信系统

AEHF 由洛克希德·马丁公司负责研发，用以逐渐取代军事星系统，因此也称为第三代军事星。其由美国空军太空司令部控制，星座由 6 颗卫星组成。

AEHF 卫星系统同样是一种多军种联合卫星通信系统，AEHF 在具备调零天线和星间链路的基础上提高了通信效率。其采用与前代相同的通信频段，但具有更强的方向性，军事用户可选用的波束点也更多。

AEHF 相比于 MilStar 不仅提高了通信速率，也增强了动态路由灵活性，它能根据用户优先级和事项紧急程度来安排部队和分配通信网络。AEHF 的星间链路相比军事星具有更高的数据速率，在任何条件下（甚至核打击环境中）为美国位于全球任何地区的军队提供服务。AEHF 具有更强的战场生存能力，在地面站因打击失效的情况下仍能自主运行。

AEHF 星座为美国海陆空多种军队、美国国家指挥机构和领导人提供高度稳定机密的安全通信，可为美国本土和前线部队提供高速全球互联，同时也为英国、荷兰和加拿大提供服务。其有效载荷包括信号处理载荷、EHF/SHF 频段天线、射频设备以及路由控制设备。AEHF 卫星可为用户提供 75bit/s~8Mbit/s 的数据速率，兼容前代卫星所有通信载荷。AEHF 为多级军事用户在兼容现有军事星系统的基础上，提升了卫星通信能力和数据安全性。

综上所述，AEHF 目前已形成互联星座网，兼顾宽带通信效率和通信可靠性，是美军新一代军用 GEO 卫星。它支持多种军事任务，包括导弹拦截、前线作战、情报获取甚至核打击等，能在任意规模的战事中提供抗干扰、防截获、抗打击的安全卫星通信服务。随着现代战争维度的扩展，空天陆海一体化的综合对抗已成为趋势，信息对抗和网络安全的重要性日益增加，这一切都需要军用卫星的支持。

习　题

1. 简述移动卫星通信星座的概念和现实意义，以及其系统分类的特点和区别。
2. 简述铱星系统的系统组成、星座分布以及网络架构。
3. 海事卫星系统由哪几部分组成？分别有什么作用？
4. 星链卫星互联网星座的卫星主要分布在哪些轨道上？其未来发展规划是怎样的？
5. 一网系统和星链系统均属于互联网星座，它们之间有怎样的联系和区别？

参 考 文 献

陈萱, 陈建光, 2008. 美国新型军事通信卫星发展与未来战场应用[J]. 中国航天(7): 29-35.

陈振国, 郭文彬, 2003. 卫星通信系统与技术[M]. 北京: 北京邮电大学出版社.

陈振龙, 2023. 基于 5G 的无人机智能组网的应急通信技术开发及应用[J]. 数字技术与应用, 41(1): 34-36.

陈忠贵, 帅平, 曲广吉, 2009. 现代卫星导航系统技术特点与发展趋势分析[J]. 中国科学(E 辑: 技术科学), 39(4): 686-695.

崔高峰, 王程, 王卫东, 等, 2022. 星地融合的卫星通信技术[M]. 北京: 北京邮电大学出版社.

樊昌信, 2020. 通信原理(英文版)[M]. 3 版. 北京: 电子工业出版社.

樊昌信, 曹丽娜, 2012. 通信原理[M]. 7 版. 北京: 国防工业出版社.

方芳, 吴明阁, 2020. 全球低轨卫星星座发展研究[J]. 飞航导弹(5): 88-92, 95.

方芳, 吴明阁, 2021. "星链"低轨星座的主要发展动向及分析[J]. 中国电子科学研究院学报, 16(9): 933-936.

郭丞, 2012. 机载卫星通信系统——铱星系统和海事卫星系统之比较[J]. 中国高新技术企业(23): 14-15.

贺超, 吕智勇, 韩福春, 2008a. 卫星通信系列讲座之十一 美国军事战略战术中继卫星 MILSTAR: 上[J]. 数字通信世界(3): 84-86.

贺超, 吕智勇, 韩福春, 2008b. 卫星通信系列讲座之十一 美国军事战略战术中继卫星 MILSTAR: 下[J]. 数字通信世界(4): 84-87.

赫金, 2003. 通信系统[M]. 4 版. 宋铁成,徐平平,徐智勇,等译. 北京: 电子工业出版社.

华敬利, 2018. 编码时隙 ALOHA 接入方案与拥塞控制技术研究[D]. 西安: 西安电子科技大学.

纪明星, 2018. 天通一号卫星移动通信系统市场及应用分析[J]. 卫星与网络(4): 42-43.

雷菁, 王水琴, 黄巍, 等, 2021. 稀疏码多址接入多用户检测算法综述[J]. 电子与信息学报, 43(10): 2757-2770.

李晖, 王萍, 陈敏, 2018. 卫星通信与卫星网络[M]. 西安: 西安电子科技大学出版社.

李晓峰, 周宁, 周亮, 等, 2014. 通信原理[M]. 2 版. 北京: 清华大学出版社.

李赞, 张乃通, 2000. 卫星移动通信系统星间链路空间参数分析[J]. 通信学报, 21(6): 92-96.

刘国梁, 荣昆壁, 1994. 卫星通信[M]. 西安: 西安电子科技大学出版社.

刘悦, 廖春发, 2016. 国外新兴卫星互联网星座的发展[J]. 科技导报, 34(7): 139-148.

雒明世, 冯建利, 2020. 卫星通信[M]. 北京: 清华大学出版社.

吕海寰, 蔡剑铭, 甘仲民, 等, 1994. 卫星通信系统(修订本)[M]. 北京: 人民邮电出版社.

倪娟, 佟阳, 黄国策, 等, 2012. 美军 MUOS 系统及关键技术分析[J]. 电讯技术, 52(11): 1850-1856.

普罗科斯, 萨利希, 2019. 数字通信[M]. 5 版. 张力军, 张宗橙, 宋荣方, 等译. 北京: 电子工业出版社.

斯克拉, 2015. 数字通信: 基础与应用[M]. 2 版. 徐平平, 宋铁成, 叶芝慧, 等译. 北京: 电子工业出版社.

苏昭阳, 刘留, 艾渤, 等, 2024. 面向低轨卫星的星地信道模型综述[J]. 电子与信息学报, 46(5):

1684-1702.

唐璟宇, 李广侠, 边东明, 等, 2019. 卫星跳波束资源分配综述[J]. 移动通信, 43(5): 21-26.

汪春霆, 翟立君, 徐晓帆, 2020. 天地一体化信息网络发展与展望[J]. 无线电通信技术, 46(5): 491-504.

汪春霆, 张俊祥, 潘申富, 等, 2012. 卫星通信系统[M]. 北京: 国防工业出版社.

汪宏武, 张更新, 余金培, 2015. 低轨卫星星座通信系统的分析与发展建议[J]. 卫星应用(7): 38-44.

王迪, 骆盛, 毛锦, 等, 2020. Starlink 卫星系统技术概要[J]. 航天电子对抗, 36(5): 51-56.

王桁, 郭道省, 2021. 卫星通信基础[M]. 北京: 国防工业出版社.

王丽娜, 王兵, 2014. 卫星通信系统[M]. 2 版. 北京: 国防工业出版社.

王学宇, 武坦然, 2022. OneWeb 低轨道卫星系统及其军事应用分析[J]. 航天电子对抗, 38(4): 59-64.

王煜, 2018. 美军受保护卫星通信现状及未来发展研究[J]. 无线电通信技术, 44(3): 236-241.

魏强, 廖瑛, 石明, 等, 2022. 亚太 6D 通信卫星方案设计与技术特点[J]. 航天器工程, 31(1): 10-17.

邬正义, 范瑜, 徐惠钢, 2006. 现代无线通信技术[M]. 北京: 高等教育出版社.

夏克文, 2023. 卫星通信[M]. 2 版. 西安: 西安电子科技大学出版社.

谢智东, 常江, 周辉, 2007a. 卫星通信系列讲座之二 Inmarsat BGAN 系统: 上[J]. 数字通信世界(3): 88-91.

谢智东, 常江, 周辉, 2007b. 卫星通信系列讲座之二 Inmarsat BGAN 系统: 下[J]. 数字通信世界(4): 88-90.

熊皓, 2004. 电磁波传播与空间环境[M]. 北京: 电子工业出版社.

徐晖, 缪德山, 康绍莉, 等, 2020. 面向天地融合的卫星网络架构和传输关键技术[J]. 天地一体化信息网络, 1(2): 2-10.

徐慧慧, 李德识, 王继业, 等, 2020. 面向智能电网的天地一体化混合路由算法[J]. 电力信息与通信技术, 18(5): 13-18.

杨新华, 刘杨, 雷迪伟, 2018. 动中通卫星通信系统链路预算及实例分析[J]. 通信技术, 51(1): 24-29.

姚军, 李白萍, 刘健, 等, 2017. 微波与卫星通信[M]. 2 版. 西安: 西安电子科技大学出版社.

伊波利托, 2021. 卫星通信系统工程[M]. 2 版. 顾有林, 译. 北京: 国防工业出版社.

袁飞, 文志信, 王松松, 2010. 美军 EHF 卫星通信系统[J]. 国防科技, 31(6): 22-26.

原萍, 2007. 卫星通信引论[M]. 沈阳: 东北大学出版社.

张更新, 丁晓进, 曲至诚, 2020. 天地一体化物联网体系架构及干扰分析研究[J]. 天地一体化信息网络, 1(2): 22-33.

张更新, 甘仲民, 2007a. 卫星通信的发展现状和趋势: 上[J]. 数字通信世界(1): 84-88.

张更新, 甘仲民, 2007b. 卫星通信的发展现状和趋势: 下[J]. 数字通信世界(2): 90-93.

张更新, 张杭, 2001. 卫星移动通信系统[M]. 北京: 人民邮电出版社.

张洪太, 王敏, 崔万照, 等, 2018. 卫星通信技术[M]. 北京: 北京理工大学出版社.

张乃通, 张中兆, 李英涛, 等, 2000. 卫星移动通信系统[M]. 2 版. 北京: 电子工业出版社.

赵文强, 左晶, 武瑞, 等, 2023. 天通一号卫星通信在民航领域中的应用分析[J]. 卫星应用(10): 34-37.

赵勇洙, 金宰权, 杨元勇, 等, 2013. MIMO-OFDM 无线通信技术及 MATLAB 实现[M]. 孙锴, 黄威译. 北京: 电子工业出版社.

中国航天科技集团有限公司, 2023. 中国航天科技活动蓝皮书(2022 年)[R]. 北京: 空间瞭望智库.

朱立东, 吴廷勇, 卓永宁, 2015. 卫星通信导论[M]. 4 版. 北京: 电子工业出版社.

3GPP, 2023. Solutions for new radio (NR) to support non-terrestrial networks: TR38. 821 v16. 2. 0[R/OL].

(2023-04-03)[2024-02-09]. https://www.3gpp.org/ftp/Specs/archive/38_series/38.821/38821-g20.zip.

AL HOMSSI B, AL-HOURANI A, WANG K, et al., 2022. Next generation mega satellite networks for access equality: opportunities, challenges, and performance[J]. IEEE communications magazine, 60(4): 18-24.

ALAGHA N, FREEDMAN A, NAYLER P, 2020. Beam hopping in DVB-S2X[R/OL]. DVB Webinar. (2020-03-30). https://dvb.org/wp-content/uploads/2020/02/20200330_webinar_beam_ hopping_FINAL.pdf.

AL-HOURANI A, KANDEEPAN S, JAMALIPOUR A, 2014. Modeling air-to-ground path loss for low altitude platforms in urban environments[C]. 2014 IEEE global communications conference. Austin: 2898-2904.

AN K, LIN M, OUYANG J, et al., 2016. Secure transmission in cognitive satellite terrestrial networks[J]. IEEE journal on selected areas in communications, 34(11): 3025-3037.

ANDERSON J B, AULIN T, SUNDBERG C E W, 1986. Digital phase modulation[M]. New York: Plenum Press.

ARIKAN E, 2009. Channel polarization: a method for constructing capacity-achieving codes for symmetric binary-input memoryless channels[J]. IEEE transactions on information theory, 55(7): 3051-3073.

Attenuation by atmospheric gases and related effects: ITU-R P.676-12: 2019[S/OL]. [2024-06-20]. https://www.itu.int/dms_pubrec/itu-r/rec/p/R-REC-P.676-12-201908-S!!PDF-E.pdf.

Attenuation due to clouds and fog: ITU-R P.840-9: 2023[S/OL]. [2024-06-20]. https://www.itu.int/dms_pubrec/itu- r/rec/p/R-REC-P.840-9-202308-I!!PDF-E.pdf.

BERLEKAMP E, 1965. On decoding binary Bose-Chadhuri-Hocquenghem codes[J]. IEEE transactions on information theory, 11(4): 577-579.

BERROU C, GLAVIEUX A, THITIMAJSHIMA P, 1993. Near Shannon limit error-correcting coding and decoding: Turbo-codes. 1[C]. Proceedings of ICC'93-IEEE international conference on communications. Geneva: 1064-1070.

BHATNAGAR M R, ARTI M K, 2013. Performance analysis of AF based hybrid satellite-terrestrial cooperative network over generalized fading channels[J]. IEEE communications letters, 17(10): 1912-1915.

BISCARINI M, SANCTIS K D, FABIO S D, et al., 2022. Dynamical link budget in satellite communications at ka-band: testing radiometeorological forecasts with hayabusa2 deep-space mission support data[J]. IEEE transactions on wireless communications, 21(6): 3935-3950.

CATT, 2020. UL time and frequency compensation for NTN: R1-2007855[R]. Beijing: CATT.

CHIEN R, 1964. Cyclic decoding procedures for Bose-Chaudhuri-Hocquenghem codes[J]. IEEE transactions on information theory, 10(4): 357-363.

CMCC, 2021a. Discussion on service continuity between NTN and TN: R2-2103702[R]. Beijing: CMCC.

CMCC, 2021b. Report of [AT115-e][112][NTN] SMTC and gaps: R2-2109135[R]. Beijing: CMCC.

DEHGHAN A, BANIHASHEMI A H, 2018. On the tanner graph cycle distribution of random LDPC, random protograph-based LDPC, and random quasi-cyclic LDPC code ensembles[J]. IEEE transactions on information theory, 64(6): 4438-4451.

DENG Z L, LONG B J, LIN W L, et al., 2013. GEO satellite communications system soft handover algorithm based on residence time[C]. Proceedings of 2013 3rd international conference on computer science and network technology. Dalian: 834-838.

ELBERT B R, 2004. The satellite communication applications handbook[M]. 2nd ed. Boston: Artech House.

ERICSSON, 2020. On basic assumptions and timing relationship enhancements or NTN: R1-2006464[R]. Sweden: Ericsson.

FALLETTI E, PINI M, PRESTI L L, 2011. Low complexity carrier-to-noise ratio estimators for GNSS digital receivers[J]. IEEE transactions on aerospace and electronic systems, 47(1): 420-437.

FOSSORIER M P C, BURKERT F, LIN S, et al., 1998. On the equivalence between SOVA and max-log-MAP decodings[J]. IEEE communications letters, 2(5): 137-139.

GALLAGER R G, 1962. Low-density parity-check codes[J]. IRE transactions on information theory, 8(1): 21-28.

GAO Y X, LI Y, SHI P H, 2021. Research status of typical satellite communication systems[C]. 2021 19th international conference on optical communications and networks (ICOCN). Qufu: 1-3.

HAMMING R W, 1950. Error detecting and error correcting codes[J]. Bell system technical journal, 29(2): 147-160.

HOSSEINIAN M, CHOI J P, CHANG S H, et al., 2021. Review of 5G NTN standards development and technical challenges for satellite integration with the 5G network[J]. IEEE aerospace and electronic systems magazine, 36(8): 22-31.

HU X, ZHANG Y C, LIAO X L, et al., 2020. Dynamic beam hopping method based on multi-objective deep reinforcement learning for next generation satellite broadband systems[J]. IEEE transactions on broadcasting, 66(3): 630-646.

IPPOLITO L J, JR, 2017. Satellite communications systems engineering: atmospheric effects, satellite link design and system performance[M]. New York: John Wiley & Sons.

KOHNO R, MEIDAN R, MILSTEIN L B, 1995. Spread spectrum access methods for wireless communications[J]. IEEE communications magazine, 33(1): 58-67.

KORN I, 1985. Digital communications[M]. New York: Springer.

LEI J, VÁZQUEZ-CASTRO M Á, 2011. Multibeam satellite frequency/time duality study and capacity optimization[J]. Journal of communications and networks, 13(5): 472-480.

LIU J J, SHI Y P, FADLULLAH Z M, et al., 2018. Space-air-ground integrated network: a survey[J]. IEEE communications surveys & tutorials, 20(4): 2714-2741.

MA Y Y, LV T J, LI T T, et al., 2022. Effect of strong time-varying transmission distance on LEO satellite-terrestrial deliveries[J]. IEEE transactions on vehicular technology, 71(9): 9781-9793.

MACKAY D J C, NEAL R M, 1996. Near Shannon limit performance of low density parity check codes[J]. Electronics letters, 33(18): 457-458.

MACWILLIAMS F J, SLOANE N J A, 1977. The theory of error-correcting codes[M]. New Jersey: Elsevier.

MULLER D E, 1954. Application of boolean algebra to switching circuit design and to error detection[J]. Transactions of the I. R. E. professional group on electronic computers, EC-3(3): 6-12.

PARK J H, JR, 1978. On binary DPSK detection[J]. IEEE transactions on communications, 26(4): 484-486.

PETERSON W, 1960. Encoding and error-correction procedures for the Bose-Chaudhuri codes[J]. IRE transactions on information theory, 6(4): 459-470.

PRATT T, ALLNUTT J E, 2019. Satellite communications[M]. New York: John Wiley & Sons.

PRATT T, BOSTIAN C W, ALLNUTT J E, 2003. Satellite communications[M]. 2nd ed. New York: John

Wiley & Sons.

Propagation by diffraction: ITU-R P.526-15: 2019[S/OL]. [2024-06-20]. https://www.itu.int/dms_pubrec/itu-r/rec/p/R-REC-P.526-15-201910-I!!PDF-E.pdf.

Propagation data and prediction methods required for the design of Earth-space telecommunication systems: ITU-R P.618-13: 2017[S/OL]. [2024-06-20]. https://www.itu.int/dms_pubrec/itu-r/rec/p/R-REC-P.618-13-201712-S!!PDF-E.pdf.

Propagation data and prediction methods required for the design of terrestrial broadband radio access systems operating in a frequency range from 3 GHz to 60 GHZ: ITU-R P.1410-6: 2023[S/OL]. [2024-06-20]. https://www.itu.int/dms_pubrec/itu-r/rec/p/R-REC-P.1410-6-202308-I!!PDF-E.pdf.

Propagation data required for the design systems in the land mobile-satellite service: ITU-R P.681-11: 2019[S/OL]. [2024-06-20]. https://www.itu.int/dms_pubrec/itu-r/rec/p/R-REC-P.681-11-201908-I!!PDF-E.pdf.

Propagation data required for the evaluation of interference between stations in space and those on the surface of the Earth: ITU-R P.619-5: 2021[S/OL]. [2024-06-20]. https://www.itu.int/dms_pubrec/itu-r/rec/p/R-REC-P.619-5-202109-I!!PDF-E.pdf.

Rain height model for prediction methods: ITU-R P.839-4: 2013[S/OL]. [2024-06-20]. https://www.itu.int/dms_pubrec/itu-r/rec/p/R-REC-P.839-4-201309-I!!PDF-E.pdf.

REED I S, SOLOMON G, MARCH K H, 1960. Polynomial codes over certain finite fields[J]. Journal of the society for industrial and applied mathematics, 8(2): 300-304.

Reference standard atmospheres: ITU-R P.835-6: 2017[S/OL]. [2024-06-20]. https://www.itu.int/dms_pubrec/itu-r/rec/p/R-REC-P.835-6-201712-S!!PDF-E.pdf.

ROBERTSON P, VILLEBRUN E, HOEHER P, 1995. A comparison of optimal and sub-optimal MAP decoding algorithms operating in the log-domain[C]. Proceedings IEEE international conference on communications ICC'95. Seattle: 1009-1013.

Specific attenuation model for rain for use in prediction methods: ITU-R P.838-3: 2005[S/OL]. [2024-06-20]. https://www.itu.int/dms_pubrec/itu-r/rec/p/r-rec-p.838-3-200503-i!!pdf-e.pdf.

TANG J Y, BIAN D M, LI G X, et al., 2021. Resource allocation for LEO beam-hopping satellites in a spectrum sharing scenario[J]. IEEE access, 9: 56468-56478.

THALES, 2021. Considerations on UL timing and frequency synchronization: R1-2106112[R/OL]. (2021-05-24)[2024-04-15]. https://www.3gpp.org/ftp/tsg_ran/WG1_RL1/TSGR1_105-e/Docs/ R1-2106112. Zip.

The radio refractive index: its formula and refractivity data: ITU-R P.453-14: 2019[S/OL]. [2024-06-20]. https://www.itu.int/dms_pubrec/itu-r/rec/p/R-REC-P.453-14-201908-I!!PDF-E.pdf.

VITERBI A J, 1967. Error bounds for convolutional codes and an asymptotically optimum decoding algorithm[J]. IEEE transactions on information theory, 13(2): 260-269.

VOJCIC B R, PICKHOLTZ R L, MILSTEIN L B, 1994. Performance of DS-CDMA with imperfect power control operating over a low earth orbiting satellite link[J]. IEEE journal on selected areas in communications, 12(4): 560-567.

WANG R B, KISHK M A, ALOUINI M S, 2022. Ultra-dense LEO satellite-based communication systems: a novel modeling technique[J]. IEEE communications magazine, 60(4): 25-31.

WANG W J, GAO L N, DING R, et al., 2021. Resource efficiency optimization for robust beamforming in multi-beam satellite communications[J]. IEEE transactions on vehicular technology, 70 (7) : 6958-6968.

YAO K, TOBIN R, 1976. Moment space upper and lower error bounds for digital systems with inter-symbol interference[J]. IEEE transactions on information theory, 22 (1) : 65-74.

ZHANG T, ZHANG L X, SHI D Y, 2018. Resource allocation in beam hopping communication system[C]. 2018 IEEE/AIAA 37th digital avionics systems conference (DASC). London: 1-5.